5G

网络全专业
规划设计宝典

梁雪梅 白冰 方晓农 李新 张国新 彭雄根 田杰 等◎编著

人民邮电出版社

北 京

图书在版编目（CIP）数据

5G网络全专业规划设计宝典 / 梁雪梅等编著. -- 北
京：人民邮电出版社，2020.1（2024.7重印）
ISBN 978-7-115-53255-8

Ⅰ．①5… Ⅱ．①梁… Ⅲ．①无线电通信－移动网－
网络规划 Ⅳ．①TN929.5

中国版本图书馆CIP数据核字(2019)第286008号

内 容 提 要

　　本书是一本 5G 横跨核心网、无线网和承载网的全专业书籍，涵盖引言篇、理论篇、规划篇、设计篇、实践篇和展望篇六大板块：引言篇是 5G 移动通信网络概述；理论篇阐述了 5G 核心网、无线网、承载网的网络架构和关键技术；规划篇和设计篇详细论述了 5G 网络规划设计的流程和方法论；实践篇基于作者亲自完成的典型案例进行了深度剖析；展望篇从如何让 AI 为 5G 网络赋能的角度进行了深入思考。本书对于构建 5G 精品网络具有重要的参考价值。相信可以让读者从顶层到落地，从理论到实践，从规划到设计，横跨多专业，全面系统地学习 5G！

　　本书的主要读者对象为电信运营商、电信设备提供商、电信咨询业的从业人员、科研机构的研究人员和高等院校通信专业的师生，以及关注 5G 通信发展的相关人士。

◆ 编　　著　梁雪梅　白　冰　方晓农　李　新　张国新
　　　　　　　彭雄根　田　杰　等
　　责任编辑　赵　娟
　　责任印制　彭志环

◆ 人民邮电出版社出版发行　　北京市丰台区成寿寺路 11 号
　　邮编　100164　电子邮件　315@ptpress.com.cn
　　网址　http://www.ptpress.com.cn
　　固安县铭成印刷有限公司印刷

◆ 开本：800×1000　1/16
　　印张：24.5　　　　　　　　　2020 年 1 月第 1 版
　　字数：501 千字　　　　　　　2024 年 7 月河北第 4 次印刷

定价：168.00 元

读者服务热线：(010)53913866　印装质量热线：(010)81055316
反盗版热线：(010)81055315
广告经营许可证：京东市监广登字20170147号

前言
PREFACE

2019年6月6日，工业和信息化部正式颁发5G商用牌照，中国进入5G商用元年，5G时代的全社会信息化生活正在从畅想变得触手可及。

5G移动通信网络的规划设计是一项系统工程。

本书是一本5G横跨核心网、无线网和承载网的全专业书籍，具有很强的前瞻性、系统性、专业性和实用性。本书涵盖引言篇、理论篇、规划篇、设计篇、实践篇和展望篇六大板块，从理论到实际，从顶层到落地，重点突出，层次分明。引言篇是5G移动通信网络概述；理论篇阐述了5G核心网、无线网、承载网的网络架构和关键技术，图文并茂，系统性强；规划篇和设计篇详细论述了5G网络规划设计的流程和方法论，思路清晰，逻辑性强；实践篇基于作者亲自完成的典型案例进行深度剖析，从业务模型到容量测算，从规划设计要点到方案选择，层层推进，实操性强；展望篇从如何让AI为5G网络赋能的角度进行了深入思考。

本书的编写作者来自中通服咨询设计研究院有限公司和中国电信集团有限公司，从1G到5G，长期跟踪国际标准规范，多年来一直从事移动通信网络的标准、规划设计的编制和管理工作，在5G标准化演进、组网架构、网络规划、工程设计和项目管理等方面积累了丰富的经验和宝贵的心得。作者现将经验心得编写成这本宝典，内容翔实，具体生动，深入浅出，对于构建5G精品网络具有重要的参考价值，相信可以让读者从理论到实践，从规划到设计，横跨多专业，全面系统地学习 5G！

本书由梁雪梅、白冰、方晓农、李新、张国新策划，梁雪梅、白冰、方晓农、李新、张国新、彭雄根、田杰、房树森、朱林、郭迎等编写，梁雪梅对全书进行统稿。在本书的编写过程中，得到了朱晨鸣、石启良、王强等专家的悉心指导，在此深表感谢！

由于作者知识面有限，加上时间短促，全书难免存在不足之处，恳请广大读者批评指正，以便日后进一步改进。

作者

2019 年 11 月于南京

目录
CONTENTS

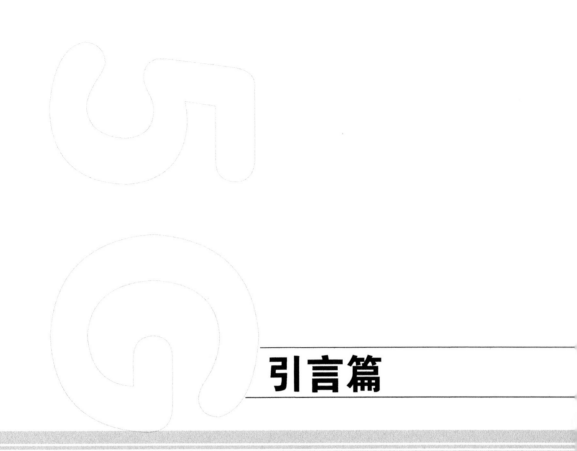

引言篇

第1章 概述

1.1 移动通信简史

在过去的 40 多年里，移动通信经历了从语音业务到移动宽带数据业务的飞跃式发展，不仅深刻地改变了人们的生活方式，也极大地促进了社会和经济的飞速发展。

从第一代模拟蜂窝移动通信系统发展至今，移动通信已经历经了四代系统的演进，如图 1-1 所示。

第一代 移动通信系统	第二代 移动通信系统	第三代 移动通信系统	第四代 移动通信系统
AMPS	GSM	WCDMA	TD-LTE
TACS	IS-95 CDMA	CDMA 2000	FDD-LTE
NMT	D-AMPS	TD-SCDMA	
NTT	PDC		
Others	Others		

图1-1 移动通信系统从第一代到第四代的发展历程

1.1.1 第一代移动通信系统

20 世纪 70 年代末，美国 AT&T 公司研制了第一套蜂窝移动电话系统，它的重要突破在于它去掉了把电话连接到网络的用户线，用户第一次能够在移动的状态下拨打电话。

第一代移动通信系统简称 1G，是模拟蜂窝移动通信系统，时间是 20 世纪 70 年代中期至 80 年代中期。典型代表是美国的先进移动电话系统（Advanced Mobile Phone System，AMPS）和后来的改进型全接入通信系统（Total Access Communications System，TACS），以及北欧移动电话（Nordic Mobile Telephony，NMT）和日本电报电话（Nippon Telegraph and Telephone，NTT）等。AMPS 使用模拟蜂窝传输的 800MHz 频段，在北美、南美和部分环太平洋国家被广泛采用；TACS 使用 900MHz 频段，分为 ETACS（欧洲）和 NTACS（日本）两个版本，英国、日本和部分亚洲国家广泛采用此标准。

第一代移动通信系统的主要特点是采用频分复用，语音信号为模拟调制，每隔 30kHz/25kHz 一个模拟用户信道。它提出了蜂窝网（即小区）的概念，实现了频率复用。

第一代移动通信系统在商业上取得了巨大的成功，但是其弊端也日渐显露出来：频谱利用率低；业务种类有限；无高速数据业务；保密性差，易被窃听；设备成本高；体积大，重量大；各种系统之间不兼容，无法实现用户系统间的漫游。

1.1.2　第二代移动通信系统

为了解决模拟系统中存在的根本性技术缺陷，数字移动通信技术应运而生，并且发展起来，这就是以全球移动通信系统（Global System for Mobile Communication，GSM）和 IS-95 为代表的第二代移动通信系统。

第二代移动通信系统简称 2G，主要有 GSM、IS-95 码分多址（Code Division Multiple Access，CDMA）、先进的数字移动电话系统（Digital Advanced Mobile Phone System，D-AMPS）和个人数字蜂窝电话（Personal Digital Cellular，PDC）等。在我国运营的第二代移动通信系统主要以 GSM 和 CDMA 为主。第二代移动通信系统在引入数字无线电技术以后，不仅改善了语音通话质量，提高了保密性，防止并机盗打，而且也为移动用户提供了无缝的国际漫游。

（1）GSM 发源于欧洲，它是作为全球数字蜂窝通信的标准而设计的，支持 64kbit/s 的数据速率，可与综合业务数字网（Integrated Services Digital Network，ISDN）互联。GSM 使用 900MHz 和 1800MHz 频段。GSM 采用频分双工（Frequency Division Duplexing，FDD）双工方式和时分多址（Time Division Multiple Access，TDMA）多址方式，每载频支持 8 个信道，信号带宽 200kHz。GSM 标准体制较为完善，技术相对成熟，不足之处是相比模拟系统容量增加不多，仅仅为模拟系统的两倍左右。

（2）IS-95 CDMA 是北美的另一种数字蜂窝系统，使用 800MHz 或 1900MHz 频段，采用 CDMA 多址方式，已成为美国 PCS（个人通信系统）网的首选技术。

（3）D-AMPS 也称 IS-54（北美数字蜂窝），使用 800MHz 频段，是两种北美数字蜂窝标准中推出较早的一种，采用 TDMA 多址方式。

由于第二代移动通信系统以传输话音和低速数据业务为目的，从 1996 年开始，为解决中速数据传输问题，又出现了 2.5 代移动通信系统，如通用分组无线服务（General Packet Radio Service，GPRS）和 IS-95B，主要提供的服务仍然是语音业务以及低速数据业务。

1.1.3 第三代移动通信系统

由于网络的发展促进了数据和多媒体通信业务的快速发展，所以第三代移动通信的目标就是发展移动宽带多媒体通信。

第三代移动通信系统简称 3G，是一种真正意义上的宽带移动多媒体通信系统，能提供高质量的宽带多媒体综合业务，并且实现了全球无缝覆盖、全球漫游。第三代移动通信系统最早由国际电信联盟（International Telecommunications Union，ITU）于 1985 年提出，当时被称为未来公众陆地移动通信系统（Future Public Land Mobile Telecommunication System，FPLMTS），1996 年更名为国际移动通信—2000 推进组（International Mobile Telecommunication-2000，IMT-2000），其容量是第二代移动通信技术的 2 倍～5 倍，最具代表性的有美国提出的 CDMA 2000、欧洲提出的宽带码分多址（Wideband Code Division Multiple Access，WCDMA）和中国提出的时分—同步码分多址（Time Division-Synchronous Code Division Multiple Access，TD-SCDMA）。

1.1.4 第四代移动通信系统

第四代移动通信系统简称 4G，包括时分长期演进（Time Division-Long Term Evolution，TD-LTE）和频分双工长期演进（Frequency Division Duplexing-Long Term Evolution，FDD-LTE）两种制式。从严格意义上来讲，LTE 只是 3.9G，尽管被宣传为 4G 标准，还未达到 4G 标准。只有升级版的 LTE Advanced 才满足国际电信联盟对 4G 的要求。第四代移动通信系统能够灵活利用频谱，可以在不同的带宽、不同的频段下工作；支持第三代合作伙伴计划（3rd Generation Partnership Project，3GPP）和非 3GPP 多种无线接入方式，上下行速率甚至和固网不相上下，同时拥有固网所缺乏的移动性优势；支持高带宽、低时延、灵活漫游，能够以 100Mbit/s 以上的速率进行下载；可以在任何地方宽带接入互联网，能够提供定位定时、数据采集、远程控制、高清视频等丰富的综合应用，是集成多功能的宽带移动通信系统。

从 1G 到 4G，经历了从模拟向数字的转变，其中 1G 是模拟移动通信系统，而 2G 到 4G 都是数字移动通信系统。数字移动通信系统（从 2G 到 4G）的演进历程如图 1-2 所示。

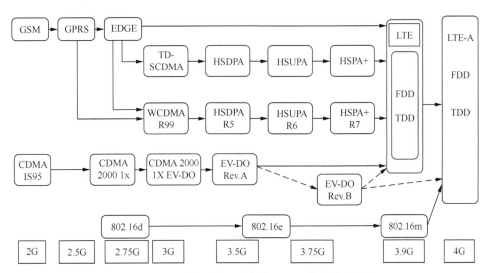

图1-2　数字移动通信系统（从2G到4G）的演进历程

移动互联网和物联网作为未来移动通信发展的两大主要驱动力，为第五代移动通信（以下简称"5G"）提供了广阔的应用前景。面向 2020 年及未来，数据流量的千倍增长、千亿设备连接和多样化的业务需求都将对 5G 系统设计提出严峻的挑战。与 4G 相比，5G 将支持更加多样化的场景，融合多种无线接入方式，充分利用低频和高频等频谱资源。同时，5G 还将满足网络灵活部署和高效运营维护的需求，大幅提升频谱效率、能源效率和成本效率，实现移动通信网络的可持续发展。

1.2　移动通信标准化组织

面对新一轮移动通信技术更迭的重大机遇，全球业界已将研发重点投向面向 2020 年及未来商用的第五代移动通信系统。5G 的标准化主要由国际组织 ITU 与 3GPP 主导，ITU 负责研究提出 5G 的需求与愿景，3GPP 负责 5G 标准的制定。电气和电子工程师协会（Institute of Electrical and Electronics Engineers，IEEE）、移动和无线通信推动未来 2020 信息社会（Mobile and wireless communications Enablers for the Twenty-twenty Information Society，METIS)/5G 公私伙伴关系（Public Private Partnership，PPP）、下一代移动网络（Next

Generation Mobile Network，NGMN）、国际移动通信 -2020 推进组（International Mobile Telecommunication-2020，IMT-2020）、中国通信标准化协会（China Communications Standards Association，CCSA）等标准化组织先后启动了面向 5G 的概念及技术研究工作，旨在加速推动 5G 标准化进程。主要国家及相关企业纷纷提前加大 5G 研发投入，积极引导技术发展，争夺 5G 发展主导权，争取在新一轮的国际竞争中占据优势地位。全球 5G 主要研发机构及组织示意如图 1-3 所示。

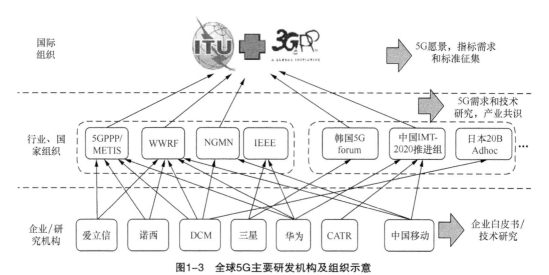

图1-3　全球5G主要研发机构及组织示意

1.2.1　ITU

作为通信领域权威的国际标准化组织，ITU 通过开展 5G 需求愿景、技术趋势和频谱方案的研究，主导了全球 5G 研究和标准化制定等工作。

2012 年 7 月，ITU 开始筹备启动 IMT 愿景研究工作，旨在研究面向 2020 年及未来的 IMT 市场、用户、业务应用的趋势，并提出未来 IMT 系统的总体框架和关键能力。

ITU 完成并发布了《IMT 愿景》《IMT 未来技术趋势》《面向 2020 年及以后的 IMT 流量》《IMT 系统部署于 6GHz 以上频段的可行性研究》等多个建议书。

《IMT 愿景》建议书指出，IMT-2020 系统将支持增强的移动宽带、海量的机器间通信及超高可靠和超低时延通信三大类主要应用场景，同时将支持 10Gbit/s～20Gbit/s 的峰值速率，100Mbit/s～1Gbit/s 的用户体验速率，每平方千米 100 万的连接数密度，1 毫秒的空口时延，相对 4G 提升了 3 倍～5 倍的频谱效率，相对 4G 百倍提升的能效，500km/h

的移动性支持，每平方米 10Mbit/s 的流量密度等关键能力。

《IMT 未来技术趋势》建议书总结分析了未来 IMT 系统的技术发展趋势。该建议书指出，IMT-2020 系统将优化空口接入技术、覆盖更多业务、增强用户体验、提升网络能效，并支持新型终端技术和网络优化技术，全面提升系统性能。

《面向 2020 年及以后的 IMT 流量》建议书指出，未来 IMT 流量增长的主要驱动力为视频流量增长、用户设备增长和新型应用普及。2020—2030 年，全球 IMT 流量将增长几十到 100 倍，并体现两大发展趋势：一是大城市及热点区域的流量快速增长；二是上下行业务的不对称性将进一步深化，尤其体现在不同区域和每日各时间段。

《IMT 系统部署于 6GHz 以上频段的可行性研究》建议书指出，在重点研究的 IMT 部署场景中，6GHz～100GHz 频谱资源可用于 IMT-2020 系统的部署，代表频段为 10GHz、28GHz、60GHz、73GHz 等。

在 5G 关键能力方面，ITU 定义了八大关键技术指标。

（1）峰值速率：单用户可获得的最高数据速率。

（2）用户体验速率：处于覆盖范围内的单个用户可获得的最小数据速率（当该用户有相应的业务需求时）。

（3）时延：数据包从网络相应节点传送至用户的时间间隔。

（4）移动性：在不同用户移动速度下获得指定服务质量以及在不同无线接入点间无缝迁移的能力。

（5）连接数密度：单位面积内的连接设备总量。

（6）能效：与网络能量消耗对应的信息传输总量，以及设备的电池寿命。

（7）频谱效率：单位频谱资源提供的数据吞吐量。

（8）流量密度：单位面积区域内的总流量。

1.2.2　3GPP

3GPP 是权威的 3G 技术规范机构，3GPP 标准组织主要包括项目合作组（PCG）和技术规范组（TSG）。其中 PCG 主要负责 3GPP 总体管理、时间计划、工作的分配等，具体的技术工作则由各 TSG 完成。目前，3GPP 包括 4 个 TSG，分别负责 EDGE 无线接入网（GERAN）、无线接入网（RAN）、系统和业务（SA）、核心网与终端（CT）。

3GPP 组织于 2016 年年初启动 5G 标准立项研究，5G 标准化阶段划分和时间表如图 1-4 所示。Release 15 是真正可商用的 5G 一阶段标准，分为以下 3 个阶段。

（1）早期版本（Early drop）：非独立组网（Non-Standalone，NSA）规范（Option 3 系列），ASN.1 已于 2018 年 3 月冻结。

（2）主要版本（Main drop）：独立组网（Standalone，SA）规范（Option 2 系列），ASN.1 已于 2018 年 9 月冻结。

（3）延迟版本（Late drop）：其他迁移体系结构（Option 4、Option 7 和双连接），ASN.1 比原计划推迟了 3 个月，于 2019 年 6 月完成。

Release 16 是 5G 二阶段标准，比原计划推迟 3 个月，计划于 2020 年 3 月完成功能冻结，2020 年 6 月完成 ASN.1 制定。

Release 17 版本在 2019 年 6 月开始立项讨论，12 月通过"立项包"，2020 年 3 月开始制定标准。

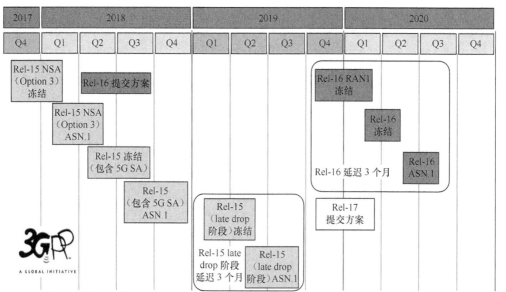

图1-4　3GPP 5G标准时间示意

1.2.3　IEEE

IEEE 对于 5G 的发展主要是从其 WLAN 技术，即 802.11 系列，进行增强演进，称为高效 WLAN（High Efficiency WLAN，HEW）。主要有英特尔（Intel）、LG、三星（Samsung）、苹果（Apple）、Orange、NTT 等公司加入。HEW 致力于改善 WLAN 的效率和可靠性，主要研究物理层和媒体访问控制层（Media Access Control，MAC）技术，主要包括以下技术点：

（1）边缘吞吐量增强技术：混合自动重传请求（Hybrid Automatic Repeat reQuest，HARQ），更长的 CP。

（2）MAC 增强：接入机制增强，动态感知控制，业务优先级，多播传输。

（3）多输入多输出（Multiple-Input Multiple-Output，MIMO）技术：大规模 MIMO 和 MIMO 预编码，上下行多用户多输入多输出（Multi-User Multiple-Input Multiple-Output，MU-MIMO），波束赋形。

（4）复用方案：正交频分多址（Orthogonal Frequency Division Multiple Access，OFDMA），空分多址（Space Division Multiple Access，SDMA），信道耦合等。

（5）基站子系统（Base Sub-System，BSS）操作：干扰管理，天线模式陷零，高效资源利用，控制开销降低。

（6）同时发送和接收：MAC 和物理层机制。

1.2.4　METIS/5GPPP

为了研究 5G，欧盟于 2012 年 11 月启动了 METIS 科研项目，开展 5G 应用场景、技术需求、关键技术、系统设计、性能评估等方面的研究和测试样机开发验证。项目研究组由爱立信、华为、法国电信等通信设备商和运营商，宝马集团以及欧洲部分学术机构共 29 个成员组成。

METIS 的研究目标：为建立 5G 移动和无线通信系统奠定基础，为未来的移动通信和无线技术在需求、特性和指标上达成共识，在概念、雏形、关键技术组成上达成统一意见，通过移动无线通信系统构建互联互通的信息社会。

METIS 的愿景：所有人都可以随时随地地获得信息、共享数据、连接到任何物体。这样"信息无界限"的"全连接世界"将会推动社会经济的发展和增长。5G 系统应在能耗、成本以及资源使用效率上有显著的改善；5G 系统需要具备良好的多功能性，以支持各种各样的性能需求和应用场景——尤其是那些和海量机器通信有关的应用场景；5G 系统还需要支持良好的可扩展性，使系统能够满足各种广泛的需求，同时保持在能耗、成本和资源使用上的高效。

METIS 构建的 5G 系统概念支持：1000 倍的区域无线数据流量；10 倍到 100 倍的联网设备；10 倍到 100 倍的用户数据速率；为低功耗海量机器间通信提供 10 倍的电池使用时间。

为了构建 5G 系统概念，METIS 对四大关键技术进行研究：无线链路概念、多节点和多天线传输技术、多接入技术和多层网络及频谱使用技术。

在 5G 场景方面，METIS 提出了虚拟现实办公、超密集城区、移动终端远程计算、传感器大规模部署和智能电网等 12 个典型的 5G 应用场景，并分析了每个典型场景下的用户分布、业务特点和相应的系统关键能力需求。在 5G 业务方面，METIS 提出了包含增强型移动互联网业务、大规模机器类通信和低时延高可靠通信。

METIS 项目对 5G 需求进行了系统性的研究，重点强调了新一代系统需要更好地支持物联网类业务，该项目的研究成果作为欧盟在 5G 关键技术和系统设计的重要参考，输入 ITU、3GPP 等国际标准组织，体现欧盟的核心观点。

另外，欧盟还启动了规模更大的科研项目 5GPPP，并将 METIS 项目的主要成果作为重要的研究基础，以更好地衔接不同阶段的研究成果。5GPPP 包括信息和通信技术（Information and Communication Technology，ICT）的各个领域：无线/光通信、物联网、IT（虚拟化、软件定义网络（Software Defined Networking，SDN）、云计算、大数据）、软件、安全、终端和智能卡等。

1.2.5 NGMN

NGMN 于 2006 年正式在英国成立有限公司，由七大运营商发起，包括中国移动、DoCoMo、沃达丰、Orange、Sprint、KPN 等，希望以市场为导向推行 5G。NGMN 的研究全面分析了 5G 的关键业务、应用场景和技术要求，并从运营商的角度提出了 5G 系统的需求，相关成果输入 ITU 和 3GPP 等主要标准组织，作为研讨 5G 技术方案的重要依据。

作为全球运营商凝聚共识的主要平台之一，NGMN 于 2015 年 3 月发布了"5G 白皮书"。其主要观点包括：5G 应支持更广泛的业务和应用，且不限于空口技术的演进或革命，而是整个端到端系统的演变，很可能是多种无线接入技术的融合。在关键能力方面，5G 应支持 0.1Gbit/s～1Gbit/s 的用户体验速率和数十 Gbit/s 的峰值速率、毫秒级的端到端时延和 500km/h 以上的移动性。此外，5G 为未来商业应用提供良好的端到端生态系统，且继续强化运营商在身份认证、数据安全、隐私保护、网络可靠性等方面的优势，特别是用户身份信息和相关鉴权数据要安全地存储在运营商可管控的物理实体上。

NGMN 公布的"5G 白皮书"中将 5G 网络分为三层，即基础设施层、业务使能层、应用 / 价值层。基础设施层包括各类无线接入节点设备和基于虚拟化的共享硬件设备；业务使能层包括目前的核心网控制面 / 媒体面设备和一部分接入侧网元功能，这些功能以网络功能虚拟化方式运行于数据中心（Data Center，DC）统一管理的物理设备中，按照需要共享计算、存储、网络资源；业务使能层向应用/价值层开放网络能力，并根据一定的策略和要求（例如地理覆盖区域、服务时间、业务容量、带宽、延迟要求、可靠性、安全性和可用性）为不同的垂直行业定制个性化的服务能力。业务使能层是现有网络架构的自然演进，应用包括 SDN、网络功能虚拟化（Network Functions Virtualization，NFV）、边缘计算在内的关键技术，将通信网络纵向细分为多个虚拟专网，在横向则是可编程、弹性、灵活、可靠的分层架构。

1.2.6　IMT-2020 推进组

IMT-2020 推进组于 2013 年 2 月由工业和信息化部、国家发展和改革委员会、科学技术部联合推动成立，成员包括中国主要的运营商、制造商、高校和研究机构（中国信息通信研究院、中国移动、中国电信、中国联通、华为、中兴、大唐、阿尔卡特—朗讯等）。推进组旨在组织中国"产、学、研、用"的力量，推动中国第五代移动通信的需求、频率、技术与标准研究，积极开展国际交流合作，共同推动 5G 国际标准发展。其愿景为"信息随心至，万物触手及"。IMT-2020 推进组提出的多项建议已被 ITU 采纳，并且正式发布了"5G 愿景与需求白皮书""5G 概念白皮书""5G 无线技术架构白皮书""5G 网络技术架构白皮书""5G 网络架构设计白皮书""5G 经济社会影响白皮书"及"5G 网络安全需求与架构白皮书"，并负责中国 5G 技术试验，截至目前，IMT-2020 推进组已经完成了 NSA 的关键技术验证、技术方案验证和系统组网验证 3 个阶段的所有测试试验工作，并发布了测试结果。同时，基于 SA 的测试试验工作也已经全面启动。

1.2.7　CCSA

CCSA 无线通信技术工作委员会（TC5）在第 33 次全会期间，举办了"面向 2020 年及未来的 5G 愿景"研讨会，开始了 5G 研究。CCSA TC5 主要以 WG6 为主、以 WG8 为辅展开 5G 研究工作，并持续关注 3GPP、IEEE 的演进路线。

CCSA 已于 2017 年启动了 5G 标准化工作，先后于 2016 年、2017 年通过了"5G 安全技术研究""5G NR 技术研究""5G 网络架构及关键技术研究""5G 系统高频段研究：24.25GHz～30GHz"和"5G 系统高频段研究：30GHz～43.5GHz"5 项 5G 课题研究的立项建议，从 5G 接入网、核心网、安全和频率方面开展相关研究。随后在 TC5 第四十三次全会上，确定由移动通信无线工作组（WG9）牵头相关各组共同编制，形成 5G 标准体系规划。5G 标准体系目前分为基础能力、边缘计算和车联网三大板块，其中基础能力又分为总体技术要求、安全技术要求和设备级 3 个部分，由于设备种类较多，所以设备级又细分为核心网、基站、终端、室分、天馈 5 个部分。

1.3 5G 网络简介

1.3.1 5G 总体愿景

移动通信已经深刻地改变了人们的生活，然而人们对更高性能移动通信的追求从未停止。为了应对未来爆炸性的移动数据流量增长、海量的设备连接、不断涌现的各类新业务和应用场景，第五代移动通信系统应运而生。

我们可以预判，5G 将渗透到未来社会的各个领域，以用户为中心构建全方位的信息生态系统。5G 将使信息突破时空限制，提供极佳的交互体验，为用户带来身临其境的信息盛宴；5G 将拉近万物的距离，通过无缝融合的方式，便捷地实现人与万物的智能互联。5G 将为用户提供光纤般的接入速率，"零"时延的使用体验，千亿设备的连接能力，超高流量密度、超高连接数密度和超高移动性等多场景的一致服务，业务及用户感知的智能优化，同时将为网络带来超百倍的能效提升和超百倍的比特成本降低，最终实现"信息随心至，万物触手及"的总体愿景。5G 总体愿景如图 1-5 所示。

图1-5 5G总体愿景

1.3.2 5G 主要驱动力

根据麦肯锡的预测，在未来十大热门行业中，移动互联网和物联网将占据重要地位。爱立信、思科等公司预测 2020 年全球将会有 250 亿的互联网设备。移动互联网和物联网是未来移动通信发展的两大主要驱动力，将为 5G 提供广阔的前景。

移动互联网颠覆了传统移动通信业务模式，为用户提供前所未有的使用体验，深刻影响着人们工作生活的方方面面。面向 2020 年及未来，移动互联网将推动人类社会信息交互方式的进一步升级，为用户提供增强现实、虚拟现实、超高清（3D）视频、移动云等更加身临其境的极致业务体验。移动互联网的进一步发展将带来未来移动流量超千倍增长，推动移动通信技术和产业的新一轮变革。

物联网扩展了移动通信的服务范围，从人与人通信延伸到物与物、人与物智能互联，使移动通信技术渗透至更广阔的行业和领域。面向 2020 年及未来，移动医疗、车联网、智能家居、工业控制、环境监测等将会推动物联网应用爆发式增长，数以千亿的设备将接入网络，实现真正的"万物互联"，并缔造出规模空前的新兴产业，为移动通信带来无限生机。同时，海量的设备连接和多样化的物联网业务也会给移动通信带来新的技术挑战。

移动互联网和物联网的迅猛发展将给移动通信带来新的挑战和要求。这些新的需求在以往 4G 及其前代技术都是无法满足的。

1.3.3 5G 业务需求

移动互联网主要面向以人为主体的通信，注重提供更好的用户体验。面向 2020 年及未来，超高清、3D 和浸入式视频的流行将会驱动数据速率大幅提升，例如，8K（3D）视频经过百倍压缩之后传输速率仍需要约 1Gbit/s。增强现实、云桌面、在线游戏等业务，不仅对上下行数据传输速率提出挑战，同时也对时延提出了"无感知"的苛刻要求。未来大量的个人和办公数据将会存储在云端，海量实时的数据交互需要可媲美光纤的传输速率，并且会在热点区域对移动通信网络造成流量压力。社交网络等 OTT 业务将会成为未来主导应用之一，小数据包频发将造成信令资源的大量消耗。未来人们对各种应用场景下的通信体验要求越来越高，用户希望能在体育场、露天集会、演唱会等超密集场景，高铁、车载、地铁等高速移动环境下也能获得一致的业务体验。

物联网主要面向物与物、人与物的通信，不仅涉及普通个人用户，也覆盖了大量不同类型的行业用户。物联网业务的类型非常丰富多样，业务特征也差异巨大。对于智能家居、智能电网、环境监测、智能农业、智能抄表等业务，需要网络支持海量设备连接和大量小数据包频发；视频监控和移动医疗等业务对传输速率提出了很高的要求；车联网和工业控制等业务则要求毫秒级的时延和接近 100% 的可靠性。另外，大量物联网设备会部署在山区、森林、水域等偏远地区以及室内角落、地下室、隧道等信号难以到达的区域，因此要求移动通信网络的覆盖能力进一步增强。为了渗透到更多的物联网业务中，5G 应具备更强的灵活性和可扩展性，以适应海量的设备连接和多样化的用户需求。

无论是对于移动互联网还是物联网，用户在不断追求高质量业务体验的同时也在期望成本的下降。同时，5G 需要提供更高和更多层次的安全机制，不仅能够满足互联网金融、安防监控、安全驾驶、移动医疗等极高的安全要求，也能够为大量低成本物联网业务提供安全的解决方案。此外，5G 应能够支持更低设备功耗，以实现更加绿色环保的移动通信网络，并大幅提升终端电池的续航时间。低功耗、长待机的网络特点，对于一些物联网设备来说，尤其重要。

1.3.4　5G 技术目标

5G 典型场景涉及未来人们居住、工作、休闲和交通等各种区域，特别是密集住宅区、办公室、体育场、露天集会、地铁、快速路、高铁和广域覆盖等场景。这些场景具有超高流量密度、超高连接数密度、超高移动性等特征，可能对 5G 系统形成挑战。

在 5G 各类场景中，增强现实、虚拟现实、超高清视频、云存储、车联网、智能家居、OTT 消息等 5G 典型业务，结合各场景未来可能的用户分布、各类业务占比及对速率、时延等的要求，可以得到各个应用场景下的 5G 性能需求。

5G 关键性能指标主要包括用户体验速率、连接数密度、端到端时延、流量密度、移动性和用户峰值速率，具体定义见表 1-1。

表1-1　5G关键性能指标定义

名称	定义
用户体验速率（bit/s）	真实网络环境下用户可获得的最低传输速率
连接数密度（/km²）	单位面积上支持的在线设备总和
端到端时延（ms）	数据包从源节点开始传输到被目的节点正确接收的时间
移动性（km/h）	满足一定性能要求时，收发双方间的最大相对移动速度
流量密度（bit/s/km²）	单位面积区域内的总流量
用户峰值速率（bit/s）	单用户可获得的最高传输速率

目前，移动通信网络在应对移动互联网和物联网爆发式发展时，可能会面临以下问题：能耗、每比特综合成本、部署和维护的复杂度难以高效应对未来千倍业务流量增长和海量设备连接；多制式网络共存造成了复杂度的增长和用户体验下降；现网在精确监控网

络资源和有效感知业务特性方面的能力不足，无法智能地满足未来用户和业务需求多样化的趋势；此外，无线频谱从低频到高频跨度很大，且分布碎片化，干扰复杂。应对这些问题，相关企业需要从如下两个方面提升 5G 系统能力，以实现可持续发展。

在网络建设和部署方面，5G 需要提供更高的网络容量和更好的覆盖，同时降低网络部署，尤其是超密集网络部署的复杂度和成本；5G 需要具备灵活可扩展的网络架构以适应用户和业务的多样化需求；5G 需要灵活高效地利用各类频谱，包括重用频谱和新频谱、授权和非授权频谱、对称和非对称频谱、低频谱和高频谱等；另外，5G 需要具备更强的设备连接能力来应对海量物联网设备的接入。

在运营维护方面，5G 需要改善网络能效和比特运维成本，以应对未来数据迅猛增长和各类业务应用的多样化需求；5G 需要降低多制式共存、网络升级以及新功能引入等带来的复杂度，以提升用户体验；5G 需要支持网络对用户行为和业务内容的智能感知并做出智能优化；同时，5G 需要能提供多样化的网络安全解决方案，以满足各类移动互联网和物联网设备及业务的需求。

频谱利用、能耗和成本是移动通信网络可持续发展的 3 个关键因素。为了实现可持续发展，5G 系统相比 4G 系统在频谱效率、能源效率和成本效率方面需要得到显著提升。具体来说，频谱效率需提高 5～15 倍，能源效率和成本效率均要求有百倍以上的提升。

5G 关键效能指标主要包括频谱效率、能源效率和成本效率，具体定义见表 1-2。

表1-2　5G关键效能指标定义

名称	定义
频谱效率 （bit/s/Hz/cell 或 bit/s/Hz/km^2）	每小区或单位面积内，单位频谱资源提供的吞吐量
能源效率（bit/J）	每焦耳能量所能传输的比特数
成本效率（bit/Y）	每单位成本所能传输的比特数

5G 需要具备比 4G 更高的性能，支持 0.1Gbit/s～1Gbit/s 的用户体验速率，每平方千米 100 万的连接数密度，毫秒级的端到端时延，每平方千米数十 Tbit/s 的流量密度，每小时 500km 以上的移动性和数十 Gbit/s 的峰值速率。其中，用户体验速率、连接数密度和时延为 5G 最基本的 3 个性能指标。同时，5G 还需要大幅提高网络部署和运营的效率，相比 4G，5G 频谱效率提升 5 倍～15 倍，能效和成本效率提升百倍以上。

性能需求和效率需求共同定义了 5G 的关键能力，犹如一株绽放的鲜花。红花绿叶，相辅相成，花瓣代表了 5G 的六大性能指标，体现了 5G 满足未来多样化业务与场景需求的能力，其中花瓣顶点代表了相应指标的最大值；绿叶代表了 3 个效率指标，是实现 5G 可持续发展的基本保障。5G 关键能力如图 1-6 所示。

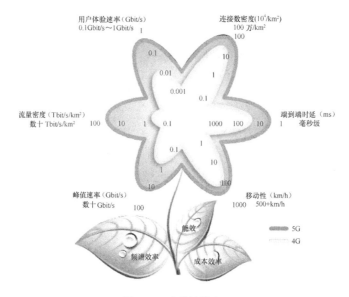

图1-6　5G关键能力

根据 ITU-R 建议书，IMT-2020 的关键能力与 IMT-Advanced 相比，也就是 5G 与 4G 关键能力比较如图 1-7 所示。

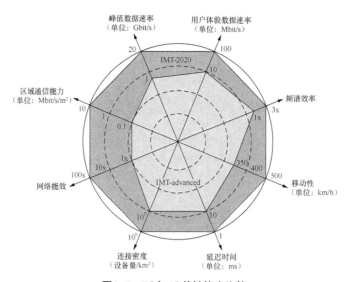

图1-7　5G与4G关键能力比较

ITU 为 5G 定义了 3 种主要场景：一是增强型移动宽带（enhanced Mobile BroadBand，eMBB），高带宽，广覆盖；二是大规模机器类型通信（massive Machine Type Communication，mMTC），低功耗，大连接；三是超可靠和低延迟通信（ultra-Reliable and Low Latency Communication，uRLLC），低时延，高可靠。可以说，想要更多、更快、更好，就用 5G！ mMTC，更多，连接多；eMBB，更快，速度快；uRLLC，更好，体验好。具体如图 1-8 所示。

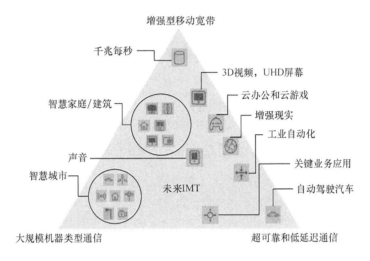

图1-8　ITU为5G定义的主要场景示意

1.3.5　5G 典型应用

1. 虚拟现实

虚拟现实技术是仿真技术的一个重要方向，是仿真技术与计算机图形学、人机接口技术、多媒体技术、传感技术、网络技术等多种技术的集合，是富有挑战性的交叉技术前沿学科和研究领域。虚拟现实技术主要包括模拟环境、感知、自然技能、传感设备等方面。模拟环境是由计算机生成的、实时动态的三维立体逼真图像。感知是指理想的 VR 应该具有一切人所具有的感知，除计算机图形技术所生成的视觉感知外，还有听觉、触觉、运动等感知，甚至还包括嗅觉和味觉等，也称为多感知。自然技能是指人的头部转动，眼睛、手势或其他人体行为动作，由计算机来处理与参与者的动作相适应的数据，并对用户的输入做出实时响应，分别反馈到用户的五官。传感设备是指三维交互设备。

虚拟现实和浸入式体验将成为 5G 时代的关键应用，这将使很多行业产生翻天覆地的变化，包括游戏、教育、虚拟设计、医疗甚至艺术等行业。要实现这一点，我们要在移动环境下使虚拟现实和浸入式视频的分辨率达到人眼的分辨率，这就要求网速达到 300Mbit/s 以上，几乎是当前高清视频体验所需网速的 100 倍。

2. 智慧城市

智慧城市是信息时代的城市新形态，将信息技术广泛应用到城市的规划、服务和管理过程中，通过市民、企业、政府、第三方组织的共同参与，对城市各类资源进行科学配置，提升城市的竞争力和吸引力，实现创新低碳的产业经济、绿色友好的城市环境、高效科学的政府治理，最终让市民过上高品质的生活。

智慧城市在本质上是一种对城市的重构，这种重构改变了传统的以资源投入为主、强调发展速度和数量的方式，而是以资源配置为主、强调供需匹配和发展质量的方式。一方面是对现有资源的科学配置，提升整体的社会效率；另一方面是对创新环境的培育营造，提升未来的发展潜力。

智慧城市是一个不断发展、不断完善的过程，是基于城市现有基础，利用现代化手段不断推陈出新的过程，我们并不提倡存在一个终极的智慧状态，或达到某些指标就是智慧城市，随着技术进步和认识提升，智慧城市会不断丰富其内涵。因此，智慧城市更加贴切的理解应当是"Smarter City"—— 一个更加智慧的城市，即不断利用新技术、新手段，使城市更能满足人们的需求，使发展与环境更加平衡，使发展成果能够惠及更多的人。

3. 物联网与无所不在的通信

物联网（Internet of Things，IoT）是新一代信息技术的重要组成部分，也是信息化时代的重要发展阶段。顾名思义，物联网就是物物相连的互联网。这有两层意思：其一，物联网的核心和基础仍然是互联网，是在互联网基础上延伸和扩展的网络；其二，用户端延伸和扩展到任何物品与物品之间，进行信息交互。物联网通过智能感知、识别技术与普适计算等通信感知技术，广泛应用于网络的融合中，也因此被称为继计算机、互联网之后世界信息产业发展的第三次浪潮。物联网是互联网的应用拓展，与其说物联网是网络，不如说物联网是业务和应用。因此，应用创新是物联网发展的核心，以用户体验为核心的创新 2.0 是物联网发展的灵魂。

在物联网的发展中，通信是必不可少的组件。5G 技术将物联网纳入整个技术体系之中，以真正实现万物互联。

4. 车联网与自动驾驶

车联网是由车辆位置、速度、路线等信息构成的巨大的交互网络。通过全球定位系统（Global Positioning System，GPS）、射频识别（Radio Frequency Identification，RFID）、传感器、摄像头图像处理等装置，车辆可以完成自身环境和状态信息的采集；通过互联网技术，所有的车辆可以将自身的各种信息传输汇集到中央处理器；通过计算机技术，这些大量车辆的信息可以被分析和处理，从而计算出不同车辆的最佳路线，及时汇报路况，安排信号灯周期。自动驾驶则是对这些车联网技术进一步的深入应用。由于车联网对安全性和可靠性的要求非常高，因此 5G 在提供高速通信的同时，还需要满足高可靠性的要求，而这些严格的要求是传统的蜂窝通信技术难以达到的。

1.3.6　5G 挑战

1. 性能挑战

5G 需要具备比 4G 更高的性能，支持 0.1Gbit/s～1Gbit/s 的用户体验速率、每平方千米 100 万的连接数密度、毫秒级的端到端时延、每平方千米数十 Tbit/s 的流量密度、每小时 500km 以上的移动性和数十 Gbit/s 的峰值速率。其中，用户体验速率、连接数密度和时延是 5G 的 3 个基本性能指标。同时，5G 还需要大幅提高网络部署和运营的效率，与 4G 相比，频谱效率提升 5 倍～15 倍，能耗效率和成本效率提升百倍以上。

2. 技术储备

面对 5G 的技术需求以及可能应用的关键技术，一方面对信号处理提出了更高的要求，另一方面对设备器件也提出了新的要求。

大规模 MIMO 技术、新的调制编码技术、全双工技术等，以及 5G 对时延的要求均需要更高级、更高效的信号处理技术。信号处理技术不仅需要能够快速处理更高维度的数据，可能还需要数字和模拟信号的联合处理，同时还需要能够有效抵御干扰，并对干扰进行有效抑制。5G 可能会使用高频段通信，特别是大规模天线技术和毫米波技术的应用，对现有设备提出了极大的挑战，导致设备形态会发生重大的变化。

5G 网络将会是一个智能化的网络，网络具备自修复、自配置、自管理的能力，对于未来智能化的技术发展将是一个巨大的挑战。

3. 频谱资源

为了满足频谱的巨大需求，除了授权频谱之外，以共享的方式使用频谱将会是一个主要手段。频谱将会是多种方式共存使用。对于高需求的场景，带宽需求为 1Gbit/s～3Gbit/s；对于中等需求的场景，带宽需求为 200Mbit/s～1Gbit/s；对于低需求的场景，带宽至少需要 100Mbit/s。

频率使用方式主要分为 3 种：第一种是传统的专用的授权频谱使用方式，这是主要的使用方式；第二种是有限共享频谱使用方式；第三种是非授权频谱使用方式。

尽管如此，频谱的缺口依然巨大，5G 技术将频谱范围扩展至 6GHz 以上频段，并对这些频段进行评估，确立不同频段的优先级。

1.3.7　5G 发展路径

传统的移动通信技术升级换代都是以多址技术为主线，5G 的无线技术创新将更加丰富。除了多种新型多址技术之外，大规模天线、超密集组网和全频谱接入都被认为是 5G 的关键技术。此外新型多载波技术、新的双工技术、新型调制编码、终端直通（Device-to-Device，D2D）等也是潜在的 5G 无线关键技术。5G 系统将会建立在以新型多址、大规模天线、超密集组网、全频谱接入为核心的技术体系之上，满足面向 2020 年之后的 5G 技术需求。

受 4G 技术框架的约束，大规模天线等增强技术难以充分发挥其技术优势。全频谱接入、新型多址技术等难以在现有技术框架下实现。4G 演进也无法满足 5G 的技术需求。因此 5G 需要设计全新的空口，以满足 5G 性能和效能的要求。综合考虑国际频谱规划和频率传播特性，5G 包含工作在 6GHz 以下频段的低频新空口和在 6GHz 以上频段的高频新空口。

5G 低频新空口采用新的空口设计，引入大规模天线、新型多址等先进技术，支持更短的帧结构、更精简的信令流程、更灵活的双工方式，有效满足 5G 的要求，通过灵活配置技术模块及参数来满足不同场景差异化的技术需求。5G 高频新空口需要考虑高频信道和射频器件的影响，并针对波形、天线等进行相应的优化。同时，由于高频跨度大、候选频段多，应尽可能地采用统一的空口技术方案，通过参数调整来适配不同信道及器件的特性。

1.3.8　5G 商用进展情况

1. 国外试验进展情况

截至 2018 年 12 月，全球共有 81 个国家的 192 家移动通信运营商已经展示或正在试验、测试 5G 候选技术，其中也包括已经获得所在国家通信监管部门批准进行 5G 候选技术场测的运营商。全球范围内，运营商公开宣布的 5G 技术展示、测试、试验已经超过了 524 个。

全球 5G 试验网使用的频段如图 1-9 所示，其中 3400MHz～3600MHz、28GHz 频段使用最多。5G 试验网典型速率为 1Gbit/s～4.99Gbit/s，典型时延为 1ms～1.99ms，如图 1-10 所示。

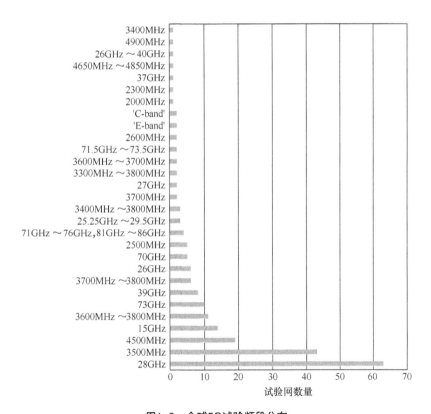

图1-9　全球5G试验频段分布

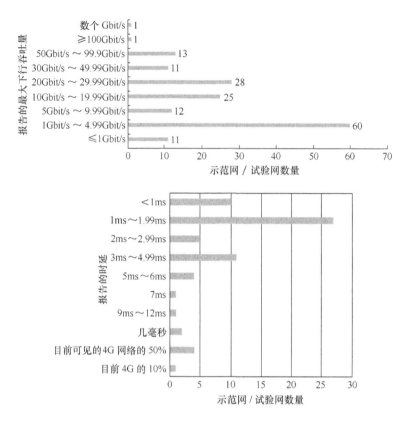

图1-10 全球5G试验网典型速率和时延分布

2. 国内试验进展情况

我国 5G 技术研发试验于 2016 年 1 月全面启动，由 IMT-2020（5G）推进组牵头，分为关键技术验证、技术方案验证和系统方案验证 3 个阶段推进实施。IMT-2020（5G）推进组设立了 MTNet 实验室，在北京怀柔和顺义设立了测试外场，并邀请国内外主要运营、设备、芯片、仪表企业和研究机构共同参与。目前前两阶段试验已经结束，IMT-2020（5G）推进组已发布了第三阶段测试规范。IMT-2020（5G）推进组牵头的 5G 技术研发试验总体目标是推动 5G 关键技术研发，验证 5G 技术方案，支撑全球统一 5G 标准研制。试验计划如图 1-11 所示。

图1-11　IMT-2020 5G试验进度计划

国内三大运营商也在积极进行 5G 试点和试验，开展垂直行业应用研究，探索 5G 商业模式，打造 5G 业务生态圈。按照国家发展和改革委员会的要求，从 2018 年第二季度开始，三大运营商同步开展为期 2 年的 5G 规模组网建设及应用示范试验，试点城市涉及直辖市、省会城市及珠三角、长三角、京津冀区域的主要城市，如北京、上海、雄安、深圳等城市。每家运营商规模组网的总体建设规模约为 500 个 5G 基站，并将根据选取的城市不同特点在政务、医疗健康、教育、交通、物流、工业、公共事业、旅游、环保、娱乐等行业中部署虚拟现实（Virtual Reality，VR）/增强现实（Augmented Reality，AR）、高清视频、无人机应用开发、无人机运营、车联网及无人驾驶、智能制造、智慧生活、智慧会展、智慧政务、智慧交通、智慧旅游、智慧生态、智慧物流、移动执法、智能电网、视频监控、应急通信、远程教育、远程医疗等应用。

（1）中国电信 5G 试验及计划

中国电信计划以中低频为基础开展验证，推动 5G 技术落地应用。同时在转型 3.0 的背景下，中国电信将结合 2025 网络重构，全面开展 5G 相关研究和测试验证，计划分三步进行 5G 部署，具体如下所述。

第一步，到 2018 年之前，中国电信进行 5G 网络演进架构与关键技术研究及概念验证，依据自身需求提出 4G 向 5G 演进技术方案，同时开展部分关键技术实验室测试与外场测试。

第二步，2018—2020 年，中国电信将进行 4G 引入 5G 的系统和组网能力验证，制定企业技术规范，为引入 5G 技术组网提供技术指导，实现部分成熟 5G 技术的试商用部署。2018 年，在兰州、成都、深圳、雄安、苏州、上海 6 座城市开展 5G 试点；2019 年，在北京、上海、重庆、雄安、深圳、杭州、苏州、武汉、成都、福州、兰州、琼海 12 座城市开展 5G 规模商用和应用示范，实现 5G 试商用；2020 年将基于最新 5G SA 标准实现 5G 规模商用。最近，部分试点外城市自行开展 5G 的网络试验和研究，加快 5G 网络商用化进程。

第三步，2020—2025 年，中国电信按照 CTNet 2025 网络发展目标，持续开展 5G 网络后续技术的研究、试验和商用推进工作。

中国电信成立了 5G 联合开放实验室，目标以实验室为依托，推动与设备商、垂直行业合作，推进新技术商用以及产品的孵化。目前，3 个实验室分别为上海研究院 5G 实验室，主要侧重于总体 5G 业务，聚焦垂直行业深度合作；北京研究院 5G 实验室，主要侧重于 5G 网络架构和关键技术研究，聚焦新无线技术（New Radio，NR）、多接入边缘计算（Multi-access Edge Computing，MEC）及网络切片能力；广州研究院 5G 实验室，侧重5G 融合组网和运营方案、5G 终端和卡的研发及测试评估。

（2）中国移动 5G 试验及计划

中国移动在 2017 年 5 月确立了全国首批 5G 试验网城市：北京、上海、广州、苏州、宁波，在这些城市开展 5G 试验网建设，进行 5G 外场测试，以推进 5G 平台架构成熟，验证 3.5GHz 频段组网的关键性能；2018 年在 5 座城市进行规模试验，形成端到端商用产品和预商用网络；2019 年，继续扩大实验网规模，在北京、雄安、天津、福州、重庆、成都、南昌、南宁、深圳、郑州、沈阳、兰州、杭州、上海、广州、苏州、武汉 17 座城市开展规模试验和应用示范，完成多厂商互操作测试，实现 5G 预商用；2020 年，实现 5G 规模商用。部分试点外城市自行开展 5G 的网络试验和研究，加快 5G 网络商用化进程。

同时，中国移动成立 5G 联合创新中心，围绕基础通信能力、物联网、车联网、工业互联网、云端机器人、VR/AR 等领域，联合通信企业、互联网企业及垂直行业应用合作伙伴，推动基础通信能力的成熟，促进 5G 创新应用发展，并构建跨行业融合生态系统。中国移动、宁波大学联合华为、中兴、诺基亚等设备商共同成立的 5G 新技术研究联合实验室，其目的是完善产业链，促进设备研发，并验证设备对未来 3GPP 规范的支持能力。

（3）中国联通 5G 试验及计划

中国联通 5G 研究总体目标是加快联通 5G 关键技术的研究工作，基于中国联通的网络现状及运营需求，布局中国联通 5G 网络演进战略规划，推进 5G 网络架构及关键技术的演进，满足中国联通网络技术发展方向，推动相关技术及设备成熟，满足中国联通 5G 网络2020 年的商用目标；加强产业合作，深化中国联通在物联网和工业互联网方面的技术积累。

中国联通计划分 3 个阶段推动 5G 部署，对 5G 部署提出 4 点建议：首先，进行网络切片化，实现业务差异化服务质量（Quality of Service，QoS）保障；其次，进行云化架构建网，支持业务创新和敏捷服务；再次，要做好频谱选择；最后，按需建设，4G 和 5G 协同建设，重用资源。

中国联通部署 5G 的 3 个阶段具体如下所述。

第一阶段，2016—2017 年，战略与架构制定阶段。中国联通发布 5G 需求白皮书、网络架构白皮书、技术演进白皮书等。

第二阶段，2017—2018 年，关键技术验证阶段。中国联通参与 IMT-2020 推进组组织的 5G 研发试验第二阶段测试，建立了 5G Open Lab 实验室，测试无线关键技术、核心网关键技术、传输关键技术，拟定技术验证标准。

第三阶段，2018—2019 年，生态合作与网络准备阶段。中国联通进行外场组网验证、制定商用建设方案、5G 商业生态合作。2018 年在北京、天津、上海、深圳、杭州、南京、雄安 7 座城市开展 5G 试点，完成 5G 关键技术实验室验证，同时形成联通 5G 建设方案；2019 年在北京、沈阳、天津、青岛、南京、杭州、福州、深圳、郑州、成都、武汉、贵阳、重庆、雄安、上海、广州 16 座城市开展 5G 试点，实现 5G 试商用；2020 年，将基于最新冻结的 5G SA 标准，实现 5G 规模商用。

3. 国内商用网进展情况

2019 年 6 月 6 日，工业和信息化部分别向中国电信、中国移动、中国联通和中国广电发放了 5G 商用网牌照，标志着中国的移动通信正式进入 5G 时代。

（1）中国电信 5G 商用网建设

2019 年，中国电信在全国超过 40 个城市建设 4 万个 5G 基站，5G 投资额为 90 亿元；2020 年，计划在全国地级以上城市的市区开展 5G 建设。

（2）中国移动 5G 商用网建设

2019 年，中国移动在全国范围内建设超过 5 万个 5G 基站，在超过 50 个城市提供 5G 商用服务，5G 投资额超过 200 亿元；2020 年，中国移动将进一步扩大网络覆盖范围，在全国所有地级以上城市提供 5G 商用服务。

（3）中国联通 5G 商用网建设

2019 年，中国联通在全国建设 4 万个 5G 基站，5G 投资额为 60 亿元～80 亿元；2020 年，计划在全国地级以上城市的市区开展 5G 建设。

1.3.9　小结

5G 技术作为面向 2020 年之后的技术，需要同时满足移动宽带、物联网以及超可靠通信的要求，具备自适应业务发展的能力。通过这些技术，5G 将会实现统一通信，实现随时随地地接入网络，实现万物互联的境界。

1.4 5G 网络规划设计要点

1.4.1 核心网规划设计要点

1. 规划流程

5G 核心网络规划流程与 4G 阶段基本一致，可分为规划准备、网络调研、制定方案、投资估算等阶段。准备阶段主要是对网络规划工作进行分工和计划，准备需要用到的工具和软件，收集市场、网络等方面的资料，并进行初步的市场策略分析。网络调研主要涉及对基础数据的调研，具体包括搜集现网数据如用户规模、业务模型、网络结构、机房情况、传输条件、周边支撑系统情况等，并进行分析。制定方案阶段主要是基于调研分析的基础上，明确网络建设原则，确定建设规模，进而展开具体的网络建设方案，具体包括网络架构、网元设置、网络组织及路由、编号计划、网管与计费、网络功能虚拟化基础设施（Network Functions Virtualization Infrastructure，NFVI）资源池方案、承载网需求、对现网及周边支撑系统的改造要求等。最后，还需要进行投资预算及整体效益评价，验证规划设计方案的合理性。

2. 规划要点

（1）组网方式选择

5G 核心网组网可以选择演进分组核心网（Evolved Packet Core，EPC）或 5G 核心网（5G Core Network，5GC）两种方式。

在 EPC 方式下，5G 基站 NR 接入现网 4G 核心网 EPC，NR 与 4G 基站演进的 eNodeB（evolved Node B，eNB）之间的控制面相连，同时现网 EPC 需要升级支持 5G 接入相关的功能。这种方式不支持网络切片、MEC 等新特性。

在 5GC 方式下，需要新建 5G 核心网 5GC，5G NR 直接接入 5GC，控制信令完全不依赖 4G 网络，通过核心网互操作实现 5G 网络与 4G 网络的协同。这种方式可以支持网络切片、MEC 等新特性。

5G 网络建设应综合考虑建网时间、业务体验、业务能力、终端产业链支持情况、组网复杂度以及网络演进来选择组网方案。

（2）业务发展及预测

5G 建设初期，核心网能力以满足 eMBB 业务为主，同时兼顾 mMTC 和 uRLLC 场景业务需求。同时，由于网络建设初期 5G 网络覆盖不连续，为保障用户体验，采用 EPS Fallback 方式回落到 4G 网络，提供基于 LTE 的语音业务（Voice over LTE，VoLTE）。

（3）网络建设思路

5G 核心网部署应充分发挥 5GC 的优势，采用虚拟化方式建设，控制面集中设置、用户面按需分层部署在各级 DC。

新建 5G 核心网应为 4G/5G 融合网络，以实现两网互操作。5GC 与 EPC 两张核心网长期共存，最终演进为单一的 5GC 融合架构。

由于 5GC 采用全新的架构设计理念以及功能解耦，造成各网元及接口数量的显著增加，同时 5G 各种网元和标准的成熟时间也不一致，建议依据业务需求、标准规范及设备的成熟度分阶段部署。

3. 设计要点

（1）网络部署策略

① 业务模型取定

5G 网络包括 eMBB、mMTC、uRLLC 三大应用场景，5G 网络建设初期，业务模型取定以满足 eMBB 业务为主，同时兼顾 mMTC 和 uRLLC 场景。5G 网络建设初期业务模型可以参考 4G 网络业务模型并结合 5G 网络特性进行取定。

② 网络部署

采取大区制或分省方式进行 5G 核心网建设。

5GC 控制面网元的部署遵循虚拟化、大容量、少局所、集中化原则，应至少设置在两个异局址机房，进行地理容灾。5GC 用户面网元按业务需求进行分层部署。

③ 网元设置

分阶段部署 5GC 网元，网络建设初期仅部署 5GC 商用网络所必需的网元，网络建设中后期适时引入其他 5GC 网元。

④ 语音业务方案

5G 网络建设初期，采用 EPS Fallback 方案回落到 4G 网络，提供 VoLTE 语音业务。

在 5G 网络建设后期，5G 无线网络实现了连续覆盖，可以考虑引入基于 NR 的语音业务（Voice over NR，VoNR）方案，届时 5G 用户的语音和短信业务将由 5G 网络承载。

⑤ 业务路由原则

应结合业务部署位置、业务需求、业务性能等要求，确定 5G 业务路由。

（2）NFVI 资源池建设

NFVI 是底层基础设施，主要包含物理资源、虚拟化层、虚拟资源和 NFVI 管理系统。

5GC 控制面网元应部署在核心云 NFVI。5GC 用户面网元用户面功能（User Plane Function，UPF）结合应用场景部署在核心云或边缘云。核心云通常覆盖大区、省级机房和部分城域网核心机房。边缘云覆盖地市、区县等机房。

关于虚拟化方式，由于容器技术尚未成熟，在 5G 商用初期建议采用虚机（Virtual Machine，VM）或虚机容器方式，降低开通和解耦难度，积累虚拟化经验。容器技术待后期成熟后引入。

（3）现网及周边支撑系统建设

引入 5GC，需对现网 EPC 以及 VoLTE IP 多媒体子系统（IP Multimedia Subsystem，IMS）网络进行升级，以支持与 4G 网络互操作，支持语音 EPS Fallback 方案。同时，需要对现有 IT 系统进行升级改造，以支撑 4G 用户向 5G 网络迁移。此外，需要评估分析 5G 对现有其他支撑系统（如综合网管、信令监测系统、安全系统等）的影响，制定合理的系统升级改造方案。

1.4.2　无线网规划设计要点

1. 规划流程

5G 无线网络规划流程与 4G 阶段基本一致，可分为规划准备、预规划和详细规划 3 个阶段，但 5G 网络规划将以高流量、高价值等区域的规划以及 mMTC 和 uRLLC 中的特定场景规划为主。规划准备阶段主要是对网络规划工作进行分工和计划，准备需要用到的工具和软件，收集市场、网络等方面的资料，并进行初步的市场策略分析。预规划阶段的主要工作是确定规划目标，通过覆盖和容量规划进行资源预估，为详细规划阶段的站点设置提供指导，避免规划的盲目性。详细规划阶段的主要任务是以覆盖规划和容量规划的结果为指导，进行站址规划和无线参数规划，并通过模拟仿真对规划设计的效果进行验证。此外，还需要进行投资预算及整体效益评价，验证规划设计方案的合理性。

2. 规划要点

（1）业务预测

业务预测包括用户数预测和业务量预测两个部分。3G/4G 阶段的用户数预测主要基于现有移动网络的用户数、渗透率、市场发展及竞争对手等情况综合考虑，业务量预测则基于经验业务模型和预测的用户数进行计算。

5G 中的业务预测可以结合场景划分，分别预测个人业务和行业业务。在 eMBB 场景下，主要业务是个人业务，预测方法与 3G/4G 基本一致，与 4G 不同的是，5G 中业务量预测主要为数据业务预测。但是在 uRLLC、mMTC 场景下，主要业务为行业业务，业务特征主要表现为高可靠低时延连接和海量物联，因此业务预测的侧重点应有所不同。

（2）频率策略

根据工业和信息化部下发的《工业和信息化部关于第五代移动通信系统使用 3300 －3600MHz 和 4800 － 5000MHz 频段相关事宜的通知》（工信部无 [2017]276 号）文件要求，以及《工业和信息化部向基础电信运营企业发放 5G 系统试验频率使用许可》的规定，中国电信使用 3400MHz～3500MHz 频段作为 5G 试验网的承载频率，中国移动使用 2515MHz～2675MHz（2575MHz～2635MHz 频段为重耕移动现网的 TD-LTE 频段）、4800MHz～4900MHz 作为 5G 试验网的承载频率，中国联通使用 3500MHz～3600MHz 频段作为 5G 试验网的承载频率。3300MHz～3400MHz 频段原则上用于室内分布系统的承载频率。

（3）设备形态及选择

5G 基站的主设备形态以室外的有源天线单元（Active Antenna Unit，AAU）+ 基带处理单元（Base Band Unit，BBU）以及室分有源设备为主。

对于 BBU 设备，考虑产业成熟情况、减少网元数、降低网络规划和工程实施难度，减少时延，缩短减少周期，5G 网络发展初期采用集中单元（Centralized Unit，CU）/ 分布单元（Distribute Unit，DU）合设方式，并随着标准和产业的成熟，适时引入 CU/DU 分离架构，支持业务切片，支持 uRLLC 和 mMTC 业务场景。

对于 AAU 设备，采用了大规模天线技术，存在多种设备形态，应根据网络覆盖场景，覆盖需求、容量需求灵活选择。在业务量大、无线环境复杂的密集市区，建议采用 64T64R 的高配置设备；在中高建筑较多的一般城区 / 县城，建议采用 32T32R 等中配置设备；在用户稀疏的农村区域，如考虑未来容量和覆盖需求等因素，建议采用 16T16R 等低成本设备。目前，试验网中 5G 基站的设备形态主要以 64T64R 为主，同时，业界也在研发其他形态设备。此外，基站设备特别是 AAU 设备的重量、功耗和尺寸等参数，各厂商都处在不断的优化过程中，规划中所需的这些参数应注意及时根据厂商设备的最新情况取定。

对于室内覆盖，由于传统室内馈线分布系统无法满足 3.5GHz 及以上射频信号传输需求，在高流量和战略地标室分站点可采用 5G 有源分布系统、微 AAU 等方式进行覆盖，兼顾考虑覆盖和容量需求。5G 有源室内分布系统及微站的设备形态尚处于探讨研究阶段，随着试验网建设进程的推进，应加大对室分系统和微站等设备在网络建设中定位的研究，探讨各类具体建设场景对产品形态的要求，加快促进产品形态的定型和部署。

（4）覆盖规划

链路预算是 5G 无线网覆盖规划的理论基础。与 4G 网络的无线链路预算相比，5G 网络的无线链路预算需要主要考虑的因素包括以下内容。

① 传播模型的差别

传播模型是无线链路预算的核心内容，包括确定性模型和统计性模型两类。

确定性传播模型需要利用高精度的数字化地图，针对基站发射天线与终端接收天线之间的具体传播环境，利用电磁波传播的理论进行确定性计算，射线跟踪模型是确定性传播模型的代表。这一模型一般需要使用仿真软件等专用工具，多用于规划方案的验证优化阶段。

统计性模型一般包括 Okumura-Hata、COST231-Hata、标准传播模型（Standard Propagation Model，SPM）和城区宏蜂窝（Urban Macro cell，UMa）等。其中 Okumura-Hata 模型的适用频率范围为 150MHz～1500MHz，适用于小区半径大于 1 千米的宏蜂窝系统；COST231-Hata 模型的适用频率范围为 1.5GHz～2GHz，适用于小区半径大于 1 千米的宏蜂窝系统。这两个模型的频率适用范围不符合 5G 试验频率的要求，不适合直接用于 5G 网络的无线链路预算和仿真。

UMa 模型由 3GPP 提出，顾名思义是针对城市场景宏蜂窝站型的无线传播模型，其适用频率范围为 0.8GHz～100GHz，适用小区半径在 10 米～1 千米。3GPP 定义了两个版本的 UMa 模型，分别是 3GPP 36.873 协议和 3GPP 36.901 协议定义的版本。其中 3GPP 36.873 协议版本的 UMa 模型引入了平均建筑物高度和平均街道宽度两个参数因子。使用该模型预测的结果与这两个参数因子的相关性较大，在具备这两个参数因子准确取定条件的情况下，可考虑在规模测算时的链路预算中使用。3GPP 36.901 协议版本的 UMa 模型在 3GPP 36.873 协议版本的基础上取消了平均建筑物高度和平均街道宽度这两个参数因子，简化了模型计算所需的输入条件，但经过评估验证，采用该模型预测的结果相对于实际测试偏差较大，需要进一步研究评估，应谨慎使用。

SPM 模型的适用频率范围为 150MHz～3500MHz，适用小区半径在 1 千米～20 千米的宏蜂窝系统。

SPM 模型的频率适用范围刚好满足 5G 试验频率的要求，但是应该注意到，该模型的适用小区半径为 1 千米～20 千米，明显大于城市区域宏蜂窝基站的覆盖半径，因此，在使用前应先进行模型校正。据评估验证，使用经校正后的 SPM 模型预测的结果与实际测试比较接近，因此，SPM 模型可以考虑用于工信部无 [2017]276 号文规定频率的 5G 网络无线链路预算和仿真。

② 天线形态的差别

5G 使用大规模天线，与 4G 系统所普遍采用的固定波瓣天线不同，5G 的天线波瓣是动态扫描的窄波束，进行链路预算时需要考虑大规模天线的阵列增益、分集增益和波束赋形增益等参数因子，这些参数因子的取定应根据具体的天线形态，由设备厂商提供。

③ 穿透损耗的差别

建筑物穿透损耗的大小与频率的高低正相关。5G 网络所使用的频率明显高于 4G 网络所使用的频率，建筑物穿透损耗的取值明显有别于 4G 网络无线链路预算的建筑物穿透损耗取值。部分典型材质墙体穿透损耗计算见表 1-3。

表1-3　典型材质墙体穿透损耗计算（3GPP）

材质	穿透损耗（dB）
普通玻璃	$L=2+0.2f$
红外隔热玻璃	$L=23+0.3f$
水泥墙	$L=5+4f$
木板墙	$L=4.85+0.12f$

根据采样测试分析，3.5GHz 频率相对于 1.8GHz 频率的穿透损耗大约高 5dB，2.6GHz 频率相对于 1.9GHz 频率的穿透损耗大约高 2dB。

规划中穿透损耗的取值应结合具体场景的建筑物材质取定，此外，还应结合成本因素进行考量，对于可基本通过室内覆盖手段解决的区域（如写字楼、商场等公共建筑占比较大的区域），穿透损耗可以取低一些，以使室外基站实现更广的覆盖从而降低成本；对于难以通过室内覆盖手段解决的区域（如住宅楼等建筑占比较大的区域），穿透损耗可以取高一些，以使室外基站更好地覆盖建筑物室内。

（5）容量规划

容量规划要分区域进行，首先估算各区域的业务类型及各种类型业务的业务量；然后根据不同区域提供的业务模型、用户模型等估算单小区能提供的容量；接着可由业务总量和单小区容量计算出实际区域达到容量目标所需的小区数；最后各区域所需的小区数相加即可得到整个业务区所需设置的小区数。在 5G 中，大规模天线（Massive MIMO，mMIMO）、滤波正交频分复用（Filtered-Orthogonal Frequency Division Multiplexing，F-OFDM）、新型编码等技术大大提高了频谱效率，且采用了百兆以上带宽，使 5G 具备高容量、大连接的能力，网络建设初期容量一般不会成为 5G 规划中的瓶颈问题。

（6）站址规划

站址规划的任务就是对业务区进行实地查勘和站点的具体布置，找出适合做基站站址的位置，初步确定基站的高度、扇区方向角及下倾角等参数。在站址规划时，要充分考虑到现有网络站址的利旧和新建站的站址共建共享问题，需核实现有基站位置、高度是否适合新建网络，机房、天面是否有足够的位置布放新建系统的设备、天线等。如果和现有的网络基站共址建设还需要考虑系统之间的干扰控制问题，可通过空间隔离或加装滤波器等方式对不同系统的天线进行隔离，使系统间干扰降低到不影响双方正常运作的程度。

5G 主流频段频率较高，单基站覆盖范围小，在充分利用现有站址的基础上建设 5G 网络，利用微站补盲是 5G 覆盖的一大重点；5G 重点解决城区及其他热点等区域的容量问题，微站将会是一种有效的分流方式。因此，5G 网络的站址规划需要考虑大量微站站址的规划。

（7）共建共享

5G 无线基站的部署建设应遵循国家有关"共建共享"政策的要求，应优先利用既有站址资源建设 5G 基站，对于既有站址资源的利用，应做好资源的摸查工作，准确掌握既有站址的天面空间、机房条件、传输条件和电源供电等配套设施的情况，由中国铁塔公司统筹协调各运营商的共享需求。对于新增站址，既可以考虑采用各运营商共建的模式，由中国铁塔公司统筹协调建设，也可以考虑充分利用路灯杆等各类市政基础设施，因地制宜，灵活部署。

5G 基站的共建共享，既要考虑各运营商 5G 系统之间的干扰规避，也要考虑 5G 系统与共址建设的 4G、3G 和 2G 系统之间的干扰规避。干扰隔离要求的核算应注意 5G 天线形态的特点，并结合具体厂商的设备参数指标计算。

4G 时代，运营商出于节约建设投资的考虑，已经开始探索设备级的共建共享。5G 时代，由于无线网络使用高频承载，运营商建设投资的压力将会更大，设备级的共建共享仍然有可能是继续探索的方向。

3. 设计要点

（1）宏站设计

室外覆盖网络应满足数字蜂窝移动通信网服务区的覆盖、质量和用户容量的要求，同时，综合考虑工程在技术方案和投资经济效益两个方面的合理性。

5G 室外宏站设计主要有以下特点：

① 设备结构简单，体积较小，机房空间和环境要求低；

② 由于 mMIMO 技术的应用，AAU 的尺寸和重量进一步加大，天馈系统安装较 2G、3G、4G 更复杂；

③ 组网灵活，可应用于各种场景进行针对性覆盖。

（2）微站设计

5G 阶段无线网络将变为多种无线技术全面融合的超密集型网络结构，站址资源更加紧张，微站可以同时满足密集组网、快速选址、快速建设以及室内外覆盖的需求，在 5G 阶段将会得到更广泛的应用。

微站的建设可考虑充分利用路灯杆等市政基础设施，进一步践行"共享经济"的发展理念，丰富"共享经济"的内涵。

（3）5G 室内覆盖

现网分布式天线系统（Distributed Antenna System，DAS）存量室分无源器件（包括天线、功分器、耦合器、合路器）工作频段一般为 800MHz～2.7GHz，不支持 3.5G/4.9G 等 5G 主流频段，如部署 5G 室内分布系统无法利用已有的分布系统，需要全部新建。即使新建适合 5G 主流频段的 DAS，因为 3.5GHz 以上频段线缆损耗大，为了覆盖和原有系统相当，需要提高信源功率或增加信源，并且，5G 对流量密度需求很高，DAS 很难实现较高的流量密度。此外，多天线是 5G 的主要技术特征，也是实现其承载能力的关键手段，利用 DAS 部署多天线技术存在技术、工程、成本等方面的一系列问题。综上所述，5G 系统的室内覆盖解决方案已不宜考虑使用传统的 DAS，而应考虑采用新型的有源室内分布系统。

有源室内分布系统一般由远端单元、汇聚单元和基带单元 3 个部分构成，各单元之间通过双绞线或光纤（综合光缆）连接。5G 有源室内分布系统将会考虑对多模的支持，以及多天线技术（2T2R、4T4R 等）的应用等，具体的产品形态尚处于研究探索阶段。

有源室内分布系统在 4G 时代已经开始部署，具有部署方便和用户感知好等优点。5G 时代，有源室内分布系统将会是解决室内覆盖的主要手段。在试验网建设阶段，可根据具体场景的需求进行试验性的部署建设，以研究评估 5G 有源室分的部署需求，加快推进产品形态的定型，为后续的商用部署做好准备。

对于 5G 室内场景的覆盖，除了采用 5G 有源室内分布系统之外，还可以考虑通过部署室内一体化微站（皮站）的手段来解决。室内一体化微站是基带、射频和天线高度集成的一体化设备，发射功率一般为百毫瓦级别，多用于规模不大的室内开阔空间（如图书馆、茶馆、咖啡厅等）的补盲性覆盖，在 5G 部署的初期可不作为主要手段进行考虑。

最后，对于 5G 室内场景的覆盖，还可考虑基于室内外协同的理念，通过在建筑物附近的室外部署微基站，通过穿透覆盖解决室内场景的覆盖需求。

（4）5G 查勘要点

① 天面

天面应具备安装 AAU 设备的空间。挂装 AAU 设备的支撑物应满足风荷要求和承重要求，新建或利旧抱杆的直径一般不小于 6cm，壁厚不小于 4mm，长度不小于 2m。

② 机房电源和机架空间

中心机房需求：交流电源功率不小于 15kW，直流电源功率不小于 10kW；机房内有室内接地铜排节点；机房内恒温空调温度在 25℃左右；电源和空调可以根据需求进行扩容。

站点机房需求：有室内接地铜排节点，机房内恒温空调温度在 25℃左右，且电源和空调可以根据需求进行扩容。

如站点为室外柜场景则需要：空间可以放下 BBU，且深度不小于 600mm；室外柜内有风扇保证柜内温度在 0℃～40℃；电源可根据需求进行扩容。

1.4.3　承载网规划设计要点

1. 规划流程

5G 承载网络规划流程与 4G 阶段基本一致，可分为规划准备、网络调研、制定方案、投资估算等阶段。准备阶段主要是对网络规划工作进行分工和计划，准备需要用到的工具和软件，收集市场、网络等方面的资料，并进行初步的网络能力评估。网络调研主要涉及基础数据的调研，具体包括现网数据如各业务网电路流量流向、业务需求模型、网络结构、设备情况、线路条件、机房情况、周边支撑系统情况等搜集，并进行网络资源能力分析。制定方案阶段主要是基于调研分析的基础上，明确网络建设原则，确定建设规模，进而展开具体网络建设方案，具体包括网络架构、技术方案、设备配置方案、线路路由方案、网管及公务方案、网络同步方案、对现网及周边支撑系统的改造要求等。最后，还需要进行投资预算及整体效益评价，验证规划设计方案的合理性。

2. 规划要点

（1）面向大带宽的规划

带宽是 5G 承载的第一关键指标，5G 频谱将新增 Sub6G 及超高频两个频段，更高频段、更宽频谱和新空口技术使 5G 基站带宽需求大幅提升，预计将达到 LTE 的 10 倍以上。典型 5G 基站（S111）的带宽需求估算见表 1-4。

表1-4　典型5G基站（S111）的带宽需求估算

关键指标	前传	中传 & 回传（峰值 / 均值）
5G 早期站型：Sub6G/100MHz	3 × 25Gbit/s	5Gbit/s/3Gbit/s
5G 成熟期站型：超高频 /800MHz	3 × 25Gbit/s	20Gbit/s/9.6Gbit/s

由于 5G 峰值最高高达 20Gbit/s，传统的 10Gbit/s 带宽的接入环已经不能满足接入需求，因此，在 5G 接入传送承载网、汇聚层需要引入 25Gbit/s/50Gbit/s 速率接口，而核心层则需要引入 100Gbit/s 及以上速率的接口。

（2）面向低时延的规划

不同类型的业务对时延的要求见表 1-5。

表1-5　各类型业务对时延的要求

业务类型	业务时延指标	承载网时延指标
eMBB	<15ms（对于 VR 业务通过终端缓存能力，时延可以到几百 ms）	S1 业务时延，单向 5ms 左右
mMTC	时延不敏感	时延不敏感
uRLLC	自动驾驶：3ms	自动驾驶标准预估单向 0.5ms

为了满足 5G 低时延的需求，光传送网需要对设备时延和组网架构进行进一步的优化。

① 在设备时延方面：可以考虑采用更大的时隙（如从 5Gbit/s 增加到 25Gbit/s）、减少复用层级、减小或取消缓存等措施来降低设备时延，达到 1μs 量级甚至更低。

② 在组网架构方面：可以考虑树形组网取代环形组网，降低时延。

③ 不同的时延指标要求，将导致 5G RAN 组网架构的不同，从而对承载网的架构产生影响。如为了满足 uRLLC 应用场景对超低时延的需求，倾向于采用 CU/DU 合设的组网架构，则承载网只有前传和回传两个部分，省去中传部分时延。

④ 承载网时延主要是光纤传输距离导致，对于 uRLLC 超低时延业务，主要依靠核心网或边缘云下沉到边界，减少光纤传输距离。

（3）面向灵活连接的规划

5G 移动回传采用扁平化 IP 架构，基站之间东西流量由于超密集组网的需求而急剧增加。此外，MEC 下沉需要在 MEC 之间有东西承载通路。5G 网络的连接数量相对 4G 网络有数十倍的增加。传统静态多协议标签交换传送应用（MPLS-Transport Profile，MPLS-TP）隧道难以满足灵活业务调度和泛在连接需求，需要引入新隧道连接技术。

段路由（Segment Routing，SR）作为一种源路由技术，对现有多协议标签交换（Multi Protocol Label Switching，MPLS）技术进行了高效简化，同时复用 MPLS 已有的转发机制，能很好地兼容目前的 MPLS 网络，并支持现有 MPLS 网络向 SDN 平滑演进。安全实时传输协议（Secure Realtime Transport Protocol，SRTP）隧道是基于段路由隧道技术进行面向传输领域运维能力增强的新隧道技术，包括安全实时传输协议—流量工程（Secure Realtime Transport Protocol-Traffic Engineering，SRTP-TE）和安全实时传输协议—尽力而为（Secure Realtime Transport Protocol-Best Effort，SRTP-BE）两种类型隧道。

① SRTP-TE 隧道

传统 SR-TE 隧道不需要在中间节点上维护隧道路径状态信息，提升了隧道路径调整的灵活性和网络可编程能力。但 SR-TE 只在源节点维护隧道路径信息的特性，使其无法实现双向关联，丢失了传统面向传送的端到端运行管理和维护（Operation, Administration and Maintenance，OAM）检测、双向隧道能力。

SRTP-TE 隧道通过携带 Path Segment 唯一标识一条端到端的连接，且通过 Path Segment 关联实现双向隧道。SRTP-TE 隧道作为 SR-TE 隧道的传送子集，既具有 SR-TE 灵活的特性，也保留了传统隧道面向传送的能力，是现有传送网 MPLS-TP 隧道的理想演进方案。SRTP-TE 隧道如图 1-12 所示。

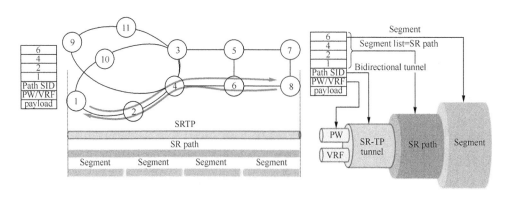

图1-12　SRTP-TE隧道

② SRTP-BE 隧道

SRTP-BE 隧道由内部网关协议（Interior Gateway Protocol，IGP）自动扩散生成，可在 IGP 域内生成 Fullmesh 隧道连接，适用于面向无连接的 Mesh 业务承载，并简化隧道规划和部署。

（4）面向网络切片的规划

5G 网络有三大类业务：eMBB、uRLLC 和 mMTC。不同应用场景对网络要求差异明显，如时延、峰值速率、QoS 等要求都不一样。为了更好地支持不同的应用，5G 将支持网络切片能力，每个网络切片将拥有自己独立的网络资源和管控能力。另外，5G 可以将物理网络按不同租户（如虚拟运营商）需求进行切片，形成多个并行的虚拟网络。

5G 无线网络需要核心网到 UE 的端到端网络切片，减少业务（切片）间相互影响。因此 5G 承载网络也需要有相应的技术方案，满足不同 5G 网络切片的差异化承载需求。

前传网络对于 5G 采用的 eCPRI 信号一般采用透明传送的处理方式，不需要感知传送的具体内容，因此对不同的 5G 网络切片不需要进行特殊处理。中传 / 回传承载网则需要考虑如何满足不同 5G 网络切片在带宽、时延和组网灵活性方面的不同需求，提供面向5G 网络切片的承载方案。

3. 设计要点

（1）网络总体架构

5G 承载网应遵循固移融合、综合承载的原则和方向，与光纤宽带网络的建设统筹考虑，在光纤、光缆、机房等基础设施，以及承载设备等方面实现资源共享。光缆网根据用户密度和业务需求统筹规划和建设，应成为固网和移动网的业务的统一物理承载网络。

基于 5G RAN 架构的变化，5G 承载网由以下 3 个部分构成，5G 承载网总体架构如图 1-13 所示。

① 前传（Fronthaul：AAU-DU）：传递无线侧网元设备 AAU 和 DU 间的数据。

② 中传（Middlehaul：DU-CU）：传递无线侧网元设备 DU 和 CU 间的数据。

③ 回传（Backhaul：CU- 核心网）：传递无线侧网元设备 CU 和核心网网元间的数据。

由于主流运营商 5G RAN 初期优先考虑 CU/DU 合设部署方式，5G 承载网将重点考虑前传和回传两个部分，前传优先选用 eCPRI 接口。

（2）技术方案选择

5G 前传技术方案主要有光纤直连、切片分组网络（Slicing Packet Network，SPN）、无源波分复用（Wavelength Division Multiplexing，WDM）、有源 WDM/ 光传送网（Optical Transport Network，OTN）等几种方式，具体实现方式如图 1-14 所示。

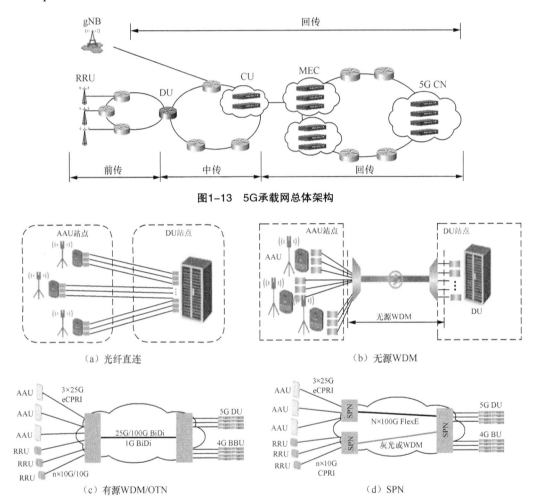

图1-13　5G承载网总体架构

（a）光纤直连　　　　　　　　　　　　　（b）无源WDM

（c）有源WDM/OTN　　　　　　　　　　　（d）SPN

图1-14　5G前传典型方案

　　光纤直连方案虽然实现简单，但最大的问题就是光纤资源占用很多。光纤直连方案应采用单纤双向（BiDi）技术，可节约 50% 光纤资源并为高精度同步传输提供性能保障。目前几种主要的 5G 前传方案各有其优劣势，在实际网络部署时应结合各运营商自身网络的需求以及演进思路，选择相适应的承载方案。

　　5G 前传典型技术方案的主要特点对比情况说明见表 1-6。

表1-6 5G前传典型方案的主要特点对比情况说明

比较类别	光纤直连	SPN	无源 WDM	有源 WDM/OTN 方案
用户侧	白光模块	白光模块	彩光模块	白光模块
组网方式	点到点网络	点到点网络、环形网络	点到点网络	点到点网络、环形网络
优势	简单,带宽无限制	带宽大,节省光纤	纯无源技术,设备简单	备件通用,维护简单;带宽大,节省光纤
劣势	占用较多纤芯,仅适用于光纤资源非常丰富的区域	设备成本相对较高	运维定界不清晰,无光层管理;彩光模块备件种类多	设备成本相对较高

5G 中回传承载网络方案的关键是需要满足大带宽、低时延、高精度时间同步、灵活组网、网络切片等承载需求,支持 L0～L3 层的综合传送能力,可通过 L0 层波长、L1 层 TDM 通道、L2 和 L3 层分组隧道来实现层次化网络切片,具体如下所述。

① L0 层光层大带宽技术:5G、专线等大带宽业务需要 5G 承载网具备 L0 的单通路高速光接口和多波长的光层传输、组网和调度能力。

② L1 层 TDM 通道层技术:TDM 通道技术不仅可以为 5G 三大主要应用场景提供硬管道隔离和网络切片服务,同时可以为高质量政企专线提供高可靠、低时延的服务能力。

③ L2/L3 层分组转发技术:为 5G 提供灵活连接调度和统计复用功能,主要包括以太网、MPLS-TP 以及 SR 等技术。

为更好地满足 5G、专线等业务的综合承载需求,国内主流运营商提出了多种 5G 承载方案,主要包括 SPN、面向移动承载优化的 OTN(M-OTN)、IP RAN 增强 + 光层 3 种技术方案,其技术融合发展趋势和共性技术占比越来越高,在 L2 层和 L3 层均需支持以太网、MPLS(-TP)等技术,在 L0 层均需要采用低成本高速灰光接口、WDM 彩光接口和光波长组网调度等能力,差异主要体现在 L1 层是基于 IEEE802.3 的以太网物理层、OIF 的灵活以太网(Flex Ethernet,FlexE)技术还是 ITU-T G.709 规范的 OTN 技术,L1 层 TDM 通道是基于 OTN 的灵活速率光数据单元(Optical Data Unit flex,ODUflex)还是基于切片的以太网。

(3)网络建设思路

5G 承载网络主要用于满足前传和中/回传的承载需求,其中 5G 前传除了光纤直连方案之外,还存在多种基于承载设备的解决方案。不同的中/回传 5G 承载方案在 L1 层的差异分别代表了不同运营商在现有 4G 网络基础条件下的演进思路，基于 IP RAN 增强 + 光层的方案是基于 IP/MPLS 和电信级以太网增强轻量级 TDM 技术的演进思路，M-OTN 方案是基于现有分组增强型 OTN 技术并适度简化的演进思路，SPN 方案则是基于分组传送网（Packet Transport Network，PTN）技术并适度发展的演进思路，都具有典型的多技术融合发展的趋势，最终是否可以大规模推广和应用主要取决于市场需求、产业链的成熟度以及网络的综合成本等。

综合分析云无线接入网（Cloud Radio Access Network，CRAN）和 5G 核心网云化、数据中心化部署方案和全面支持 IPv6 等发展趋势，对 5G 承载网络转发面技术及应用的未来发展演进建议如下所述。

① 5G 前传方案按需选择：在光纤资源相对充足的区域，建议采用光纤直连为主的前传方案；对于光纤资源紧张且建设成本较高的地区，可以综合考虑网络建设成本及运维管理需求等因素选择合适的前传方案。

② 5G 中 / 回传方案新建和演进并重：面向 5G、专线业务承载的新技术主要有 L2 层和 L3 层 SR、L1 层的 FlexE 接口和切片以太网通道、L1 层 ODUflex 通道、L0 层低成本高速光接口等。5G 中 / 回传可以基于新的 5G 承载方案进行建设，也可基于现有的 4G 承载网络进行升级改造。

理论篇

第2章 5G核心网

2.1 系统架构及功能

2.1.1 系统架构

1. 独立组网（Standalone，SA）和非独立组网（Non-Standalone，NSA）

根据 3GPP 规范，从 4G 向 5G 迁移的过程中，组网方式分为 SA 方式和 NSA 方式。

SA 方式的特点：需要建设 5G 核心网（Next Generation Core，NGC，也称为 5GC）；5G 核心网与 4G 核心网之间可进行互操作。

NSA 方式的特点：引入双连接的概念，UE（用户终端）可同时接入 5G 和 4G 网络，NR（5G 基站）与 4G 基站之间控制面相连。

SA 和 NSA 主要包括以下场景。

（1）Option 2

Option 2 部署示意如图 2-1 所示。

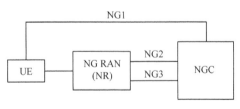

图2-1 Option 2部署示意

（2）Option 3

Option 3 部署示意如图 2-2 所示。

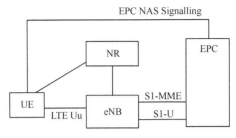

图2-2　Option 3部署示意

（3）Option 3a

Option 3a 部署示意如图 2-3 所示。

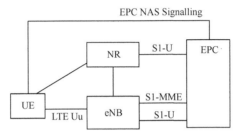

图2-3　Option 3a部署示意

（4）Option 3x

Option 3x 部署示意如图 2-4 所示。

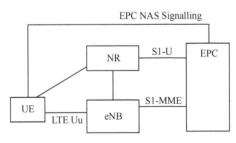

图2-4　Option 3x部署示意

（5）Option 4

Option 4 部署示意如图 2-5 所示。

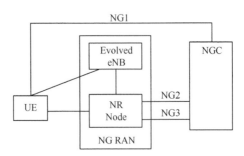

图2-5　Option 4部署示意

（6）Option 4a

Option 4a 部署示意如图 2-6 所示。

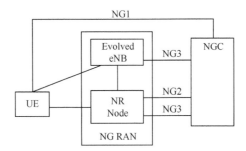

图2-6　Option 4a部署示意

（7）Option 5

Option 5 部署示意如图 2-7 所示。

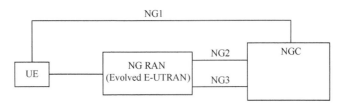

图2-7　Option 5部署示意

（8）Option 7

Option 7 部署示意如图 2-8 所示。

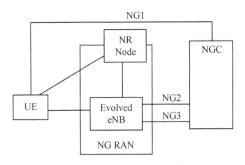

图2-8　Option 7部署示意

（9）Option 7a

Option 7a 部署示意如图 2-9 所示。

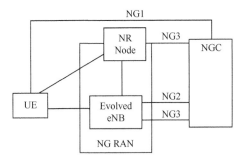

图2-9　Option 7a部署示意

（10）Option 7x

Option 7x 部署示意如图 2-10 所示。

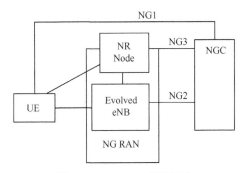

图2-10　Option 7x部署示意

以上主要场景中，Option 2 和 Option 5 是 SA 方式，Option 3/3a/3x、Option 4/4a、Option 7/7a/7x 都是 NSA 方式。

整个迁移过程可以有多种路径选择，例如 4G 网络→ Option 3/3a/3x → Option 7/7a/7x → Option 4/4a → Option 2（5G 网络），每一步不是必需的，可以跨越。

2. 基于服务的架构（Service-Based Architecture，SBA）

根据 3GPP 规范 TS 23.501，基于 SBA 理念，5G 系统架构如图 2-11 所示。

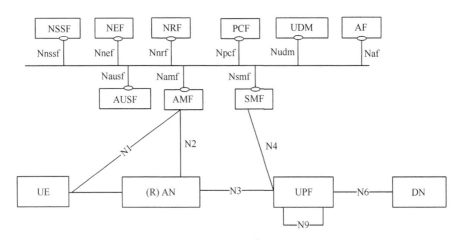

图2-11　5G系统架构

5G 核心网控制平面功能采用基于服务的设计理念来描述控制面网络功能和接口交互，并实现网络功能的服务注册、发现和认证等功能。在服务化架构下，控制平面的功能既可以是服务的生产者，也可以是服务的消费者，消费者要访问生产者的服务时，必须使用生产者提供的统一接口进行访问。采取服务化设计，可以提高功能的重用性，简化业务流程设计，优化参数传递效率，提高网络控制功能的整体灵活性。

5G 核心网具有如下关键特性：

（1）控制和承载完全分离，控制面和用户面可以分别灵活部署与扩容；

（2）控制面采用服务化架构，接口统一，简化流程；

（3）采用虚拟化技术，实现软硬件解耦，计算和存储资源动态分配；

（4）支持网络切片，灵活快速按需部署网络；

（5）支持边缘计算，有利于低时延、高带宽等创新型业务的部署；

（6）软件定义网络，实现网络可编排。

关于存储，类似于 4G 的归属签约用户服务器（Home Subscriber Server，HSS）的前台 / 后台（Front End/Back End，FE/BE）架构，5G 的统一数据管理（Unified Data Management，UDM）、策略控制功能（Policy Control Function，PCF）和网络开放功能（Network Exposure Function，NEF）的后台数据存储在统一数据库（Unified Data Repository，UDR）中，如图 2-12 所示。

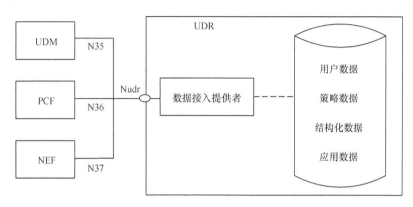

图2-12 数据存储架构

2.1.2 网元功能

5G 系统架构中，各网元的功能简介见表 2-1。

表2-1 5G网元的功能简介

网元简称	网元全称	中文名称	功能描述
NSSF	Network Slice Selection Function	网络切片选择功能	为 UE 服务选择网络切片实例集，确定网络切片选择辅助信息（Network Slice Selection Assistance Information，NSSAI），确定 AMF Set
NEF	Network Exposure Function	网络开放功能	使内部或外部应用可以访问网络提供的信息或业务，为不同的使用场景定制网络能力
NRF	Network Repository Function	网络存储功能	维护已部署网络功能（Network Function，NF）的信息，处理从其他 NF 过来的 NF 发现请求
PCF	Policy Control Function	策略控制功能	提供策略规则，支持统一策略框架
UDM	Unified Data Management	统一数据管理	存储并管理用户签约数据
AF	Application Function	应用功能	与 5G 核心网交互提供服务

（续表）

网元简称	网元全称	中文名称	功能描述
AUSF	Authentication Server Function	鉴权服务功能	支持 3GPP 与非 3GPP 接入的鉴权
AMF	Access and Mobility Management Function	接入和移动性管理功能	完成接入认证、附着管理、连接管理、移动性管理、非接入层（Non-Access-Stratum，NAS）信令处理等
SMF	Session Management Function	会话管理功能	完成会话管理、UE IP 地址分配和管理、UP 选择和控制、配置 UPF 的流量路由、计费信息采集、确定会话的 SSC 模式等
UE	User Equipment	用户设备	5G 终端
（R）AN	（Radio）Access Network	（无线）接入网	网络接入功能
UPF	User Plane Function	用户面功能	完成用户面策略执行、QoS 执行、分组路由和转发、流量报告等
DN	Data Network	数据网络	包含运营商应用、互联网应用或第三方服务

5G 网元功能与 4G 网元功能比较见表 2-2。

表2-2 5G网元功能与4G网元功能比较

5G 网元功能	与 4G 网元功能比较（相当于）
PCF	策略与计费规则功能（Policy and Charging Rules Function，PCRF）
UDM	HSS，还包括用户签约数据库（Subscription Profile Repository，SPR）
AUSF	移动性管理实体（Mobility Management Entity，MME）中鉴权功能
AMF	MME 中 NAS 接入控制功能，终结 AM 层 NAS 信令
SMF	MME+ 服务网关（Serving Gateway，SGW）/PDN 网关（PDN Gateway，PGW）中会话和承载管理的控制面功能，终结 SM 层 NAS 信令
（R）AN	eNB
UPF	SGW/PGW 中用户面功能，对应于 CU 分离架构中的 SGW 用户面（SGW for User Plane，SGW-U）+PGW 用户面（PGW for User Plane，PGW-U）
DN	分组数据网（Packet Data Network，PDN）

2.1.3 接口介绍

1. 基于服务的接口

5G 系统中基于服务的接口简介见表 2-3。

表2-3 5G系统中基于服务的接口简介

序号	接口名称	接口说明
1	Namf	网元 AMF 基于服务的接口
2	Nsmf	网元 SMF 基于服务的接口
3	Nnef	网元 NEF 基于服务的接口
4	Npcf	网元 PCF 基于服务的接口
5	Nudm	网元 UDM 基于服务的接口
6	Naf	网元 AF 基于服务的接口
7	Nnrf	网元 NRF 基于服务的接口
8	Nnssf	网元 NSSF 基于服务的接口
9	Nausf	网元 AUSF 基于服务的接口
10	Nudr	网元 UDR 基于服务的接口

2. 网元之间的接口

各网元之间的接口如图 2-13 所示，为了简化，NEF、NRF 在图中未标示出。

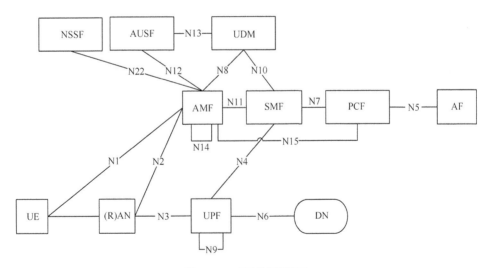

图2-13 5G系统网元接口

在多个分组数据单元（Packet Data Unit，PDU）会话的情况下，5G 系统架构及网元接口示意如图 2-14 所示。

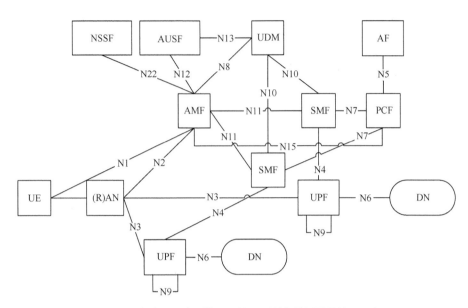

图2-14　多个PDU会话情况下的5G系统架构及网元接口示意

在单个 PDU 会话同时接入本地 DN 和中心 DN 的情况下，5G 系统架构及网元接口示意如图 2-15 所示。

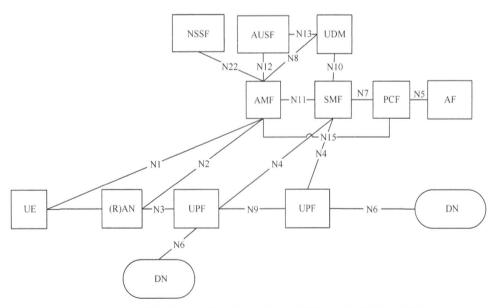

图2-15　单个PDU会话同时接入本地DN和中心DN情况下的5G系统架构及网元接口示意

NEF 与 AF 之间的接口示意如图 2-16 所示。

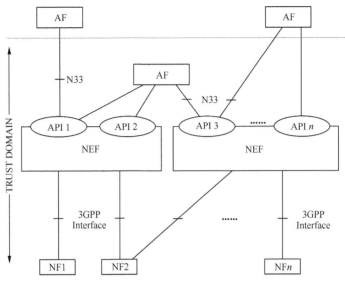

图2-16　NEF与AF之间接口示意

漫游状态下 local breakout 场景的 5G 系统架构及网元接口示意如图 2-17 所示。

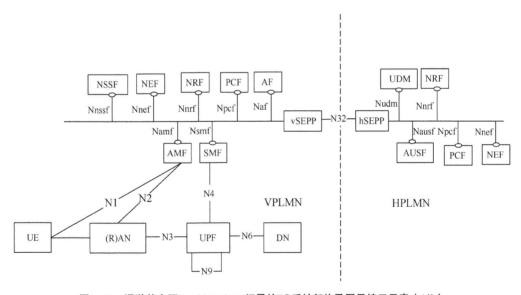

图2-17　漫游状态下local breakout场景的5G系统架构及网元接口示意（1/2）

其中，安全边缘保护代理（Security Edge Protection Proxy，SEPP）是一种非透明代理，支持公共陆地移动网（Public Land Mobile Network，PLMN）间控制面接口上的消息过滤和监管，并支持拓扑隐藏。

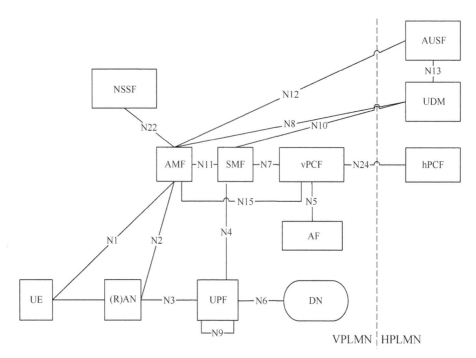

图2-17　漫游状态下local breakout场景的5G系统架构及网元接口示意（2/2）

漫游状态下 home routed 场景的 5G 系统架构及网元接口如图 2-18 所示。

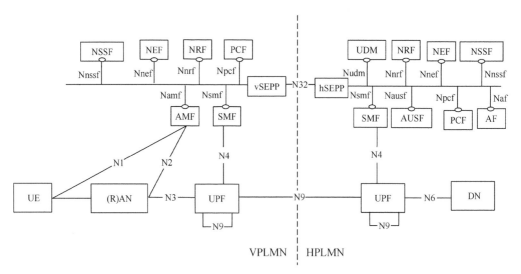

图2-18　漫游状态下home routed场景的5G系统架构及网元接口示意（1/2）

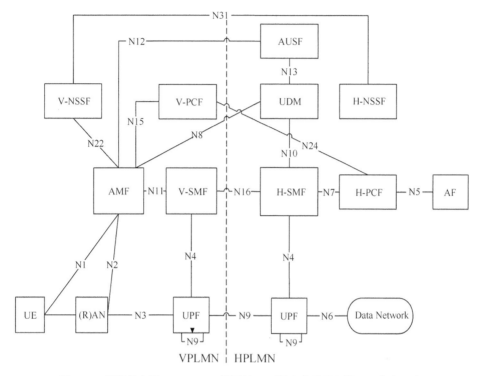

图2-18 漫游状态下home routed场景的5G系统架构及网元接口示意（2/2）

5G系统中网元之间的接口简介见表2-4。

表2-4 5G系统中网元之间的接口简介

序号	接口名称	接口说明
1	N1	UE与AMF之间的接口
2	N2	（R）AN与AMF之间的接口
3	N3	（R）AN与UPF之间的接口
4	N4	SMF与UPF之间的接口
5	N5	PCF与AF之间的接口
6	N6	UPF与DN之间的接口
7	N7	SMF与PCF之间的接口
8	N8	UDM与AMF之间的接口
9	N9	UPF与UPF之间的接口
10	N10	UDM与SMF之间的接口
11	N11	AMF与SMF之间的接口
12	N12	AMF与AUSF之间的接口

（续表）

序号	接口名称	接口说明
13	N13	UDM 与 AUSF 之间的接口
14	N14	AMF 与 AMF 之间的接口
15	N15	PCF 与 AMF 之间的接口
16	N16	漫游地 SMF 与归属地 SMF 之间的接口
17	N22	AMF 与 NSSF 之间的接口
18	N24	漫游地 PCF 与归属地 PCF 之间的接口
19	N27	漫游地 NRF 与归属地 NRF 之间的接口
20	N31	漫游地 NSSF 与归属地 NSSF 之间的接口
21	N32	漫游地 SEPP 与归属地 SEPP 之间的接口
22	N33	NEF 与 AF 之间的接口
23	N35	UDM 与 UDR 之间的接口
24	N36	PCF 与 UDR 之间的接口
25	N37	NEF 与 UDR 之间的接口

3. 控制面主要协议栈

（1）AN 与 AMF 之间的协议栈

AN 与 AMF 之间的协议栈如图 2-19 所示。

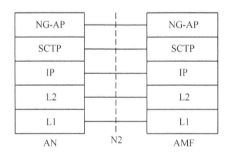

图2-19　AN与AMF之间的协议栈

（2）AN 与 SMF 之间的协议栈

AN 与 SMF 之间的协议栈如图 2-20 所示。

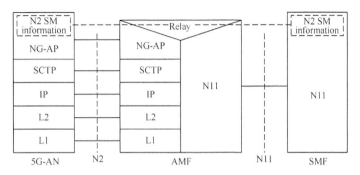

图2-20 AN与SMF之间的协议栈

（3）UE 与 AMF 之间的协议栈

UE 与 AMF 之间的协议栈如图 2-21 所示。

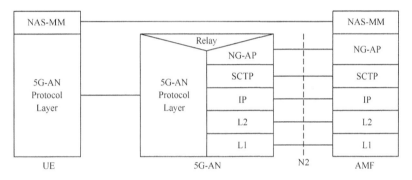

图2-21 UE与AMF之间的协议栈

（4）UE 与 SMF 之间的协议栈

UE 与 SMF 之间的协议栈如图 2-22 所示。

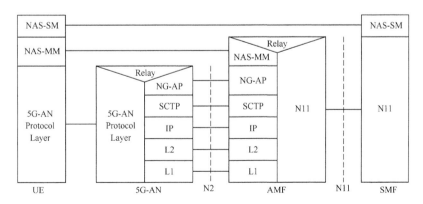

图2-22 UE与SMF之间的协议栈

4. 用户面主要协议栈

PDU 会话的用户面协议栈如图 2-23 所示。

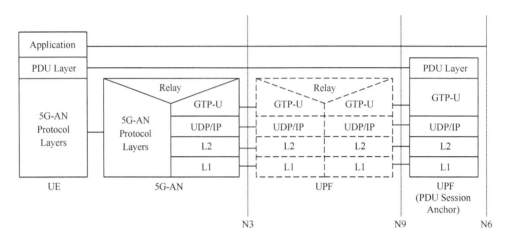

图2-23　PDU会话的用户面协议栈

2.1.4　QoS 机制

1. 5G QoS术语

5G QoS 领域出现了一些术语，为了便于理解，我们与 4G QoS 术语进行了类比，具体如下所述：

（1）5G 中的 5G QoS 标识符（5G QoS Identifier，5QI）相当于 4G 中的 QoS 等级标识符（QoS Class Identifier，QCI）；

（2）5G 中的 QoS Flow 相当于 4G 中的 Bearer；

（3）5G 中的 QoS 流标识（QoS Flow ID，QFI）相当于 4G 中的 Bearer ID；

（4）5G 中的 APN 聚合最大比特率（Aggregate Maximum Bit Rate，AMBR）相当于 4G 中的 Session AMBR。

2. 5G QoS参数

5G QoS 参数见表 2-5。

表2-5 5G QoS参数

序号	参数名称	备注
1	5QI	用于标识5G QoS性能，包括标准化性能和运营商定义性能，包括调度权重、允许门限、队列管理阈值门限、链路层协议配置等
2	分配和保留优先级（Allocation and Retention Priority，ARP）	包含优先级、资源预留能力等信息
3	保证流比特率（Guaranteed Flow Bit Rate，GFBR）	保证流比特率，含上行和下行
4	最大流比特率（Maximum Flow Bit Rate，MFBR）	最大流比特率，含上行和下行
5	通知控制	—
6	反射QoS属性（Reflective QoS Attribute，RQA）	可选参数，表示QoS流上的某些流量（不一定是全部流量）服从反射QoS

每个QoS流的QoS配置文件都会包括5QI和ARP参数；每个保证比特率（Guaranteed Bit Rate，GBR）QoS流的QoS配置文件还可以包括GFBR、MFBR和通知控制参数；每个非保证比特率（Non-Guaranteed Bit Rate，Non-GBR）QoS流的QoS配置文件还可以包括RQA参数。

与4G相比，RQA是一个新参数，引入的具体原因如下所述。

（1）虽然有些数据业务的特点通过现有机制不易实施，但又需要将其纳入特定QFI进行差异化调度和控制。例如P2P业务，数据流很多且无法预知。

（2）充分利用核心网侧识别能力，在数据面标记后实现E2E QoS控制，在实时性、可行性和信令面性能上都有优化。

反射QoS策略实施是在标准的基于QoS Flow机制的基础上增加对反射的处理。

反射QoS策略的信令面处理流程如下所述。

（1）在特定业务的QoS规则中，可携带RQA标识，从PCF下发到SMF。

（2）SMF将该规则通过信令面向UE/AN和UPF传递，UE/AN/UPF完成对该QFI的处理。

反射QoS策略的用户面处理流程如下所述。

（1）UPF首先进行业务识别，对特定业务数据流下行包在GTP协议用户面（GTP for User Plane，GTP-U）层带反射QoS指示符（Reflective QoS Indication，RQI）标记。

（2）AN实现协议映射，将GTP-U层的RQI标记转换为业务数据适配协议（Service

Data Adaptation Protocol，SDAP）头向 UE 传递。

（3）UE 对携带了 RQI 标记的流，生成对应的 QoS 规则，上行流也映射到该 QoS Flow 进行调度处理。

3. 5G E2E QoS实现机制

5G E2E QoS 实现机制如下所述。

（1）QoS 签约：PDU Session 建立时 SMF 经 UDM 从 UDR 获取签约 QoS 信息，仅包含缺省 5QI/ARP 及 Session-AMB。

（2）QoS 授权：PDU Session 建立时 SMF 经 PCF 从 UDR 获取授权 QoS 信息，请求时可携带签约 QoS，PCF 授权的 QoS 既包含缺省也包含与业务相关的 QoS 规则。

（3）QoS E2E 实施：SMF 对 PCF 下发的 Session 或业务级 QoS 要求进行处理，根据需要向 UE/AN/UPF 进行分发实施。

（4）UE-AMBR 管理：UE-AMBR 需经 AMF/UDM 获得，下发给 NR，由 NR 进行上下行带宽管控；SMF/UPF 只对 Session AMBR 感知并处理。

4. 5G QoS模型与4G QoS模型比较

5G QoS 模型与 4G QoS 模型比较示意如图 2-24 所示，具体见表 2-6。

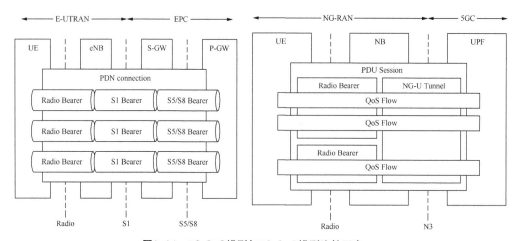

图2-24　5G QoS模型与4G QoS模型比较示意

表2-6　5G QoS模型与4G QoS模型比较

比较类别	4G	5G
QoS 控制粒度	· 基于 EPS Bearer 执行 QoS 控制 · 使用 Bearer ID 指示 4G EPS Bearer	· 基于 QoS Flow 执行 QoS 控制 · 使用 QFI 指示 5G QoS Flow
QoS 控制类型	· GBR EPS Bearer · Non-GBR EPS Bearer	· GBR QoS Flow · Non-GBR QoS Flow
QoS 映射	· N Bearer → 1 PDN Connection · 1 S5/S8 Bearer → 1 S1 Bearer → 1 Radio Bearer	· N QoS Flow → 1 PDU Session · 1 QoS Flow → 1 Radio Bearer 或 N QoS Flow → 1 Radio Bearer
隧道机制	· 每个 Bearer 建立 S1/S5/S8 tunnel	· 每个 PDU session 建立 NG-U tunnel
业务规划	· 按照 QCI 区分不同业务 QoS 属性 · 1 QCI → N Bearer · 建议 1:1 进行业务和 Bearer 的规划	· 按照 5QI 区分不同业务 QoS 属性 · 1 5QI → N Bearer · 建议 1:1 进行业务和 QoS Flow 的规划
其他	· 每个 PDN Connection 至少建立一个默认 EPS Bearer	· 每个 PDU Session 至少建立一个默认 QoS Flow

一个用户或一个切片可能有多个 PDU Session，一个 PDU Session 可能包含多个 QoS Flow，根据 5QI 和 QoS 特征，将不同的 QoS Flow 映射到不同等级的承载上，将近似的 QoS Flow 可以合并映射到相同等级的承载上，对承载做差异化处理。将各 QoS Flow 映射到数据无线承载（Data Radio Bearer，DRB）时，可能出现一个终端有很多种 QoS Flow（很多种业务）而 DRB 个数受限的问题，5G 因此新增 SDAP。根据配置，由基站的 SDAP 层将各 QoS Flow 映射到 DRB 上，可以通过 QoS Flow 到 DRB 的映射关系配置，将 QoS 特性比较相近的 QoS Flow 映射到同一个 DRB 上，从而支持多个 QoS Flow 使用同一个 DRB。

5. 4G Bearer映射与5G QoS Flow映射的比较

4G Bearer 映射示意如图 2-25 所示。

在 4G Bearer 映射中，PDN GW、Serving GW、eNB、UE 上的具体操作如下所述。

（1）PDN GW

下行：PDN GW 根据业务数据流（Service Data Flow，SDF）模板将数据包映射到 EPS bearer，并在对应的隧道上传输。

上行：PDN GW 接收上行数据包，并执行 QoS 验证。

（2）Serving GW

下行：根据数据的 S5/S8 隧道标识将数据包映射到对应的 S1 隧道。

上行：根据 S1 隧道标识将数据包映射到对应的 S5/S8 隧道上。

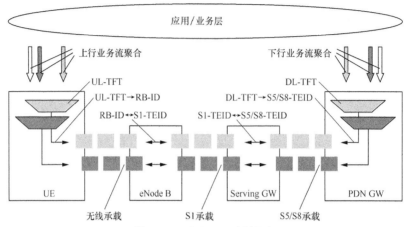

图2-25　4G Bearer映射示意

（3）eNB

下行：根据数据的 S1 隧道标识将数据包映射到对应的 DRB。

上行：根据 DRB 标识将数据包映射到对应的 S1 隧道上。

（4）UE

根据业务流模板（Traffic Flow Template，TFT）将数据包映射到对应的 DRB。

5G QoS Flow 映射如图 2-26 所示。

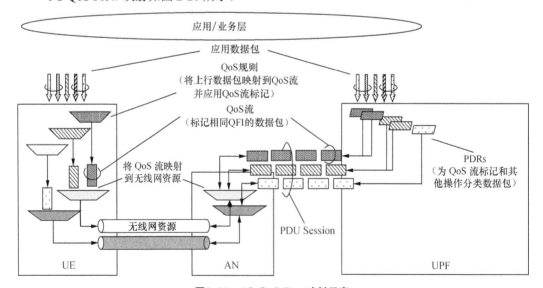

图2-26　5G QoS Flow映射示意

在 5G QoS Flow 映射中，UPF、AN 和 UE 上的具体操作如下所述。

（1）UPF

下行：UPF 根据 SDF 模板将数据包映射到 QoS Flow，并在 N3 隧道头标记 QFI。

上行：UPF 接收 AN 发送的数据包，并执行验证。

（2）AN

下行：AN 根据 QFI 将数据包映射到 DBR 上。

上行：AN 根据 DRB 上接收到的数据包的 QFI，在 N3 隧道头标记 QFI。

（3）UE

NAS 层根据 QoS 规则将数据包映射到 QoS Flow，AS 层负责 QoS Flow 到 DRB 的映射。

6. 5QI到QoS映射

5QI 到 QoS 映射见表 2-7。

表2-7　5QI到QoS映射

5QI 值	资源类型	默认优先级	时延	误包率	示例业务
1	GBR	20	100ms	10^{-2}	语音通话
2		40	150ms	10^{-3}	视频通话
3		30	50ms	10^{-3}	实时游戏、车联网消息、中压配电自动化监控
4		50	300ms	10^{-6}	非会话类视频（缓冲流媒体）
65		7	75ms	10^{-2}	关键任务用户面 PTT 语音
66		20	100ms	10^{-2}	非关键任务用户面 PTT 语音
67		15	100ms	10^{-3}	关键任务用户面视频
5	Non-GBR	10	100ms	10^{-6}	IMS 信令
6		60	300ms	10^{-6}	视频（缓冲流媒体）基于 TCP（例如，网页浏览、电子邮件、聊天、FTP、P2P文件共享、渐进式视频等）
7		70	100ms	10^{-3}	语音、视频（直播）、互动游戏
8		80	300ms	10^{-6}	视频（缓冲流媒体）基于 TCP（例如，网页浏览、电子邮件、聊天、FTP、P2P文件共享、渐进式视频等）
9		90			
69		5	60ms	10^{-6}	关键任务时延敏感信令
70		55	200ms	10^{-6}	关键任务数据（例如，示例业务与5QI 6/8/9 相同）
79		65	50ms	10^{-2}	车联网消息
80		68	10ms	10^{-6}	低时延 eMBB 应用增强现实

（续表）

5QI 值	资源类型	默认优先级	时延	误包率	示例业务
82		19	10ms	10^{-4}	离散自动化
83	时延关键	22	10ms	10^{-4}	离散自动化
84	GBR	24	30ms	10^{-5}	智能交通系统
85		21	5ms	10^{-5}	高压配电

2.1.5 系统安全

1. 5G安全面临的需求和挑战

5G 安全面临很多需求和挑战，具体如下所述。

（1）5G 网络需要为物联网提供可靠的网络通信服务，物联网设备对安全提出对应的要求，如海量设备的认证成本、自动驾驶的安全传输时延等，这需要 5G 网络具备轻量级安全传输、轻量级认证和轻量级算法。

（2）5G 核心网重构了统一框架，以支持各种接入方式，如 3GPP 接入、非 3GPP 接入、Wi-Fi 接入等，这需要 5G 核心网具备统一的认证框架、统一的鉴权算法、统一的密钥推衍。

（3）面对 4G 网络中存在的一些安全隐患，如国际移动用户识别码（International Mobile Subscriber Identity，IMSI）泄露、用户位置更新欺诈问题等，这需要 5G 网络具备 IMSI 隐私保护、归属地鉴权结果确认等功能。

（4）网络虚拟化、云原生的网络架构和网络切片的引入，需要 5G 网络具备网络切片隔离安全、接入安全和管理安全的能力。

2. 5G安全体系架构

根据 3GPP 规范，5G 安全体系架构如图 2-27 所示。

图 2-27 中的相关术语解释如下所述。

（1）移动设备（Mobile Equipment，ME）：用户的移动终端，如手机等。

（2）通用用户识别模块（Universal Subscriber Identity Module，USIM）：用户终端内包含的 USIM 卡。

（3）归属环境（Home Environment，HE）：用户的归属网络。

（4）AN：接入核心网的各种无线接入网，对于 5G 系统，AN 指的是下一代无线接入网（Next Generation Radio Access Network，NG-RAN），即 5G 无线接入网。

（5）服务网络（Serving Network，SN）：拜访地给用户直接提供服务的网络。

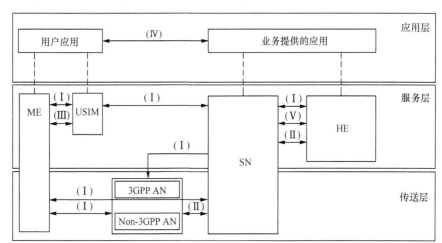

图2-27　5G安全体系架构

5G 安全体系架构包括以下安全域。

（1）网络接入安全（Ⅰ）：该安全功能提供用户从接入（包括 3GPP 接入和非 3GPP 接入）到业务的安全保障，尤其是防止空中接口受到攻击。

（2）网络域安全（Ⅱ）：该安全功能保证网络节点间安全地交互控制面数据和用户面数据。

（3）用户域安全（Ⅲ）：该安全功能保证移动终端的安全接入。

（4）应用域安全（Ⅳ）：该安全功能保证应用程序在用户和应用提供者之间安全地交互信息。

（5）SBA 域安全（Ⅴ）：该安全功能保证 SBA 体系结构的网络功能在服务网络域内与其他网络域间的安全通信。这些功能包括网络功能注册、发现、授权以及 SBA 域接口的安全保护。

（6）安全可视性和可配置性（Ⅵ）：该安全功能确保用户知道某个安全功能是否在运行。

3. 5G安全涉及的主要网元

5G 安全涉及的主要网元如下所述。

（1）AUSF

EAP 认证服务器（认证服务器在归属域）进行可扩展鉴权协议（Extensible Authentication

Protocol，EAP）认证，推导锚点密钥；5G 鉴权和密钥协商（Authentication and Key Agreement，AKA）认证完成归属域确认（可选）。

（2）认证证书存储和处理功能（Authentication Credential Repository and Processing Function，ARPF）

存储用户的根密钥（Key identifier，Ki）以及认证的相关签约数据；计算 5G 认证鉴权向量，包括 EAP-AKA'（随机数（RANDom number，RAND）、鉴权令牌（AUthentication TokeN，AUTN）、完整性密钥'（Integrity Key'，IK'）、加密密钥（Cipher Key'，CK'）、期望响应（Expected Response，XRES））和 5G AKA（RAND、AUTN、KASME*、XRES*）。

（3）安全锚点功能（Security Anchor Function，SEAF）

根据锚点密钥推到下层的 NAS 和 AS 密钥；5G AKA 完成鉴权结果比较功能。

4. 4G和5G的认证方法

4G 和 5G 的认证方法比较见表 2-8。

表2-8　4G和5G的认证方法比较

比较类别		4G	5G（R15 eMBB）
架构	认证框架	· 3GPP：UE-MME-HSS · 非 3GPP：UE-ePDG（untrusted）/TGW/HSGW（trusted）- 鉴权、授权和计费（Authentication、Authorization and Accounting，AAA）-HSS	· ALL：UE-AMF-AUSF-UDM
	认证算法	· 3GPP：EPS-AKA · 非 3GPP：EAP-AKA，EAP-AKA'	· ALL：EAP-AKA'（5G-AKA 仅用于 3GPP 接入），增加归属网络确认认证结果
	安全锚点	· 3GPP：MME · 非 3GPP：3GPP AAA Server · 3GPP 和非 3GPP 切换时需要重新认证和建立安全上下文	· ALL：AMF · 切换无须重新认证，共享锚点密钥
能力增强	用户面安全	· 机密性保护	· 机密性保护 / 完整性保护
	用户隐私	· IMSI 明文在空口上传输（安全上下文建立前）	· 使用归属网络的公钥加密 IMSI，IMSI 不在空口明文传输
	加密算法	· 128 位 Snow3G，AES，ZuC	· 128 位或 256 位，Snow3G，AES，ZuC

在 4G 中，3GPP 和非 3GPP 接入通过两套不同的认证方法实现接入认证。

3GPP 接入的认证方法（EPS-AKA）如下所述。

（1）HSS：计算鉴权四元组（RAND、AUTN、XRES、KASME）。

（2）MME：比较 XRES（HSS）和 RES（MME），根据 KASME 计算机密性和完整性密钥。

（3）UE：根据 RAND 计算 RES、KASME，使用 AUTN 验证网络。

非 3GPP 接入的认证方法（基于 USIM 卡的 EAP-AKA/EAP-AKA'）如下所述。

（1）HSS：计算鉴权五元组（RAND、AUTN、XRES、IK、CK）。

（2）3GPP AAA Server：EAP 认证服务器（认证服务器在归属域）把 IK/CK 作为 EAP 认证的根密钥计算主会话密钥（Master Session Key，MSK），并决定 EAP 认证是否成功。

（3）ePDG：使用 MSK 和 UE 建立 IKEv2 隧道。

（4）UE：根据 RAND 计算 RES、IK、CK，并进一步计算 EAP 认证的 MSK、消息鉴权码（Message Authentication Code，MAC）；使用 AUTN 验证网络；与 ePDG 建立 IKEv2 隧道。

在 5G 中，3GPP 和非 3GPP 接入通过统一的认证方法实现接入认证：对于多种网络接入，支持同一套认证机制；漫游时，增加拜访域对鉴权结果的控制，以减少漫游网络欺诈。

在 R15 阶段，3GPP 接入的认证方法包括 EAP-AKA' 和 5G-AKA，后者是 4G 的 EPS-AKA 的升级，增加了归属域确认流程。非 3GPP 接入的认证方法是 EAP-AKA'。

5G 认证方法简介如下所述。

（1）5G-AKA 认证方法

5G-AKA 认证是 4G 的 EPS-AKA 认证的升级，用于 3GPP 接入的主认证，增加了归属域确认流程。对于漫游和非漫游场景，5G-AKA 流程是一样的，AUSF 根据服务网络的 ID 决定是否在 AUSF 上进行鉴权结果确认。

具体流程如下。

① ARPF 生成鉴权四元组向量（RAND、XRES*、KASME*、AUTN）。

② AUSF 根据 XRES* 生成 HXRES*，HXRES* = SHA-256（XRES* ‖ RAND），下发给 SEAF 的鉴权向量中使用 HXRES* 替代 XRES*，并根据服务网络 ID 决定 SEAF 是否需要进行鉴权确认流程。

③ SEAF 下发 RAND 和 AUTN 给 UE。

④ UE 根据 AUTN 验证网络，验证通过后根据 RAND 计算 RES*。

⑤ SEAF 根据 RES* 计算 HRES*，并比较 HRES* 和 HXRES* 是否一致。如果一致，则 SEAF 验证 UE 通过；如果需要鉴权确认（5G-AC），则在 5G-AC 消息中携带 RES*，SEAF 根据 KASME* 推衍 NAS 和空口密钥。

⑥ AUSF 比较 5G-AC 消息中的 RES* 和 XRES* 是否一致, 完成鉴权确认流程（可选）。

（2）EAP-AKA' 认证

EAP-AKA' 认证是一种基于 USIM 的 EAP 认证方式, 用于 3GPP 和非 3GPP 接入的主认证。

具体流程如下。

① ARPF 计算鉴权五元组向量（RAND、AUTN、IK'、CK'、XRES）。

② AUSF 下发 EAP-challenge 消息, 携带 RAND、AUTN、AT-MAC（保护 EAP 消息完整性）。

③ SEAF 透传 EAP 消息给 UE。

④ UE 根据 AT-MAC 验证消息完整性, 根据 AUTN 验证网络, 验证通过后, 计算 RES、AT-MAC（保护响应消息）。

⑤ SEAF 透传 EAP 消息给 AUSF。

⑥ AUSF 根据 AT-MAC 验证消息完整性, 比较 RES 和 XRES 验证 UE 的合法性, 如果验证通过, 则鉴权通过。

⑦ AUSF 根据 IK、CK、用户 ID 计算（E）MSK。

⑧ AUSF 下发 EAP-Success 消息, 消息中包含 anchor key。

⑨ SEAF 使用 anchor key 推导后续 NAS 和空口密钥以及非 3GPP 接入使用的密钥。

（3）二次认证

切片是 5G 的重要特性, 切片可以提供给垂直行业, 二次认证用于业务认证, 如接入垂直行业切片场景。

5. 5G安全标准内容

在 R15 阶段, eMBB 的安全标准主要包括的领域和内容见表2-9。

表2-9　R15阶段eMBB的安全主要领域和标准内容

	eMBB 的安全主要领域	标准内容
1	UE 接入 5G 核心网	· 主认证： ① EAP-AKA' 和 5G-AKA ② SEAF 作为统一的安全锚点 ③ 认证增加归属域控制 ④ 用户面增加完整性保护 · 隐私： 用归属地公钥保护安全上下文建立前的用户 ID

（续表）

	eMBB 的安全主要领域	标准内容
2	UE 接入外部数据网	·二次认证： 使用 EAP 认证方法
3	核心网的安全	核心网内服务化架构安全和核心网间的安全
4	无线网的安全	主要是 UE 到基站的安全
5	互联互通的安全	主要是 4G 与 5G 间的互通安全
6	IMS 紧急呼叫业务的安全	认证与非认证紧急会话的安全流程
7	基于 NAS 的短信业务的安全	主要是短信业务的安全保证

在 R16 阶段，mMTC 和 uRLLC 的安全标准主要包括的领域和内容见表 2-10。

表2-10　R16阶段mMTC和uRLLC的安全主要领域和标准内容

	mMTC 和 uRLLC 的安全主要领域	标准内容
1	网络时延	简化安全流程满足网络低时延需求
2	物联网安全	物联网减少计算量和信令开销，防止 DoS 攻击
3	可信的非 3GPP 接入	以固网为主的可信非 3GPP 的接入安全
4	授权	授权与认证解耦，单独讨论授权方法
5	网络切片	网络切片特有的认证和授权，安全服务可定制
6	广播 / 多播	广播 / 多播安全
7	量子	量子安全

2.2　关键技术

2.2.1　4G/5G 互操作

4G/5G 互操作有以下 3 种方式：有 N26 接口的单注册方式、无 N26 接口的单注册方式和双注册方式。

1. 有N26接口的单注册方式

有 N26 接口的单注册方式示意如图 2-28 所示。

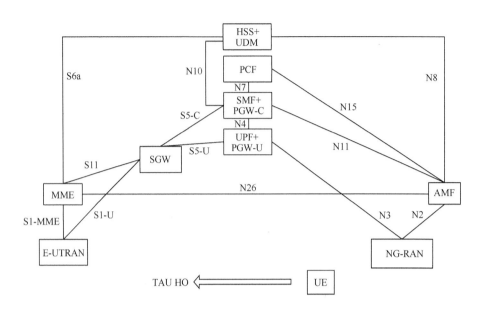

图2-28　有N26接口的单注册方式示意

该方式有以下两个优势。

（1）无缝切换可保证会话连续，适用于 IMS 等会话连续性要求高的场景。

（2）单注册是 UE 必选功能，单注册有利于终端节电。

该方式有以下两个劣势。

（1）演进的 UTRAN（Evolved UTRAN，E-UTRAN）需要升级支持与 NG-RAN 的互操作。

（2）MME 需要升级支持 N26。

2. 无N26接口的单注册方式

无 N26 接口的单注册方式示意如图 2-29 所示。

该方式的优势有 E-UTRAN 无须升级支持与 NG-RAN 的互操作。

该方式有以下 3 个劣势。

（1）不支持无缝切换，有中断。

（2）需要 EPC 支持 Handover ATTACH 功能。

（3）为保障 IP 地址不变，对 UE 有额外要求。

5GC → EPC：要求支持 Handover ATTACH 流程。

EPC → 5GC：要求 UE 支持会话重建流程。

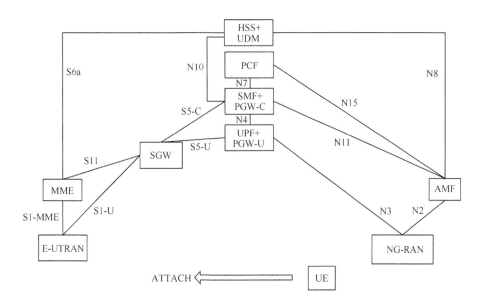

图2-29　无N26接口的单注册方式示意

3. 双注册方式

双注册方式示意如图 2-30 所示。

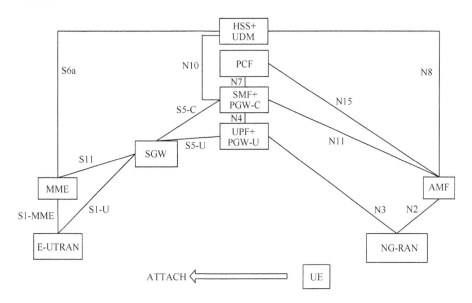

图2-30　双注册方式示意

该方式的优势有 E-UTRAN 无须升级支持与 NG-RAN 的互操作。

该方式有以下劣势。

（1）终端实现复杂，且双注册为 R15 可选需求。

（2）EPC 支持双注册，支持只附着不建立 PDN 的会话模式，支持 Handover ATTACH 流程。

（3）重定向有中断。

（4）双注册可能导致现网容量需要考虑扩容。

4. 各方式比较结论

经过上述分析比较，优先推荐有 N26 接口的单注册方式。该方式用户感受最好，UE 要求低，现网 EPC 影响最小。图 2-31 是 3GPP 规范中该方式的架构。

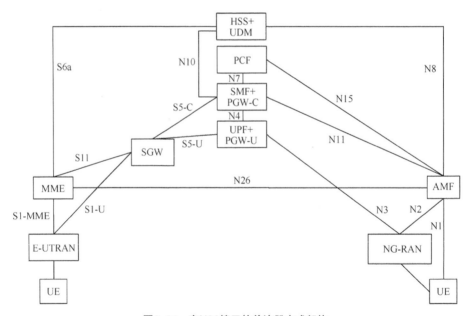

图2-31　有N26接口的单注册方式架构

在该方式中，5G 有如下新建要求。

（1）HSS+UDM：HSS 与 UDM 融合部署，统一签约管理，保证互操作过程用户数据的一致性。

（2）SMF+PGW-C：SMF 与 PGW 控制面（PGW for Control Plane，PGW-C）融合部署，统一会话管理锚点，保证互操作过程 IP 会话的连续性。

（3）UPF+PGW-U：UPF 与 PGW-U 融合部署，统一用户面隧道锚点，保证互操作过程 IP 会话的连续性。

（4）AMF：支持 N26 互操作接口。

在该方式中，4G 有如下改造要求。

（1）MME：需要升级支持 N26 互操作接口。

（2）MME：需要升级支持为 5G 用户选择融合的 UPF+PGW-U。

（3）E-UTRAN：需要升级支持与 NG-RAN 的互操作。

2.2.2　NFV 技术

1. NFV 系统架构

NFV 的目标是通过研究和发展 IT 的虚拟化技术，构建一种基于 x86 通用服务器的全新架构，将网络功能从专用硬件中剥离出来，网元以软件形式部署，从而实现网络能力的灵活配置，提高网络设备的通用化和适配性，加快网络部署和调整的速度，降低业务部署的复杂度。

为了推动 NFV 理念的推广和产品的实现，2012 年 10 月，13 家运营商在欧洲电信标准化协会（European Telecommunications Standards Institute，ETSI）的组织下正式成立网络功能虚拟化工作组，即 ETSI ISG NFV，致力于实现网络虚拟化的需求定义和系统架构的制定。基于 ETSI 虚拟化工作组定义的规范，NFV 系统架构如图 2-32 所示。

NFV 系统架构包括 4 个板块。

（1）NFVI：主要功能是为虚拟网络功能模块的部署、管理和执行提供资源池，包括所需的硬件及软件。硬件资源包括计算、存储和网络资源；软件主要包括 Hypervisor、网络控制器、存储管理器等工具。NFVI 将物理的计算 / 存储 / 网络资源通过虚拟化转换为虚拟的计算 / 存储 / 网络资源，并进行池化，以资源池的形式供上层虚拟网元使用。在资源池化的过程中，使用了云计算的相关技术。虚拟化技术实现了软件与硬件解耦，使资源的供给速度大大提高，网元部署从数天缩短到数分钟，为新业务的快速上线创造了条件。云计算技术对虚拟资源进行管理，实现网络的弹性伸缩，增加了网络的柔性，使资源和业务负荷相匹配，提高了资源的利用率。

（2）NFV：包括虚拟网络功能（Virtual Network Function，VNF）和网元管理系统（Element Management System，EMS）两个部分。每个物理网元映射为一个虚拟网元的 VNF。VNF

所需的资源需要分解为虚拟的计算 / 存储 / 网络资源，由 NFVI 来承载。一个 VNF 可以部署在一个或多个虚机上。VNF 之间的接口依然采用传统的信令 / 媒体接口。相对于 VNF，传统的基于硬件的网元可以称为物理网络功能（Physical Network Function，PNF）。EMS 与传统网元管理功能一样，实现 VNF 的管理，如配置、告警、性能分析等功能。

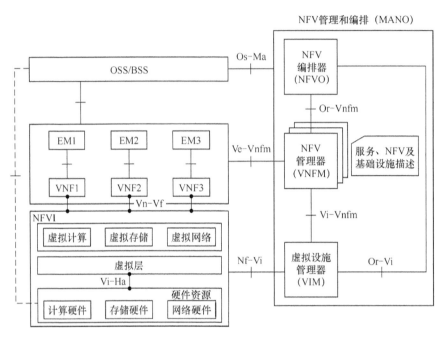

图2-32　NFV系统架构

（3）管理和编排（Management & Orchestration，MANO）：由 NFV 编排器（NFV Orchestrator，NFVO）、VNF 管理器（VNF Manager，VNFM）以及虚拟化基础设施管理器（Virtualized Infrastructure Manager，VIM）三者共同组成。NFVO 负责全网的网络服务、物理 / 虚拟资源和策略的编排和维护以及其他虚拟化系统相关维护管理功能，以此确保所需的各类资源与连接的优化配置，实现网络服务生命周期的管理，与 VNFM 配合实现 VNF 的生命周期管理和资源的全局视图功能。VNFM 实现虚拟化网元 VNF 的生命周期管理，包括 VNF 描述符（VNF Descriptor，VNFD）的管理及处理、VNF 实例的初始化、VNF 的扩 / 缩容、VNF 实例的终止。支持接收 NFVO 下发的弹性伸缩策略，实现 VNF 的弹性伸缩。VNFD 描述一个虚拟化网络功能模块的部署与操作行为的配置模板，被用于虚拟化的网络功能模块的运行过程，以及对 VNF 实例的生命周期管理。VIM 控制着 VNF 的虚拟资源分配，负责基础设施层硬件资源、虚拟化资源的管理，监控和故障上报，面向上层 VNFM 和

NFVO 提供虚拟化资源池。OpenStack 和 VMWare 都可以作为 VIM，前者是开源的，后者是商业的。

（4）运营支撑系统（Operation Support System，OSS）/业务支撑系统（Business Support System，BSS）：就是现有 OSS/BSS，其中包含众多软件，这些软件产品线涵盖基础架构领域、网络功能领域，需要为网络功能虚拟化后带来的变化进行相应的修改和调整。

2．NFV系统主要接口

NFV 系统主要接口介绍如下所述。

（1）Virtualization Layer-Hardware Resources（Vi-Ha）

提供虚拟化层与硬件层的通道，可以支配硬件按照 VNF 的要求分配资源；同时也会收集底层的硬件信息上报到虚拟化平台，告诉网络运营者硬件平台的状况。

（2）VNF-NFV Infrastructure（Vn-Nf）

描述 NFVI 为 VNF 提供的虚拟硬件，此接口本身不包含任何协议，只是在逻辑上区分基础设施与网络功能，让基础设施的配置更加灵活多样。

（3）Orchestrator-VNF Manager（Or-Vnfin）

承载资源编排和虚拟网络功能管理之间的信息流，功能较多，主要有资源请求、预留、分配和授权；发送预配置信息到虚拟网络功能管理模块；收集虚拟网络功能管理模块发来的状态信息，包括各网元整个生命周期的信息。

（4）Virtualized Infrastructure Manager-VNF Manager（Vi-Vnfm）

沟通虚拟网络功能管理模块和基础设施管理模块，主要负责把虚拟网络管理模块的资源请求信息下发到基础设施管理模块，以及交换虚拟硬件资源配置和状态信息。

（5）Orchestrator-Virtualized Infrastructure Manager（Or-Vi）

完成资源编排模块的资源请求信息下发工作，同时也会把虚拟硬件资源的配置和状态信息与资源编排模块交换。

（6）NFVI-Virtualized Infrastructure Manager（Nf-Vi）

存在于底层的硬件平台，主要负责把基础设施管理模块接收到的资源请求信息传达到基础设施层完成具体的资源分配，并回复完成消息，也会把基础设施层的状态信息发送到管理模块完成底层信息上报。

（7）OSS/BSS-NFV Management and Orchestration（Os-Ma）

完成虚拟网络功能和管理编排之间的信息交互，交互信息较多：一是网元生命周期信息与管理编排的交互；二是转发 NFV 有关的状态配置信息；三是管理配置策略交互；四是 NFVI 用量数据信息交互。

（8）VNF/EM-VNF Manager（Ve-Vnfm）

让管理平面与虚拟网络功能有信息交流，主要完成网元配置信息与生命周期状态交互。

（9）Service，VNF and Infrastructure Description-NFV Management and Orchestration（Se-Ma）

主要完成 VNF 部署模板的下发工作，这个模板是由管理和编排层根据网络运营者的意愿生成的。

3. NFV 系统部署方式

NFV 通过软硬件解耦，使网络设备开放化，软硬件可以独立演进，避免厂商锁定。基于 NFV 分层解耦的特性，根据软硬件解耦的开放性不同，可将集成策略分为单厂商、共享资源池、硬件独立和三层全解耦 4 种方案，如图 2-33 所示。

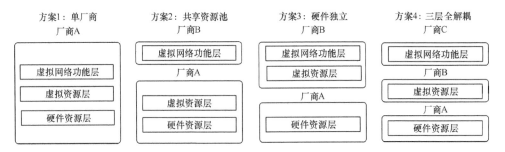

图2-33 NFV部署方案示意

（1）方案 1（单厂商方案）

方案 1 的优点是可以实现快速部署，整体系统的性能、稳定性与可靠性都比较理想，不需要进行异构厂商的互通测试与集成。缺点是与传统网络设备一样，存在软硬件一体化和封闭性问题，难以实现灵活的架构部署，不利于实现共享；与厂商存在捆绑关系，不利于竞争，会再次形成烟囱式部署，总体成本较高，也不利于自主创新以及灵活的迭代式部署升级。

（2）方案 2（共享资源池方案）

方案 2 倾向于 IT 化思路，选择最好的硬件平台和虚机产品，要求上层应用向底层平台靠拢。关于 VNF 与 NFVI 层解耦，VNF 能够部署于统一管理的虚拟资源之上，并确保功能可用、性能良好、运行情况可监控、故障可定位；不同供应商的 VNF 可灵活配置、可互通、可混用、可集约管理。其中，VNFM 与 VNF 通常为同一厂商（即"专用VNFM"），这种情况下 VNF 与 VNFM 之间的接口不需要标准化；特殊场景下采用跨厂商的"VNFM"（即"通用 VNFM"）。

（3）方案 3（硬件独立方案）

方案 3 使通用硬件与虚拟化层软件解耦，基础设施全部采用通用硬件，实现多供应商设备混用；虚拟化层采用商用 / 开源软件进行虚拟资源的统一管理。可以由设备制造商提供所有软件，只是适配在 IT 平台上。

（4）方案 4（三层全解耦方案）

方案 4 的优点是可以实现通用化、标准化、模块化、分布式部署，架构灵活，而且部分核心模块可以选择进行定制与自主研发，也有利于形成竞争，降低成本，实现规模化部署；缺点是需要规范和标准化，周期很长，也需要大量的多厂商互通测试，需要很强的集成开发能力，部署就绪时间长，效率较低，后续的运营复杂度高，故障定位和排除较为困难，对运营商的运营能力要求较高。

其中，方案 2 和方案 3 采用当前阶段比较务实的两层解耦，在这种部署场景下，云操作系统处于中间层，起到承上启下的关键作用，正好为平台与应用软件之间的解耦提供了天然的解决方案。因为云操作系统为应用软件提供的是虚机，这个虚机运行在硬件和底层软件上，对于应用是透明的。因此，应用软件不必做任何修改就可以运行在任何虚机上，实现了天然的、自然而然的解耦。以上方案都涉及 MANO 的解耦，涉及运营商自主开发或者第三方的 NFVO 与不同厂商的 VNFM、VIM 之间的对接和打通，屏蔽了供应商间的差异，统一实现网络功能的协同、面向业务的编排与虚拟资源的管理。

根据上述分析，从满足 NFV 引入的目标要求来看，方案 4 更符合网络云化的演进需求，也是主流运营商的选择方式。但该方式对于接口的开放性和标准化、集成商的工作、运营商的规划管理和运维均提出了新的、更高的要求。

4. NFV 系统性能提升技术

为了支撑运营商业务的低时延、高带宽的需求，NFV 架构需要进行针对性的优化。NFV 系统主要的性能提升技术如下所述。

（1）CPU 绑定隔离

为了防止虚机对物理 CPU 的无序竞争和抢占，虚机和物理 CPU 绑定，保证一些关键业务不受其他业务的干扰，提高这些业务的性能和实时性。

（2）非统一内存访问（Non-uniform Memory Access，NUMA）

将全局内存打碎分给每个 CPU 独立访问，避免多个 CPU 访问内存时造成的因资源竞争而导致的性能下降。云平台在对虚机进行部署时，应尽量将其虚拟 CPU 与内存部署在一个 NUMA 节点内，避免虚机跨 NUMA 节点部署，从而充分降低内存访问时延。

（3）巨页内存

虚机使用内存巨页，从而减少用户程序缺页次数，提高性能。

（4）数据平面开发套件（Data Plane Development Kit，DPDK）

英特尔公司提供的 x86 平台报文快速处理的库和驱动的套件，通过采用用户态分组处理增强机制替代内核处理来提高转发性能。

（5）单根 I/O 虚拟化（Single Root I/O Virtualization，SR-IOV）

基于硬件的网卡虚拟化方案，将虚机直接连接到物理网卡，获得等同于物理网卡的 I/O 性能和低时延。

（6）开放虚拟交换机（Open vSwitch，OVS）

基于软件实现的开源虚拟交换机，提供对 OpenFlow 协议的支持，可与众多开源的虚拟化平台互相整合，传递虚机之间的流量，以及实现虚机与外界网络的通信。

（7）故障自愈

网络发生故障时，无须人为干预，即可在极短的时间内从失效故障中自动恢复，其过程为：设置物理资源、虚机或 VNF 等为监控对象；当 VNFM 或 VIM 模块监测到监控对象发生异常或故障时，将把故障上报至故障决策点；故障决策点（架构中为 EMS 或 NFVO）调用故障恢复策略，并下发给故障恢复执行体；故障恢复执行体执行故障恢复动作，例如硬件资源的故障，VIM 将在另外的节点进行虚机重生的动作；虚机或 VNF 的故障，VIM 将启用备用虚机并对虚机进行重启动的操作。

（8）地理容灾

保障网络在各种灾难下快速恢复，这需要网络各层协同实现：NFVI 以冗余方式部署，跨 DC 部署时，DC 之间的二层链路需要满足 IP 承载网链路的要求；虚拟网络功能继承传统网元的地理容灾方式；MANO 需要新建相应模块，并进行 1+1 主备方式部署。

5. 虚机与容器的比较

近年来，容器技术也倍受关注。基于容器的虚拟化技术，也被称作操作系统级别的虚拟化技术，是一种允许在操作系统内核空间上使用多个独立的用户空间实例的方法。虚机与容器的比较示意如图 2-34 所示。

容器具有以下特点。

（1）快速启停：启动速度快，秒级启动。

（2）轻量级：占用资源少，单机可同时运行上百个容器。

（3）高性能：直接通过内核访问磁盘 IO，性能接近裸机。

（4）弱隔离：目前依赖 Linux 内核机制隔离资源，成熟度较低。

（5）集群化：往往以集群方式使用，实现动态调度弹性扩展。

容器比较适用的领域包括：生命周期较短，需要快速启停或频繁变更的应用；对时延敏感、对性能要求极高的应用；需要小尺寸、高密度部署的应用；需要按需负载、有效提高资源利用率的应用等。

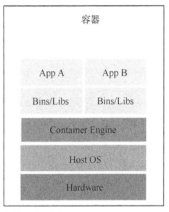

图2-34　虚机与容器比较示意

虚机与容器的技术比较见表 2-11，5GC 对虚机与容器的依赖度分析见表 2-12。

表2-11　虚机与容器技术比较

比较类别	虚机	容器
标准化程度	标准化程度高，厂商遵从度高	标准化程度低，ETSI 未完成对容器的标准化
硬件相关性	虚层平台屏蔽硬件	容器平台负责硬件管理
网络要求	有成熟的转发面优化技术（SR-IOV、DPDK 等）	以 K8S 为例，仅支持单网络平面，需通过第三方插件支持多网络平面
调度管理	ETSI NFV 架构调度管理（MANO）	容器调度基于 IT 软件
性能	比物理机约有 15% 降低	几乎没有额外资源开销，与物理机相近

（续表）

比较类别	虚机	容器
可靠性	高（故障限定在虚机内）	故障限定在裸机范围
安全隔离性	高（虚机隔离）	低（共享内核，安全隔离不如虚机）
资源管理灵活性	虚机粒度的弹缩、热迁移等高级功能	容器秒弹
速度	启动速度约 30 秒	启动速度 <1 秒
兼容性	需适配 NFVI	镜像包含依赖文件
定位	实现通用的软硬件解耦、隔离和共享，面向资源管理	更轻量，便于软件发布，面向应用管理
成熟度	成熟稳定，可规模商用	虽不成熟，但发展快速

表2-12 5GC对虚机与容器依赖度分析

5GC 关键特性	虚机	容器
无状态 NF	无关	无关
服务化接口	无关	无关
CUPS	无关	无关
切片	无关	无关
高性能	相关 （有成熟的转发面优化技术，如 SR-IOV、DPDK 等）	相关 （资源利用率高，缺乏加速技术）
控制面高可靠	相关 （契合度高，弹缩、热迁移等）	相关 （不支持热迁移）
服务粒度编排	相关 （虚机粒度大，更能匹配大规模部署需求）	相关 （小粒度编排，灵活度高）

经过以上分析，5GC 部署对虚机、容器没有强依赖性。

目前虚机成熟度更高，能够满足 5G 的商用需求；裸机容器承载模式是最能发挥容器整体性能、大规模资源调度优势的承载模式，然而容器平台及容器网络、容器安全和 MANO 等标准化及周边生态仍未成熟；虚机容器方式介于两者之间，虚机容器难度小，但需要对 MANO 进行改造以支持容器技术。因此，5G 商用初期建议采用虚机或虚机容器方式，降低开通和解耦难度，积累虚拟化经验，后期根据容器的成熟度适时引入。

2.2.3　切片技术

1. 网络切片的概念

由于物联网与移动互联网的迅猛发展，5G 时代的通信场景将更加丰富多彩，更加复杂化，更加多元化，物与物之间、物与人之间的通信将大大超越人与人之间的通信需求。从虚拟现实、增强现实、超高清视频、全息技术，到物流仓储、智能交通、车联网、无人机，再到智能电网、智慧城市，各个领域都有不同的特点和需求，它们对于网络的移动性、端到端时延、用户体验速率、用户峰值速率、连接数密度、流量密度、安全性、可靠性、计费方式，甚至是频谱效率、能源效率、成本效率的需求各不相同。作为信息化的基础设施，5G 需要满足多元化的需求，提供满足不同领域需求的网络功能，推动各行各业的能力提升和转型升级。

ITU 为 5G 定义了三大主要应用场景：一是增强型移动宽带 eMBB，高带宽、广覆盖，用户体验速率达到 100Mbit/s～1Gbit/s，实现超高清视频 / 虚拟现实 / 增强现实和高速移动环境的极致体验；二是大规模机器类型通信 mMTC，低功耗、大连接，支持每平方千米 100 万个连接，实现高密度的人与物、物与物之间的信息交互，助力物联网新变革；三是超可靠和低延迟通信 uRLLC，低时延、高可靠、毫秒级的接入时延堪称无人驾驶、工业自动控制、手术机器人的有力助手。

三大主要应用场景对速率、覆盖率、容量、QoS、安全性的要求各有不同，各场景中也会衍生多个应用实例，不同场景、不同实例对于网络功能、系统性能、安全、用户体验等的业务需求千差万别。

如果按照传统思路通过构建多个专网来实现是不可思议的，势必造成基础设施和网络功能的巨大浪费。如果采用传统的、单一的网络为不同业务同时提供服务，将会导致业务体验差、管理效率低、网络结构异常复杂、网络运维难以支持。因此，基于一张统一的 5G 物理网络，需要引入"网络切片"技术来构建灵活弹性的网络，满足各种业务需求。网络切片已经成为 5G 网络的关键技术之一。

什么是网络切片？最简单的理解就是基于虚拟化技术，将一张 5G 物理网络逻辑上切割成多张虚拟的端到端网络，每张虚拟网络之间，包括网络内的核心网、承载网、无线网，都是相互隔离的，都是逻辑独立的，任何一张虚拟网络发生故障时都不会影响到其他虚拟网络。

5G 网络切片技术通过在同一网络基础设施上，按照各种不同的业务场景和业务模型，利用虚拟化技术，将资源和功能进行逻辑上的划分，进行网络功能的裁剪定制，进行网络资源的管理编排，形成多个独立的虚拟网络，为不同的应用场景提供相互隔离的网络环境，使不同应用场景可以按需定制网络。5G 网络切片要实现的目标是将核心网资源、承载网资源、无线网资源进行有机组合，为不同应用场景或业务类型提供相互隔离的、逻辑独立的完整网络。

每个网络切片按照业务场景和业务模型，进行网络功能的定制裁剪和编排管理。一个网络切片可以视为一个实例化的 5G 网络。在 5G 网络切片中，网络编排是一个非常重要的功能模块，实现对网络切片的创建、管理和撤销。运营商首先根据业务场景需求生成网络切片模板，切片模板包括该业务场景所需的网络功能模块及其特定的配置、各网络功能模块之间的接口以及这些网络功能模块所需的网络资源。网络编排功能模块根据该切片模板向网络申请资源后进行实例化。网络编排功能模块对创建的网络切片进行监督管理，根据实际业务量对网络资源进行灵活的扩容、缩容和动态调整，并在生命周期结束之后撤销网络切片。网络切片打通了应用场景、网络功能和网络资源间的适配接口，按需定制，按需提供。在每种业务看来，为其分配的资源是独享的，和其他业务之间是相互隔离的；同时这些业务共享相同的物理基础设施，充分发挥了网络的规模效应，提高了物理资源的利用率，降低了网络的 CAPEX 和 OPEX，丰富了网络的运营模式。

2. 网络切片的技术基础

网络切片不是一个单独的技术，它是在 SDN、NFV、云计算等技术之上，通过上层的统一编排和协同实现一张通用的物理网络能够同时支持多个逻辑网络的功能。

网络切片利用 NFV 技术，将 5G 网络的物理资源根据业务场景需求虚拟化为多个平行的相互隔离的逻辑网络；网络切片利用 SDN 技术，定义网络功能，包括速率、覆盖率、容量、QoS、安全性、可靠性、时延等。

云计算技术刚刚诞生时，提出了基础设施即服务（Infrastructure as a Service，IaaS）、平台即服务（Platform as a Service，PaaS）、软件即服务（Software as a Service，SaaS）。随着业务能力更加多元化更加开放，数据即服务（Data as a Service，DaaS）、通信即服务（Communication as a Service，CaaS）、存储即服务（Storage as a Service，STaaS）、监测即服务（Monitoring as a Service，MaaS）、网络即服务（Network as a Service，NaaS）等应运而生，我们已经进入"一切皆服务（Everything as a Service，XaaS）"的时代。

传统网络架构适合单一业务型网络。然而，5G 的"网络切片"基于逻辑资源而不是物理资源，可以根据需求进行资源的分配和重组，可以满足差异化服务的 QoS 需求，可以保证不同业务、不同客户之间的安全隔离，可以使运营商有能力为客户提供"量身定制"的网络，实现"网络即服务"。

3. 网络切片的特点

多元化的业务场景对 5G 网络提出了多元化的功能要求和性能要求，网络切片针对不同的业务场景提供量身定制的网络功能和网络性能保证，实现了"按需组网"的目标。具体而言，网络切片具有如下特点。

（1）安全性：通过网络切片可以将不同切片占用的网络资源隔离开，每个切片的过载、拥塞、配置的调整不影响其他切片，提高了网络的安全性和可靠性，也增强了网络的健壮性。

（2）动态性：针对用户临时提出的某种业务需求，网络切片可以动态分配资源，满足用户的动态需求。

（3）弹性：针对用户数量和业务需求可能出现的动态变化，网络切片可以弹性和灵活地扩展，例如可以将多个网络切片进行融合和重构，以便更灵活地满足用户动态的业务需求。

（4）最优化：根据不同的业务场景，对所需的网络功能进行不同的定制化裁剪和灵活组网，实现业务流程最优化，实现数据路由最优化。

4. 网络切片的分类与部署

网络切片分类示意如图 2-35 所示，可以分为以下两种。

（1）独立切片：每个切片包括控制面和用户面完全独立，为特定用户提供端到端的独立的专网服务或部分特定的功能服务。独立切片隔离性最好。

（2）共享切片：可供各独立切片共同使用的切片，提供的功能可以是端到端的，也可以只提供部分共享功能。

网络切片部署有以下 3 种场景。

（1）完全独立部署：独立部署各种端到端切片，每个独立切片包含完整的控制面和用户面功能，为不同用户群提供专有虚拟网络。

（2）控制面采用共享切片，用户面采用独立切片：端到端的控制面共享切片为所有用户服务，对各用户面独立切片进行统一管理，包括移动性管理、鉴权等。

（3）共享切片与独立切片联合部署：共享切片实现部分非端到端功能，后面连接各种不同的个性化的独立切片，二者联合起来实现端到端功能。

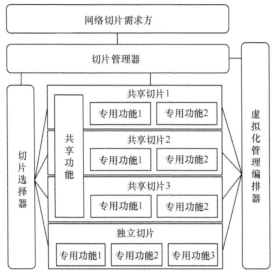

图2-35　切片分类示意

5. 网络切片的全生命周期管理

一个网络切片的生命周期包含设计、上线、运营、下线 4 个阶段。

（1）设计：定义网络功能和连接关系，根据计划部署的特定业务的特点，在切片上选择相应的功能，包括所需要的功能、性能、安全性、可靠性、运维管理、业务体验等，完成切片模板初始化。

（2）上线：切片上线的过程完成切片的实例化部署，完全自动化，无须人为干预。系统为切片选择最适合的虚拟资源和物理资源，不仅完成指定功能的部署及配置，而且完成切片的连通性测试。切片上线的过程就是设计的切片模板的一个实例化过程，一个切片模板可以生成多个切片实例。

（3）运营：切片上线后进入运营阶段。切片运营方可以在切片上部署自己制定的切片运营策略，完成切片用户发放、切片监控、切片运维等工作。在切片运行的过程中，切片运营方对切片进行实时监控，包括业务监控和资源监控，监控的颗粒度可以是系统级性能、切片级性能以及子切片级性能。根据切片的监控结果，运营方可以及时做出相应的策略调整，例如切片的功能增减和切片的动态伸缩。另外，网络侧也可以提供开放的运维接口给不同的用户进行二次开发，进行按需定制。

（4）下线：因为种种原因，某些切片不再需要运营，则可以进行切片的下线。

6. 5G端到端切片生命周期管理架构

5G端到端切片生命周期管理架构如图2-36所示。

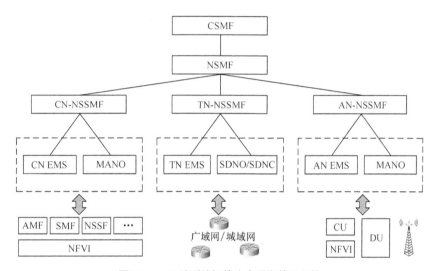

图2-36　5G端到端切片生命周期管理架构

5G端到端切片生命周期管理架构包括的关键网元功能如下所述。

（1）通信服务管理功能（Communication Service Management Function，CSMF）：切片设计的入口。承接各种业务应用需求（如速率、时延、容量、覆盖率、QoS、安全性等），转化成端到端网络切片需求，下发到NSMF进行网络切片设计。

（2）网络切片管理功能（Network Slice Management Function，NSMF）：负责网络切片实例（Network Slice Instance，NSI）的管理。接收CSMF对网络切片的需求后，产生一个切片实例，将它转化成对网络子切片的需求，下发到NSSMF。在网络切片生命周期管理过程中，需要协同核心网、承载网、无线网等多个子网时，由NSMF进行协同。NSMF除了负责网络切片模板设计、网络切片实例的创建/激活/修改/停用/终止以外，还负责对网络切片运营管理，包括故障管理、性能管理、配置管理、策略管理、自动重配置、自动优化、协同管理等。

（3）网络子切片管理功能（Network Slice Subnet Management Function，NSSMF）：负责网络子切片实例（Network Slice Subnet Instance，NSSI）的管理。它接收NSMF对网络

子切片的需求，将它转换为对网络功能的需求。

NSSMF 包括核心网子切片管理功能（Core Network-Network Slice Subnet Management Function，CN-NSSMF）、承载网子切片管理功能（Transport Network-Network Slice Subnet Management Function，TN-NSSMF）和无线网子切片管理功能（Access Network-Network Slice Subnet Management Function，AN-NSSMF）。

CN-NSSMF 主要负责 5G 核心网子切片实例的管理和编排，承接 NSMF 对子切片的管理和编排要求，调用核心网的 MANO 和 EMS 进行子切片的管理编排和参数配置。CN-NSSMF 的功能包括：子切片模板设计、子切片实例的创建 / 修改 / 终止、容量管理、故障管理、性能管理、配置管理、自动优化、协同管理等。

TN-NSSMF 主要负责 5G 承载网子切片实例的管理和编排，承接 NSMF 对子切片的管理和编排要求，调用承载网的 SDN 编排器（SDN Orchestrator，SDNO）/SDN 控制器（SDN Controller，SDNC）和 EMS 进行子切片的管理编排和参数配置。TN-NSSMF 的功能包括：子切片模板设计、子切片实例的创建 / 修改 / 终止、资源管理、故障管理、性能管理、配置管理、自动优化、协同管理等。

关于 AN-NSSMF，对于能够虚拟化部署的网元（如 CU 等），可以按 MANO 模式进行编排管理。但是由于基站和空口如何进行切片尚未形成定论，AN-NSSMF 如何进行管理还在讨论之中。

总之，CSMF、NSMF 和 NSSMF 三者之间协同合作，实现端到端网络切片的设计和实例化部署。

7. 网络切片的典型应用

（1）电力行业被选作首个垂直行业实施切片试验的原因

5G 的网络切片技术可以使能垂直行业。通过对垂直行业的调研交流发现，国家电网公司在通信网络的业务隔离、超低时延、超高可靠性、安全性和大连接等方面具有强烈的需求，而 5G 的网络切片刚好有对应的能力与之匹配，可以实现"比特 + 瓦特"的完美结合。

2019 年年初，国家电网公司提出新的战略目标：打造"三型"（枢纽型、平台型、共享型）企业，建设运营好"两网"（坚强智能电网、泛在电力物联网），建设世界一流能源互联网企业，全面形成共建、共治、共享的能源互联网生态圈。国家电网公司战略示意如图 2-37 所示。

坚强智能电网和泛在电力物联网的建设对通信提出了多元化、高标准的需求。国家电网公司的通信业务需求主要包括基本业务需求和扩展业务需求。基本业务需求包括配电自动化、精准负荷控制、用电信息采集、分布式电源、电动汽车充电站/桩等业务，扩展业务需求包括输配变机器巡检、输变电状态监测、电能质量监测、配电所综合监测、智能营业厅、智能家居、电力应急通信、开闭所环境监测、视频监控、仓储管理、移动IMS 语音、移动作业等业务。

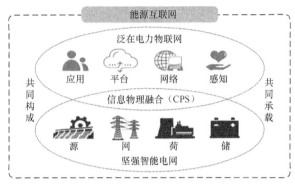

图2-37　国家电网公司战略示意

国家电网公司对业务隔离要求非常高，电网业务分为生产控制大区和管理信息大区，生产控制大区的业务和管理信息大区的业务要求从无线网到核心网全程进行隔离。网络切片技术的典型特征就是将一张 5G 物理网络按照业务、按照场景、按照需求切割成多张虚拟的端到端网络，匹配不同业务需求，实现安全隔离。因此，电力行业被选作首个垂直行业开始实施切片试验。

（2）典型业务场景的具体需求和相应的切片部署架构

坚强智能电网和泛在电力物联网的各类业务对通信网络的各项指标要求也是大相径庭，我们选择 3 种典型业务进行分析。

① 精准负荷控制业务：这是精准切除可中断负荷的重要技术保障，根据不同的控制要求，分为毫秒级控制和秒级/分钟级控制。毫秒级控制系统的总体时延要求是毫秒级，其中协控中心站经控制中心站、控制主站至子站的通道传输时延、子站到控制终端的通道传输时延的要求都是毫秒级。毫秒级精准负荷控制通信业务对通信时延要求很高，对可靠性和业务隔离要求也很高，业务优先级也比较高，但对带宽要求和终端量级要求不高。

② 配电自动化业务：可实现对配电网运行的自动化监视、控制和快速故障隔离，具备配电 SCADA、配电地理信息系统、馈线分段开关测控、电容器组调节控制、用户负荷控制、调度员仿真调度、电网分析应用及与相关应用系统互联等功能，为配电管理系统

提供实时支撑。配电自动化业务通过快速故障处理，提高供电安全性和可靠性；通过优化运行方式，提升电网运营效率。智能分布式配电自动化业务对通信时延要求很高，是毫秒级的，对可靠性和业务隔离要求也很高，业务优先级也很高，但对带宽要求和终端量级要求不高。

③ 用电信息采集业务：通过对配电变压器和终端用户的用电数据的采集和分析，实现用电监控、电能质量监测、线损分析、负荷管理，最终实现自动抄表、错峰用电、阶梯定价、计量异常监测、负荷预测和节约用电成本等。用电信息采集业务对终端量级要求很高（海量接入），但对通信时延、带宽要求都不高。

电网业务的多元化需要一个功能可以按需编排、业务可以相互隔离、超低时延、超大连接的网络。5G 网络切片可以满足电网业务的多元化需求。

根据以上分析，精准负荷控制业务需要选择的切片类型是 uRLLC，配电自动化业务需要选择的切片类型也是 uRLLC，用电信息采集业务需要选择的切片类型是 mMTC。

作为 5G 的另一项关键技术，边缘计算是将计算、存储、网络、应用等核心能力下沉到网络边缘，在靠近用户的位置上，提供 IT 服务、环境和云计算能力，满足低时延、高带宽的业务需求，让超级计算机无处不在。

在边缘计算中，应用也需要分布式下沉，例如控制主站 / 控制子站的业务逻辑。

结合边缘计算，上述 3 种典型业务的网络切片部署架构示意如图 2-38 所示。

（3）电网切片实施进展

2017 年，中国电信、国家电网和华为公司 3 家联合发起 5G 电网切片联创项目，并于 2018 年 1 月发布业界首个《5G 网络切片使能智能电网》产业报告。

2018 年 6 月，在上海世界移动大会 MWC 上，中国电信、国家电网和华为公司联合演示业界首个基于 5G 网络切片的智能电网业务——体现 eMBB 切片特征的智能配电房动力环境监控业务场景，采用华为公司的 5G 核心网、基站、切片管理器和江苏电力公司的电力终端、业务软件系统，从端到端 QoS 保障、业务隔离和独立运营等视角展示了对智能配电房管控效率的全面提升，标志着"5G 网络切片使能智能电网"进入新阶段。

2019 年 3 月，中国电信、国家电网和华为公司在江苏电力公司联合部署试验环境，开始对精准负荷控制、配电自动化、用电信息采集、分布式电源等典型场景，从 QoS/ 服务等级协议（Service Level Agreement，SLA）保障、业务隔离、运维管理、可靠性、安全性等多个维度着手进行切片试验，并于 2019 年 4 月 8 日成功完成了全球第一个基于 SA 网络的真实电网环境的毫秒级精准负荷控制切片测试。

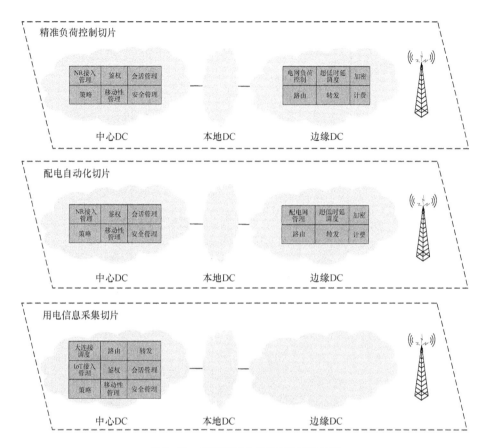

图2-38　电网典型业务的切片部署示意

8. 网络切片的标准化进展

3GPP 的 5G 标准包括 R15 版本和 R16 版本，uRLLC 和 mMTC 主要在 R16 中定义，R15 已经冻结，R16 计划在 2020 年 3 月冻结，真正能满足 uRLLC 和 mMTC 的切片标准也需要到 R16 冻结时才能具备。

从全生命周期管理到端到端 QoS/SLA 保障，从各种业务的相互安全隔离到按需定制自动运维，5G 网络切片技术具有独特的优越性。但是，切片标准尚未冻结，试点工作刚刚开始，需要进一步量化网络切片的技术指标、隔离要求和架构设计，需要针对垂直行业运维人员和运营商运维人员定制不同的运维界面。

2.2.4　边缘计算技术

MEC，简称边缘计算技术。

1. MEC概念

随着各种新业务的发展，许多园区、企业、场馆等自己的应用需要在本地闭环——应用本地化"低成本"；许多运营商高带宽内容需要从中心到区域分布式部署——内容分布化"高带宽"；许多新型超低时延业务需要在边缘才能满足业务诉求——计算边缘化"超低时延"。

在这种背景下，MEC 应运而生。将计算、存储、网络、应用等核心能力下沉到网络边缘，在靠近移动用户的位置上，提供 IT 服务、环境和云计算能力，将业务分流到本地进行处理，提升网络数据的处理效率，满足垂直行业对网络低时延、高带宽和安全的诉求，实现终端用户的极致体验，让超级计算机无处不在，这就是 MEC。MEC 概念示意如图 2-39 所示。

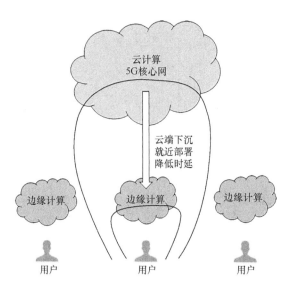

图2-39　MEC概念示意

边缘计算与云计算并非非此即彼，而是相辅相成，互相协同。边缘计算有时也被称作"雾计算"。云计算与雾计算的有机结合将为万物互联新时代提供完美的软硬件支撑平台。

作为 5G 网络的一大目标，固移融合需要从多接入边缘计算切入，5G 边缘计算需要具备的固移融合能力如下所述。

（1）多网络接入：支持移动网络、固定网络、Wi-Fi 等多种网络接入。

（2）统一业务体验：用户在多接入网络环境下，需要保障业务体验的一致性。

（3）统一边缘加速：通过缓存／视频转码等方式提升多网络接入用户的视频业务体验。

（4）统一边缘平台：新型业务部署、企业统一业务定制需要统一边缘平台。

（5）多网络灵活路由：根据不同业务类型灵活路由，缓解移动网络回传压力。

（6）多网络能力开放：移动网络、固定网络、Wi-Fi 等多种网络能力开放。

2. MEC标准化进展

国际标准化组织 ETSI 为 MEC 制定了一系列标准：Version 1 主要完成需求、架构、网络服务应用程序编程接口（Application Programming Interface，API）、管理面接口等，已于 2017 年 9 月冻结；Version 2 制定多接入 API、测试标准，同时对相关热点技术和跨界技术进行研究，如切片、容器、车联网、与 5G 集成等，于 2019 年年底冻结，Version 2 中的部分标准目前已经完成。

Version 1 标准已经全部冻结发布，包括：MEC 术语、技术需求、参考架构、业务场景、PoC 框架、MEC Metrics 最佳实践和指南、服务 API 通用原则、主机和平台管理、MEC 平台应用使能、在 NFV 环境中部署 MEC、E2E 移动性等。

Version 2 标准正在制订中，包括 Version 1 增强标准和 Version 2 新增标准两个部分。

Version 1 增强标准包括 MEC 术语、技术需求、参考架构、服务 API 通用原则、MEC 平台应用使能等。

Version 2 新增标准包括应用移动性、支持车联网（Vehicle to everything，V2X）、支持合规需求、用 OpenAPI 描述 RESTful API、支持网络切片、测试框架、支持容器、WLAN API、固定接入信息 API、V2X API、5G 集成等。

国际标准化组织 3GPP 为 MEC 也制订了相关标准：R14 中的控制面与用户面分离（Control and User Plane Separation，CUPS）、R15 中的上行分类器（Uplink Classifier，UL CL）、R16 中的时间敏感网络（Time Sensitive Networking，TSN）和 5G V2X，R17 将研究对 5GS 的增强以支持以下 MEC 增强功能：

（1）边缘应用的 IP 地址发现机制；

（2）5GC 优化支持应用的无缝切换；

（3）本地能力开放；

（4）本地业务链；

（5）IP 锚点变化导致 UE IP 地址变化的解决方案；

（6）研究对计费和策略控制的影响；

（7）为典型的 MEC 应用场景提供部署指南，如 V2X、AR、VR、内容分发网络（Content Delivery Network，CDN）。

3. MEC架构

根据 ETSI 制定的标准，MEC 架构示意如图 2-40 所示。

MEC 架构接口示意如图 2-41 所示。

基于 NFV 的 MEC 架构接口示意如图 2-42 所示。

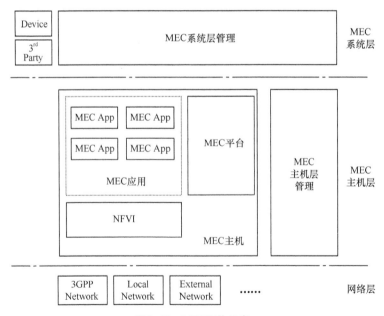

图2-40　MEC架构示意

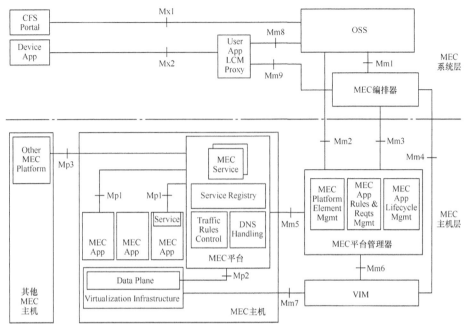

图2-41 MEC架构接口示意

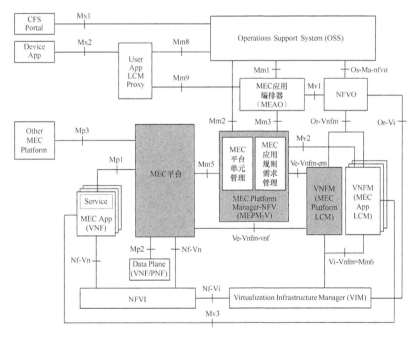

图2-42 基于NFV的MEC架构接口示意

边缘计算系统由 MEC 主机和 MEC 管理系统组成。MEC 主机包含 MEC 平台和虚拟化基础设施,MEC 平台除了可以让安装在虚拟化基础设施之上的 MEC 应用程序提供 MEC 业务外,自己也可以提供业务。MEC 管理系统包括 MEC 系统级管理和 MEC 主机级管理,MEC 系统级管理的核心是 MEC 编排器,MEC 主机级管理包括 MEC 平台管理器和 VIM。

相关接口简介如下所述。

（1）Mp 接口（MEC 平台相关接口）

① Mp1 接口:位于 MEC 平台与 MEC 应用程序之间,用于提供业务注册、业务发现、通信支持、应用程序可用性、会话状态迁移支持流程等功能。

② Mp2 接口:位于 MEC 平台与虚拟化基础设施数据面之间,用于指导数据面在应用程序、网络、业务之间如何为流量选择路由。

③ Mp3 接口:位于 MEC 平台之间,用于控制 MEC 平台间的通信。

（2）Mm 接口（MEC 管理相关接口）

① Mm1 接口:位于 MEC 应用编排器（MEC Application Orchestrator,MEAO）与 OSS 之间,用于触发 MEC 应用程序的实例化和终止。

② Mm2 接口:位于 OSS 与 MEC 平台管理器之间,用于 MEC 平台的配置管理、故障管理和性能管理。

③ Mm3 接口:位于 MEAO 与 MEC 平台管理器之间,用于管理应用程序生命周期、应用程序规则和要求,并跟踪可用的 MEC 业务。

④ Mm4 接口:位于 MEAO 与 VIM 之间,用于管理 MEC 主机的虚拟化资源,包括跟踪可用资源容量、管理应用程序图。

⑤ Mm5 接口:位于 MEC 平台管理器与 MEC 平台之间,用于执行平台配置、应用程序规则和要求配置、应用程序生命周期支持流程、应用程序迁移管理等。

⑥ Mm6 接口:位于 MEC 平台管理器与 VIM 之间,用于管理虚拟化资源实现应用程序的生命周期管理。

⑦ Mm7 接口:位于 VIM 与 NFVI 之间,用于管理虚拟化基础设施。

⑧ Mm8 接口:位于用户应用程序生命周期管理代理与 OSS 之间,用于处理在 MEC 系统中运行应用程序的设备要求。

⑨ Mm9 接口:位于用户应用程序生命周期管理代理与 MEAO 之间,用于管理 MEC 应用程序。

（3）Mx 接口（连接到外部实体的接口）

① Mx1 接口：位于 OSS 与面向客户的服务门户之间，用于第三方请求在 MEC 系统中运行应用程序。

② Mx2 接口：位于用户应用程序生命周期管理代理与设备应用程序之间，用于设备应用程序请求在 MEC 系统运行，或者移入移出 MEC 系统。

关于 MEC 主机选择，在为 MEC 应用程序选择 MEC 主机时，编排器主要考虑以下信息。

① 应用程序的部署模型（例如，每个用户一个实例，还是每个主机一个实例）；

② 所需的虚拟化资源（计算、存储、网络资源，包括特定的硬件支持）；

③ 时延要求；

④ 定位要求；

⑤ 连接性或移动性要求（例如，应用程序状态迁移、应用程序实例迁移）；

⑥ MEC 功能要求（例如，VM 迁移支持或 UE 标识）；

⑦ 所需的网络连接性要求（例如，MEC 应用程序只在 MEC 系统中，还是连接到本地网络或互联网）；

⑧ 运营商 MEC 系统部署或移动网络部署信息（如拓扑结构、成本）；

⑨ 访问用户流量的要求；

⑩ 存储要求等。

ETSI 规范与 3GPP 规范相结合的 MEC 架构如图 2-43 所示。

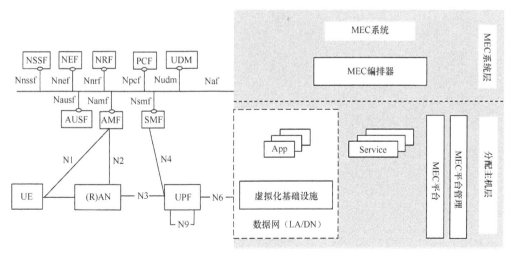

图2-43　ETSI规范与3GPP规范结合的MEC架构

4. MEC应用

MEC 的典型应用如下所述。

（1）工业互联网：智能工厂、智能制造、智能巡检、智能物流。

（2）车联网应用：车辆行驶安全管理、城市交通拥塞治理。

（3）本地视频业务：博物馆 / 展览馆 VR 体验、演唱会 / 体育赛事 AR 直播。

（4）无人机：360°全方位视频直播、视频回放。

（5）移动办公：企业个性化定制、企业业务定制、用户接入控制。

（6）人工智能：人脸识别、表情识别、事件识别、电子围栏、城市监控等。

第3章　5G无线网

3.1　系统架构

3.1.1　网络结构

5G 无线接入网称为 NG-RAN，其总体系统架构在 3GPP TS 38.300 中定义。NG-RAN 包括 gNB 和 ng-eNB 两种基站，其中 gNB 基站用于向 UE 提供 5G NR 用户面和控制面协议，ng-eNB 基站用于向 UE 提供 E-UTRAN 用户面和控制面协议。

NG-RAN 字体架构如图 3-1 所示。

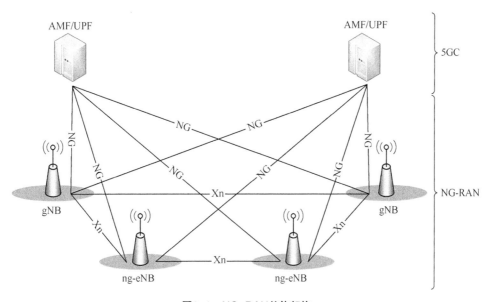

图3-1　NG-RAN总体架构

gNB 和 ng-eNB 之间是 Xn 接口，gNB 和 5GC 之间以及 ng-eNB 和 5GC 之间是 NG 接口。NG 接口又分为 NG-C（NG 控制面接口）和 NG-U（NG 用户面接口），其中，gNB 和 ng-eNB 通过 NG-C 接口连接到 AMF，通过 NG-U 接口连接到 UPF。5G 中 gNB 可划分为 CU 和 DU，关于 CU/DU 功能划分的架构及 CU 与 DU 之间的 F1 接口在 3GPP TS 38.401 中定义。

3.1.2　网元功能

gNB 和 ng-eNB 具备以下功能。

（1）无线资源管理的功能包括无线承载控制、无线接入控制、连接移动性控制及在上行链路和下行链路中向 UE 动态资源分配和调度。

（2）IP 头压缩、加密和数据完整性保护。

（3）当不能从 UE 提供的信息确定到 AMF 的路由时，在 UE 附着处选择 AMF。

（4）将用户面数据路由到 UPF。

（5）将控制面信令路由到 AMF。

（6）连接发起和释放。

（7）调度和传输寻呼消息。

（8）调度和传输系统广播消息（AMF 或 OAM 发起）。

（9）用于移动性和调度的测量和测量报告配置。

（10）上行链路中的传输级别数据包标记。

（11）会话管理。

（12）支持网络切片。

（13）QoS 流管理、QoS 流到数据无线承载之间的映射。

（14）支持 UE RRC_INACTIVE。

（15）NAS 消息的分发功能。

（16）无线接入网共享。

（17）双连接。

（18）NR 和 E-UTRAN 之间的互通。

NG-RAN 在 5G 系统中的功能划分如图 3-2 所示。

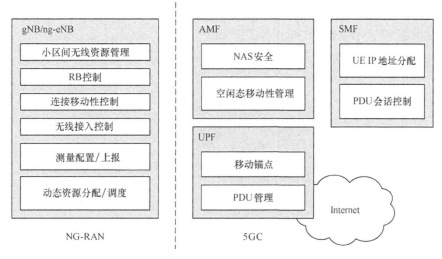

图3-2　NG-RAN在5G系统中的功能划分

3.1.3　网络接口

1. NG接口

（1）接口定义

NG 接口分为 NG-U 接口和 NG-C 接口。

根据 5G 无线网总体架构图，NG-U 在 NG-RAN 节点和 UPF 之间定义，其用户面协议栈如图 3-3 所示。传输网络层（Transport Network Layer，TNL）采用 IP 方式传输，GTP-U 位于用户数据报协议（User Datagram Protocol，UDP)/IP 之上，用于承载 NG-RAN 中 gNB 或 ng-eNB 与 UPF 之间的用户面 PDU。NG-U 在 NG-RAN 中 gNB 或 ng-eNB 与 UPF 之间提供无保证的用户面 PDU 传送。

NG-C 在 gNB 或 ng-eNB 与 AMF 之间定义，其控制面协议栈如图 3-4 所示。传输网络层采用 IP 方式传输，为了可靠地传输信令消息，在 IP 之上增加 SCTP 层，提供有保证的应用层消息传递。在传输中，IP 层点对点传输用于传递信令 PDU。

（2）接口功能

接口功能具体包括以下 19 种功能。

① 寻呼功能：该功能支持向寻呼区域中的 NG-RAN 节点发送寻呼请求，例如 UE 所注册的跟踪区内的 NG-RAN 节点。

② UE 上下文管理功能：该功能允许 AMF 在 AMF 和 NG-RAN 节点中建立、修改或释放 UE 上下文。

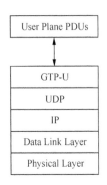

图3-3　NG-U协议栈

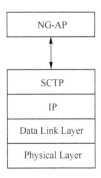

图3-4　NG-C协议栈

③ 移动管理功能：ECM-CONNECTED 中 UE 移动性功能包括 NG-RAN 系统内切换和 NG-RAN 与 EPS 异系统间切换，由切换准备、执行和完成组成。

④ PDU 会话管理功能：在 NG-RAN 中 UE 上下文可用时，该功能负责建立、修改和释放 NG-RAN 中的 PDU 会话，用于用户数据传输。NG 接口应用协议（NG Application Protocol，NGAP）支持 AMF 对 PDU 会话的透传。

⑤ NAS 传输功能：该功能提供 UE 的 NAS 消息在 NG 接口的传输或重路由的方式。

⑥ NAS 节点选择功能：5G 系统架构支持 NG-RAN 节点与多个 AMF 的互联。NAS 节点选择功能位于 NG-RAN 节点中，可通过 NG 接口进行路由。

⑦ NG 接口管理功能：该功能提供对 NG-RAN 接口的管理。

⑧ 告警信息传输功能：该功能通过 NG 接口发送或取消发送告警消息。

⑨ 配置传输功能：该功能是一种在两个 RAN 节点之间通过核心网进行 RAN 配置信息请求和传送的通用机制。

⑩ 跟踪功能：该功能提供了 NG-RAN 节点中控制跟踪会话的方法。

⑪ AMF 管理功能：该功能支持 AMF 计划删除和 AMF 自动恢复。

⑫ 多个 TNL 关联支持功能。

⑬ AMF 负载均衡功能：为实现池内多个 AMF 之间的负载均衡功能，NG 接口支持向 NG-RAN 节点告知 AMF 的相对容量。

⑭ 位置报告功能：AMF 请求 NG-RAN 节点报告 UE 的当前位置，或 UE 最近的带时间戳的位置。

⑮ AMF 重新分配功能：该功能支持 NG-RAN 节点发起从初始 AMF 向目标 AMF 的重定向连接请求。

⑯ UE 无线功能管理功能。

⑰ 新空口定位协议 A（New Radio Positioning Protocol A，NRPPa）信令传输功能：该功能支持 NRPPa 消息在 NG 接口的透传。

⑱ 过载控制功能：该功能支持 AMF 对 NG-RAN 节点的过载控制。

⑲ 辅助无线接入技术（Radio Access Technology，RAT）数据量报告功能。

2. Xn接口

（1）接口定义

Xn 接口分为 Xn-U（Xn 用户面接口）和 Xn-C（Xn 控制面接口）。

Xn-U 接口在两个 NG-RAN 节点之间定义。Xn 接口上的用户面协议栈如图 3-5 所示。传输网络层基于 IP 方式传输，GTP-U 用于 UDP/IP 之上以承载用户面 PDU。

Xn-C 在两个 NG-RAN 节点之间定义，其协议栈如图 3-6 所示。传输网络层基于 IP 之上的 SCTP 构建；应用层信令协议称为 Xn-AP；SCTP 层提供有保证的应用层消息传递。在传输 IP 层中的点对点传输方式用于传递信令 PDU。

（2）接口功能

Xn-U 接口支持以下 4 种功能。

① 数据传送功能：该功能支持在 NG-RAN 节点之间传送数据以支持双连接或移动性。

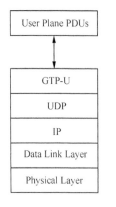

图3-5 Xn-U协议栈   图3-6 Xn-C协议栈

② 流控制功能：该功能使 NG-RAN 节点能够从另一个 NG-RAN 节点接收用户面数据，获得与数据流相关的反馈信息。

③ 辅助信息功能。

④ 快速重传功能。

Xn-C 接口支持以下 6 种功能。

① Xn-C 接口管理和错误处理功能：该功能支持 NG-RAN 节点之间的信令管理、Xn 接口评估和故障恢复，包括 Xn 建立功能、错误指示功能、Xn 重置功能、Xn 配置数据更新功能及 Xn 删除功能。

② UE 移动性管理功能：该功能支持两个 NG-RAN 节点之间随时更新相关信息，包括切换准备功能、切换取消功能、UE 上下文检索功能、RAN 寻呼功能和数据转发控制功能。

③ 双连接功能：该功能支持在 NG-RAN 中对辅助节点资源的使用。

④ 节能功能：该功能通过在 Xn 接口指示小区激活 / 去激活来降低能耗。

⑤ 资源协调功能：该功能支持在两个 NG-RAN 节点间的资源协调使用。

⑥ 辅助 RAT 数据量报告功能。

3. F1接口

（1）接口定义

F1 接口定义为 NG-RAN 内部的 gNB 的 CU 和 DU 功能实体之间互联的接口，如图

3-7 所示。

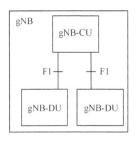

图3-7 F1接口示意

F1 接口分为 F1-U（F1 用户面接口）和 F1-C（F1 控制面接口）。对于 F1-U 接口协议栈，传输网络层基于 IP 传输，包括 IP 之上的 UDP 和 GTP-U，如图 3-8 所示。对于 F1-C 接口协议栈，传输网络层基于 IP 传输，包括 IP 之上的 SCTP，应用层信令协议称为 F1AP，如图 3-9 所示。

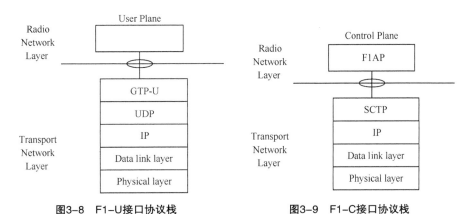

图3-8 F1-U接口协议栈　　　　图3-9 F1-C接口协议栈

（2）接口功能

F1 接口规范有助于实现由不同制造商提供的 gNB-CU 和 gNB-DU 的开放性互连。F1 接口支持以下 3 种功能。

① 为 NG-RAN PDU 会话和 E-UTRAN 无线接入建立、维护、释放无线承载。

② 为用户特定的信令管理在协议级别上区分每个 UE。

③ 在 UE 和 gNB-CU 之间传送无线资源控制（Radio Resource Control，RRC）信令。

F1-U 接口支持以下两种功能。

① 数据传送。

② 流控制。

F1-C 接口支持以下 6 种功能。

① F1 接口管理功能。

② 系统信息管理功能。

③ F1 UE 上下文管理功能。

④ RRC 信息传送功能。

⑤ 寻呼功能。

⑥ 告警信息传送功能。

3.1.4 无线协议架构

1. 用户面

图 3-10 为用户面的协议栈，5G NR 的层 2 被分成以下子层：MAC、无线链路控制（Radio Link Control，RLC）、分组数据汇聚协议（Packet Data Convergence Protocol，PDCP）和 SDAP。其中，SDAP、PDCP、RLC 和 MAC 子层（在网络侧的 gNB 终止）的功能分别如下所述。

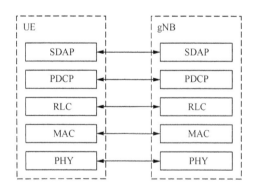

图3-10　用户面协议栈

（1）MAC 层的主要功能如下所述。

① 逻辑信道和传输信道之间的映射。

② MAC 层服务数据单元（Service Data Unit，SDU）在逻辑信道和传输信道间的复

用/解复用。

③ 调度信息报告。

④ HARQ 纠错。

⑤ 通过动态调度在 UE 之间进行优先级处理。

⑥ 逻辑信道之间进行优先级处理。

⑦ 填充。

（2）RLC 层支持透传模式（Transparent Mode，TM）、非确认模式（Unacknowledged Mode，UM）、确认模式（Acknowledged Mode，AM）3 种模式，其主要功能如下所述。

① 传输上层 PDU。

② 序列编号独立于 PDCP（UM 和 AM）。

③ 自动重传请求（Automatic Repeat reQuest，ARQ）纠错（仅限 AM）。

④ RLC SDU 的分段（AM 和 UM）和重新分段（仅 AM）。

⑤ 重新封装 SDU（AM 和 UM）。

⑥ 重复检测（仅限 AM）。

⑦ RLC SDU 丢弃（AM 和 UM）。

⑧ RLC 重建。

⑨ 协议错误检测（仅限 AM）。

（3）PDCP 层的主要功能如下所述。

① 传送用户面和控制面数据。

② 维护 PDCP 的 SN 号。

③ 使用鲁棒头压缩（Robust Header Compression，ROHC）协议进行头压缩和解压缩。

④ 加密和解密。

⑤ 完整性保护。

⑥ 基于定时器的 SDU 丢弃。

⑦ 路由选择。

⑧ 复制。

⑨ 重新排序和按顺序转发。

⑩ 无序转发。

⑪ 重复丢弃。

（4）SDAP 层的主要功能如下所述。

① QoS 流和数据无线承载之间的映射。

② 标记 DL 和 UL 数据包中的 QFI。

2. 控制面

图 3-11 为控制面的协议栈。

（1）PDCP、RLC 和 MAC 子层（在网络侧的 gNB 终止）的功能和用户面基本一致。

（2）RRC（在网络侧的 gNB 终止）的功能主要如下所述。

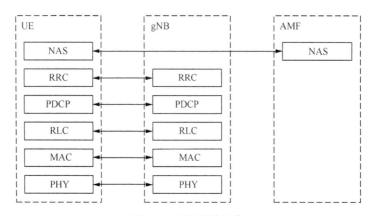

图3-11　控制面协议栈

① 广播与 AS 和 NAS 相关的系统信息。

② 由 5GC 或 NG-RAN 发起的寻呼。

③ 建立、维护和释放 UE 与 NG-RAN 之间的 RRC 连接。

④ 安全功能，如密钥管理。

⑤ 信令无线承载（Signal Radio Bear，SRB）和 DRB 的建立、配置、维护和释放。

⑥ 移动功能。

⑦ QoS 管理功能。

⑧ UE 测量报告。

⑨ 无线链路故障的检测和恢复。

⑩ NAS 向 / 从 UE 传送 NAS 消息。

（3）NAS 控制协议（在网络侧的 AMF 终止）的功能主要有身份验证、移动性管理和安全控制等。

3.2 关键技术

3.2.1 非正交多址技术

根据 ITU 提出的 5G 需求愿景，5G 在系统频谱效率和海量连接能力比 4G 有很大的提升，并且 5G 在简化系统设计和信令流程方面也提出了很高的要求，这些对 4G 现有的正交多址技术提出了巨大的挑战。

3GPP R15 在 eMBB 中仍沿用 4G 的正交正交频分复用（Orthogonal Frequency Division Multiplexing，OFDM）技术，各厂商近年来相继提出的图样分割多址（Pattern Division Multiple Access，PDMA）、稀疏码多址（Sparse Code Multiple Access，SCMA）和多用户共享接入（Multi-User Shared Access，MUSA）等非正交多址技术，目前还处于候选状态。

1. PDMA

4G 系统是基于线性接收机和正交发送的基本思想设计，采用线性接收机是由于其实现简单，性能可以保证；基于正交发送也是主要考虑接收端的工程实现相对简单。正交发送示意如图 3-12 所示。

图3-12 正交发送示意

随着频谱资源稀缺的加剧和未来数字信号处理能力的提升，将来通信系统有可能采用非正交和非线性接收机来提高系统性能。

在干扰可以删除的理想情况下，非正交发送比正交发送可以实现更高的频谱效率。串行干扰删除接收机理论上可以实现线性高斯信道（包括多用户）的容量，其复杂度相对线性接收机增加有限。对于多天线复用系统，基于串行干扰删除接收机第 i 层数据流的接收分集度 $N_{分集度}$ 为：

$$N_{分集度}=N_R-N_T+i$$

其中 N_R 表示接收天线数，N_T 表示发送天线数。

因为第一层的码流分集最低，由此可见基于串行干扰删除接收机系统性能取决于第一层干扰删除的准确度。基于此，提出了一种基于串行干扰删除接收机的非正交联合设计发送方式，其基本原理如图 3-13 所示。其中，s_1 代表第一层数据流（具有相同的分集度 3），s_2，s_3 代表第二层数据流（具有相同的分集度 2），s_4，s_5 代表第三层数据流（具有相同的分集度 1）。

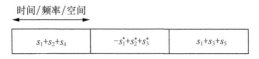

图3-13　串行干扰消除非正交发送示意

多层数据流可以考虑在频率、空间或时间等的其中一维维度上实现，也可以在其中任何二维维度实现，依此类推。

推广到空间和时间二个维度为例，假设 $N_T = N_R = 3$，则非正交空时码示意如图 3-14 所示。

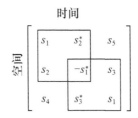

图3-14　非正交空时码示意

由于 s_1 符号分集度是 3，最先解调，这时基于串行干扰删除接收机的检测后信号 s_1 的分集度为：

$$N_{\text{分集度}}^{s_1} = 3（符号）+3（天线）-3+1=4$$

在解调完第一个符号 s_1 后，s_2 和 s_3 检测后的分集度为：

$$N_{\text{分集度}}^{s_2} = N_{\text{分集度}}^{s_3} = 2（符号）+3（天线）-3+2=4$$

同理 s_4 和 s_5 检测后的分集度为：

$$N_{\text{分集度}}^{s_4} = N_{\text{分集度}}^{s_5} = 1（符号）+3（天线）-3+3=4$$

可以看出，s_1、s_2、s_3、s_4、s_5 的检测后分集度相同，而对于一个多流数据系统，每个数据流的检测后分集度一致时，其设计是最优的。

该原理可以推广到一般的多流非正交接入系统中去。采用非正交发送方式的空时码具有准非正交特性，对于线性接收机也表现出良好的性能。

基于该技术原理和多用户信息论，PDMA 在系统的发送端利用图样分割技术对用户信号进行合理分割，在接收端对接收信号进行串行干扰消除，可以接近多址信道的容量界限。用户的图样设计可以在码域、空域、功率域独立进行，也可以在多个域联合进行。图样分割技术通过在系统发送端基于用户图样进行优化，提高不同用户间的区分度，从而改善串行干扰消除（Serial Interference Cancellation，SIC）的性能。PDMA 原理如图 3-15 所示。

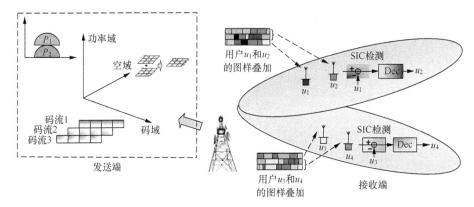

图3-15　PDMA原理

功率域 PDMA 主要依靠功率分配、时频资源与功率联合分配、多用户分组实现用户区分。功率域 PDMA 示意如图 3-16 所示。

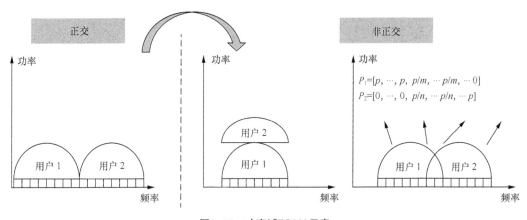

图3-16　功率域PDMA示意

码域 PDMA 通过不同码字区分用户。码字相互重叠，且码字设计需要特别优化。与 CDMA 不同的是码字不需要对齐。码域 PDMA 示意如图 3-17 所示。

空域 PDMA 主要是应用多用户编码方法实现用户区分。空域 PDMA 示意如图 3-18 所示。

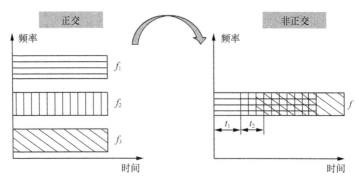

图3-17　码域PDMA示意

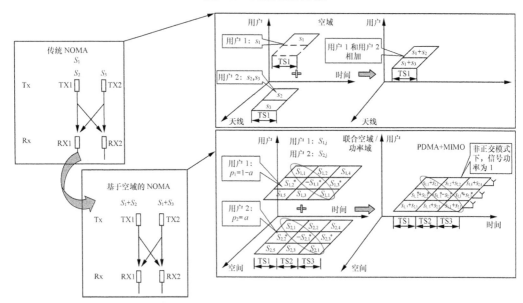

图3-18　空域PDMA示意

2. SCMA

SCMA 结合低密度码和调制技术，在发送端通过共轭、转置以及相位旋转等方式旋转最优的码本集合，不同用户基于分配的码本进行信息传输，在接收端通过消息过滤算法进行解码，因此它是一种基于码域叠加的新型多址技术。采用非正交稀疏叠加码技术的 SCMA，可以在同样资源条件下支持更多的用户接入。同时，SCMA 利用多维调制和扩频技术，大幅提升单用户链路质量。SCMA 原理如图 3-19 所示。另外，SCMA 具有对码字碰撞不敏感的特性，可以利用盲检技术实现免调度随机接入，有效降低复杂度和时延，比较适合于小包、低功耗、低成本的物联网业务。

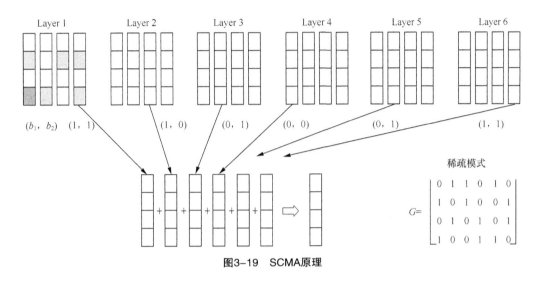

$$G=\begin{bmatrix} 0 & 1 & 1 & 0 & 1 & 0 \\ 1 & 0 & 1 & 0 & 0 & 1 \\ 0 & 1 & 0 & 1 & 0 & 1 \\ 1 & 0 & 0 & 1 & 1 & 0 \end{bmatrix}$$

图3-19　SCMA原理

3. MUSA

MUSA 完全基于更为先进的非正交多用户信息理论。MUSA 上行接入通过创新设计的复数域多元码以及基于 SIC 的先进多用户检测，系统在相同时频资源上支持数倍用户数量的高可靠接入，简化接入流程中的资源调度过程，简化海量接入的系统实现，缩短海量接入的接入时间，降低终端的能耗，如图 3-20 所示。MUSA 下行则通过创新的增强叠加编码及叠加符号扩展技术，可提供比主流正交多址更高容量的下行传输，降低终端的复杂度和功耗。

首先，各接入用户采用易于 SIC 的接收机和具有低互相关的复数域多元码序列，将其调制符号进行扩展；其次，各用户扩展后的符号可以在相同的时频资源中发送；最后，接收侧使用线性处理加上码块级 SIC 来区分各用户的信息。

扩展序列会直接影响 MUSA 的性能和接收机复杂度，是 MUSA 的关键部分。如果像传统 CDMA 那样使用很长的 PN 序列，那序列之间的低相关性是比较容易保证的，而且可以为系统提供一个软容量，即允许同时接入的用户数量（即序列数量）大于序列长度，这时系统相当于工作在过载的状态。下面把同时接入的用户数与序列长度的比值称为负载率，负载率大于 1 通常称为"过载"。长 PN 序列虽然可以提供一定的软容量，但是在5G 海量连接的系统需求下，系统过载率往往是比较大的，在大过载率的情况下，采用长PN 序列所导致的 SIC 过程是非常复杂和低效的。MUSA 上行使用复数域多元码（序列）来作为扩展序列，该序列长度即使很短（如长度为 4 或者 8），也能保持相对较低的相关性。

例如，某类非常简单的 MUSA 复数扩展序列，其序列中每个复数的实部和虚部取值于一个简单三元集合 {–1，0，1}，也能获得相当优秀的性能。

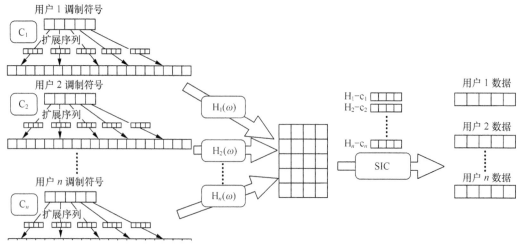

图3-20　MUSA原理

正因为 MUSA 复数域多元码的优异特性，再结合先进的 SIC 接收机，MUSA 可以支持相当多的用户在相同的时频资源上共享接入。值得指出的是，这些大量共享接入的用户可以通过随机选取扩展序列，然后将其调制符号扩展到相同时频资源的方式来获得。从而 MUSA 可以让大量共享接入的用户想发就发，不发就深度睡眠，并不需要每个接入用户先通过资源申请、调度、确认等复杂的控制过程才能接入。这个免调度过程在海量连接场景尤为重要，能极大地减轻系统的信令开销和实现难度。同时，MUSA 可以放宽甚至不需要严格的上行同步过程，只需要实施简单的下行同步。最后，存在远近效应时，MUSA 还能利用不同用户 SNR 的差异来提高 SIC 分离用户数据的性能，即如传统功率域 NOMA 那样，将"远近问题"转化为"远近增益"。从另一个角度看，这样可以减轻甚至免除严格的闭环功控过程。所有这些为低成本、低功耗、实现海量连接提供了坚实的基础。

3.2.2　mMIMO

1. 技术原理

mMIMO 和 3D MIMO 是 MIMO 演进的两种主要技术。mMIMO 的主要特征是天线数目大量增加，3D MIMO 的主要特征是在垂直维度和水平维度均具备很好的波束赋形能力。虽然 mMIMO

和 3D MIMO 的研究侧重点不一样，但在实际的场景中往往会结合使用，存在一定的耦合性。3D MIMO 可算作 mMIMO 的一种，因为随着天线数目的增多，3D 化是必然的。因此 mMIMO 和 3D MIMO 可以作为一种技术来看待，在 3GPP 中称为全维度多输入多输出（Full-Dimension Multi-Input-Multi-Output，FD-MIMO）。mMIMO 与普通 MIMO 天线的结构差异如图 3-21 所示。

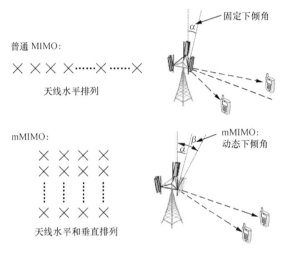

图3-21 mMIMO与普通MIMO天线的结构差异

mMIMO 能够很好地契合未来移动通信系统对于频谱利用率与用户数量的巨大需求，是 5G 系统最重要的物理层技术之一，它通过在基站侧采用大量天线来提升数据速率和链路的可靠性。在采用大天线阵列的 mMIMO 系统中，信号可以在水平和垂直方向进行动态调整，能量能够更加准确地集中指向特定的 UE，从而减少了小区间的干扰，能够支持多个 UE 间的空间复用。mMIMO 的主要作用示意，如图 3-22 所示。

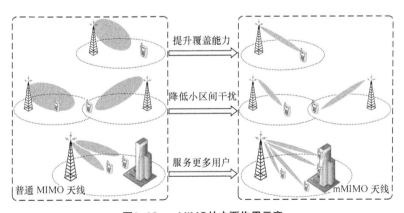

图3-22 mMIMO的主要作用示意

2. 技术性能

（1）容量

对于单用户场景，信道模型可以表示为：

$$\mathbf{y} = \sqrt{p_\mathrm{d}}\,\mathbf{Hx} + \mathbf{n}$$

其中，$\mathbf{y} \in C^{N \times 1}$，$\mathbf{H} \in C^{N \times M}$，$p_\mathrm{d}$ 是发送总功率，M 是发射天线数目，N 是接收天线数目。在仅考虑发送端天线数目众多的情况下，容量可以表示为：

$$C = \log_2 \det\left(\mathbf{I}_\mathrm{N} + \frac{p_\mathrm{d}}{M}\mathbf{HH}^\mathrm{H}\right)$$

随着天线数量的增加，系统容量也随之增加。在目前的新技术中，唯有 mMIMO 技术能够成倍地提升系统频谱效率，提升系统容量。

当发送天线数目极高时，系统容量可以进一步简化为：

$$C_{M \gg N} = \log_2 \det\left(\mathbf{I}_\mathrm{N} + \frac{p_\mathrm{d}}{M}\mathbf{HH}^\mathrm{H}\right)$$

$$\approx \log_2 \det\left(\mathbf{I}_\mathrm{N} + p_\mathrm{d}\mathbf{I}_\mathrm{N}\right)$$

$$= N \log_2\left(1 + p_\mathrm{d}\right)$$

当接收天线数目极高时，容量可以简化为：

$$\tilde{C}_{N \gg M} = \log_2 \det\left(\mathbf{I}_\mathrm{N} + \frac{p_\mathrm{d}}{M}\mathbf{HH}^\mathrm{H}\right)$$

$$\approx \log_2 \det\left(\mathbf{I}_\mathrm{M} + \frac{Np_\mathrm{d}}{M}\mathbf{I}_\mathrm{M}\right)$$

$$= M \log_2\left(1 + \frac{Np_\mathrm{d}}{M}\right)$$

当发送端天线数量很多时，系统容量与接收天线数量呈线性关系；而当接收端天线数量很多时，系统容量与接收天线数目的对数呈线性关系。mMIMO 不仅能够提高系统容量，而且能够提高单个时频资源上可以复用的用户数目，支持更多的用户数据传输。

在天线数目很多的情况下，仅仅使用简单低复杂度的线性预编码技术就可以获得接近容量的性能，而且天线数量越多，速率越高，如图 3-23 所示。而且随着天线数目的增多，传统的多用户预编码方法迫零波束成形（Zero-Forcing Beamforming，ZFBF）出现一个下滑的现象，而对于简单的匹配滤波器方法 MRT 则不会出现，如图 3-24 所示，主要是因为随着天线数目的增多，用户信道接近正交，并不需要额外的多用户处理。

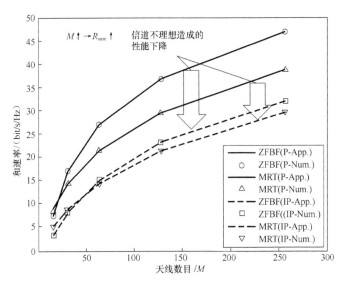

图3-23　速率V.S.天线数目（10个用户）

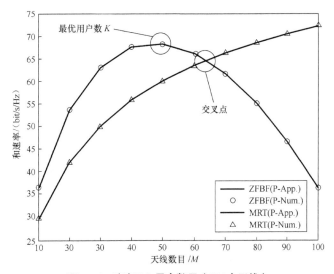

图3-24　速率V.S.用户数目（128个天线）

（2）信道波动

对于一个包含 K 个用户的 mMIMO 系统，基站仅对接收信号进行一个简单的匹配滤波处理，检测信号为：

$$\mathbf{y} \Rightarrow \frac{1}{M}\mathbf{H}^H\mathbf{y} = \frac{1}{M}\mathbf{H}^H\mathbf{H}\mathbf{x} + \frac{1}{M}\mathbf{H}^H\mathbf{n} \xrightarrow[M\to\infty]{\text{大数定理}} \mathbf{x}$$

依据大数定理，当天线数目趋近无穷时，匹配滤波器方法已经是优化方法了。不相关的干扰和噪声也都被消除，发射功率理论上可以任意小，如图 3-25 所示，即利用 mMIMO 消除了信道的波动，同时也消除了不相关的干扰和噪声，而且复用在相同时频资源上的用户，其信道具备良好的正交特性。

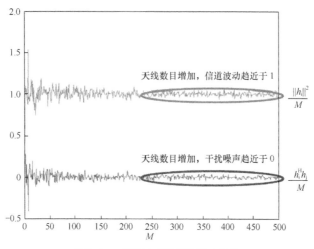

图3-25　信道波动及干扰噪声消除

（3）降低能耗

在基站端部署 mMIMO，满足速率要求的条件下，UE 的发射功率可以任意小，天线数目越多，用户所需的发射功率越小，如图 3-26 所示。

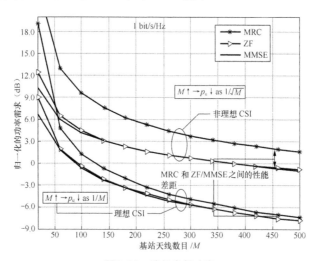

图3-26　降低发射功率

mMIMO 除了能够极大地降低发射功率外，还能够将能量更加精确地送达目的地，随着天线规模增大，可以精确到一个点，具备更高的能效，如图 3-27 所示。同时场强域能够定位到一个点，就可以极大地降低对其他区域的干扰，能够有效地消除干扰。

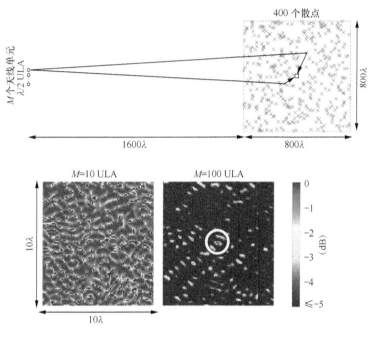

图3-27　能量集中定位到一个点示意

3.2.3　F-OFDM

1. 基本原理

业界最初提出了多种新型多载波技术，主要包括 F-OFDM、通用滤波多载波（Universal Filtered Multi-Carrier，UFMC）、滤波器组多载波（Filter Bank Multi-Carrier，FBMC）等。这些技术主要使用滤波技术，降低频谱泄露，提高频谱效率。从最新 3GPP 标准冻结的情况看，F-OFDM 获得了 3GPP 的认可，已成为 5G 新型多载波的技术标准。F-OFDM 是一种可变子载波带宽的自适应空口波形调制技术，是基于 OFDM 的改进方案，既兼容 LTE 系统，又能满足 5G 发展的需求。

F-OFDM 技术的基本思想是：将 OFDM 载波带宽划分成多个不同参数的子带，并对子带进行滤波，而在子带间尽量留出较少的隔离频带。例如，为了实现低功耗、大覆盖的物联网业务，可在选定的子带中采用单载波波形；为了实现较低的空口时延，可以采用更小的传输时隙长度；为了对抗多径信道，可以采用更小的子载波间隔和更长的循环前缀。图 3-28 为 F-OFDM 系统的收 / 发结构，从图中可以看出，F-OFDM 调制系统与传统的 OFDM 系统最大的不同是在发送端和接收端所增加的滤波器。

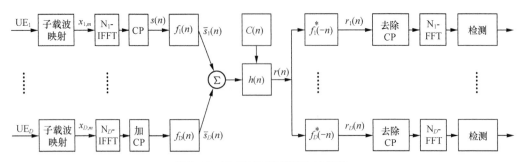

图3-28 F-OFDM系统的收/发结构

以子带 1 为例，UE_1 先将输入信号进行编码及载波映射得到 $x_{1,m}$，将进行 N_1 点的逆快速傅里叶变换（Inverse Fast Fourier Transform，IFFT），再添加循环前缀 CP，得到 OFDM 符号 $s_1(n)$；然后，将 OFDM 符号通过子带滤波器 $f_1(n)$，即可得到 F-OFDM 符号 $\tilde{s}_1(n)$；最后将每个子带发送端的输出数据进行累加再共同通过信道 $h(n)$。在接收端收到信号 $r(n)$ 后，子带滤波器首先对各个子带的信号进行滤波，不同子带滤波后的数据再进行快速傅里叶变换（Fast Fourier Transform，FFT）和去 CP 的操作，进行信号的解调。

假设共有 D 个 UE，子带 1 上有 L 个 OFDM 符号，且每个 OFDM 符号包含 M 个连续的载波。其中，N 表示 IFFT 的长度。另外，由于 F-OFDM 系统的符号中存在 CP 等其他冗余的信息，所以 $N > M$。在发送端子带 1 上的数据经 IFFT 变换后得到的数据为：

$$s_l(n) \triangleq \sum_{m=1}^{M} x_{l,m} e^{\frac{j2\pi mn}{N}}, \quad -N_g \leqslant n < N$$

其中，$x_{l,m}$，表示在 l 个符号、第 m 个载波上的传输数据，N_g 表示 CP 的长度，所分配的载波范围是 $\{1,2,\cdots,M\}$。将子带 1 上的添加 CP 后的 OFDM 符号可以表示为：

$$s(n) = \sum_{l=0}^{L-1} s_l(n - l(N + N_g))$$

其中，$s(n)$ 表示 OFDM 符号，所以在发送端滤波后形成的 F-OFDM 的符号可以简单地表示为：

$$\tilde{s}_1(n) = s(n) \times f_1(n)$$

其中，$f_1(n)$为子带 1 上的滤波器，每个子带上的 F-OFDM 符号经过累加器合并相加，得到的数据符号共同进入信道，同时到达接收端。所以到达接收端的信号可以表示为：

$$r(n) = \left(\sum_{i=1}^{D} \tilde{s}_i(n) \right) \times h(n) + c(n)$$

其中，$h(n)$ 表示 UE 和基站之间的信道函数，$c(n)$ 表示加性高斯白噪声，在接收端，接收到的信号 $r(n)$ 通过滤波器得到：

$$r_i(n) = r(n) \times f_i^*(-n)$$

其中，{ }*表示复共轭，接收端滤波器$f_i^*(-n)$表示发送端滤波器$f_i(n)$的匹配滤波器。接收端采用匹配滤波器，首先，确保接收端的信号不会存在来自其他 UE 的干扰；其次，可以最大化每个 UE 的接收信号信噪比。最后，再对滤波后的信号进行去 CP 和 FFT 的操作，便可以得到与发送端相同符号周期的码元。

2. 子载波映射

F-OFDM 系统是把一个宽带分为若干个子带，所以在子载波映射上会与传统的 OFDM 系统有所区别。以两个相邻子带为例，图 3-29 为 F-OFDM 系统的两个不同子带的帧结构。假设系统的采样率为 30.72MHz，子带 1 与子带 2 的子载波间隔分别为 15kHz、30kHz，子带 1 与子带 2 的带宽大小相同，设为 720kHz，由于子带 1 与子带 2 的子载波间隔不一样，为了达到相同的采样率，所以定义子带 1 与子带 2 的 FFT 长度分别为 2048、1024。

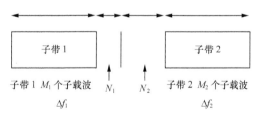

图3-29　F-OFDM系统的子载波映射示意

为了避免不同子带的子载波之间产生重叠，需要对相邻的子载波进行统一编号，子带 1 的子载波编号取值范围 $[K_{\min}, K_{\max}]$ 是，假设子带 1 与子带 2 上的子载波总数分别为 M_1 和 M_2，以子带 1 或子带 2 的子载波间距为间距的保护子载波数分别为 N_1 和 N_2，子带 1 在 2048 个总子载波数中的取值范围是 [–1023，1024] 的整数，子带 2 的子载波编号

为 $\left[\frac{K_{\max}+N_1}{2}+N_2+1, \frac{K_{\max}+N_1}{2}+N_2+M_2\right]$，其中，$K_{\max}+N_1$ 必须是偶数。由以上所述的子载波间隔与子带宽度可得到子带 1 与子带 2 的子载波数量分别为 48、24。假设子带 1 的子载波映射范围是 [1，24]。其中，0 号子载波表示直流分量，不进行子载波映射，再假设 $N_1=0$，$N_2=1$，则子带 2 的子载波编号范围是 [12，37]。其中，N_1 和 N_2 的大小应当综合考虑功率谱、子带间的干扰水平以及子带的调制编码类型。

3. 滤波器设置

以上假设子带 1 的子载波数量为 M_1，保护子载波间隔为 N_1，子带 2 的子载波数量为 M_2，保护子载波间隔为 N_2，则可求得子带 1 的中心频率为：

$$F_1 = \frac{K_{\min}+K_{\max}}{2}\times\Delta f_1$$

子带 2 的中心频率为：

$$F_2 = (K_{\min}+K_{\max})\times\Delta f_1 + (N_2+\frac{M_2}{2}+0.5)\times\Delta f_2$$

其中，$K_{\max}+N_1$ 必须是偶数。

仍以两个子带的带宽均为 720kHz 为例，$M_1=48$，$M_2=24$，$N_1=0$，$N_2=1$，子带 1 的子载波映射编号是 [−24，−1][1，24]，将以上数据代入公式中得到 $F_1=0$，$F_2=(24+0)\times15+(1+12+0.5)\times30=765$kHz。假设生成的 F-OFDM 系统子带滤波器的系数为 $f=[f_0, f_1, \cdots, f_{T-1}]$，其中，T 表示滤波器的长度。基带滤波器通过指数调制即频域搬移就可以得到子带 1 和子带 2 上的滤波器系数。

子带 1 的滤波器系数为：

$$f_1(n) = f(n)\times\exp(-j2\pi n\times\frac{F_1}{2048\times\Delta f_1}),$$
$$n\in\left[0,T-1\right]$$

子带 2 的滤波器系数为：

$$f_2(n) = f(n)\times\exp(-j2\pi n\times\frac{F_2}{1024\times\Delta f_1}),$$
$$n\in\left[0,T-1\right]$$

由 F-OFDM 系统的原理知，F-OFDM 系统在接收端采用匹配滤波器。所以，接收端子带 1 的滤波器系数为：

$$f_{RX1} = f_1^*(T-n-1), n \in [0, T-1]$$

接收端子带 2 上的滤波器系数为:

$$f_{RX2} = f_2^*(T-n-1), n \in [0, T-1]$$

3.2.4 双工技术

传统 LTE 系统中双工方式支持 FDD 和 TDD 模式,如图 3-30 所示。但是在面对不同的业务需求时,一方面不能灵活地调整资源,提升资源利用率;另一方面对于爆炸式的业务增长,稀缺的频谱资源难以满足业务需求。传统的 FDD 和 TDD 不可避免地存在资源浪费问题。

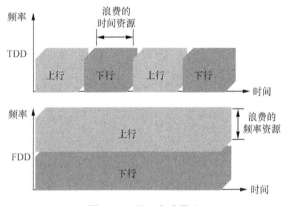

图3-30 双工方式原理

1. 灵活双工

未来移动流量呈现多变特性,上下行业务需求随时间、地点而变化,现有通信系统固定的时频资源分配方式无法满足不断变化的业务需求。灵活双工能够根据上下行业务变化情况动态分配资源,提高系统资源的利用率,如图 3-31 所示。灵活双工可以通过时域和频域方案实现。在 FDD 时域方案中,每个小区可以根据业务量需求将上行频段配置成不同的上下行时隙比;在频域方案中,可以将上行频段配置为灵活频段以适应上下行非对称业务需求。而在 TDD 系统中,可以根据上下行业务需求量决定上下行传输的资源数目。

灵活双工的技术难点在于不同设备上下行信号间的干扰。因此根据上下行信号对称性原则设计 5G 系统,将上下行信号统一,上下行信号间干扰转化为同向信号干扰,应用干扰消除或干扰协调技术处理信号干扰。而小区间上下行信号相互干扰，主要通过降低基站发射功率方式，使基站功率与终端达到对等水平，即将控制和管理功能与业务功能分离，宏站更多地承担用户管理和控制功能，小站或微站承载业务流量。

灵活双工主要包括 FDD 演进、动态 TDD、灵活回传以及增强型 D2D。

在传统的宏微 FDD 组网下，上下行频率资源固定，不能改变。利用灵活双工，在宏小区上行空白帧可以用于微小区传输下行资源。即使宏小区没有空白帧，只要干扰允许，微小区也可以在上行资源上传输下行数据，如图 3-32 所示。

灵活双工的另一个用途是有利于进行干扰分析。在基站和终端部署干扰消除接收机的条件下，灵活双工技术可以大幅提升系统容量，如图 3-33 所示。在动态 TDD 中，利用干扰消除可以提升系统性能。

利用灵活双工，进一步增强无线回传技术的性能，如图 3-34 所示。

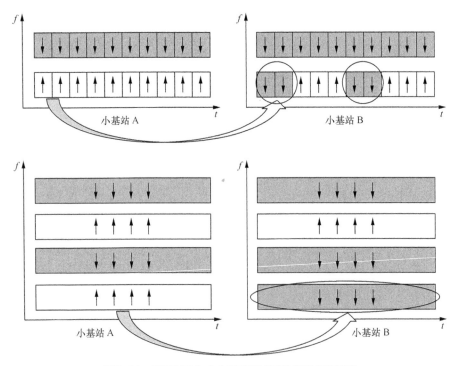

图3-31　灵活双工方式中的时频域灵活资源分配示意

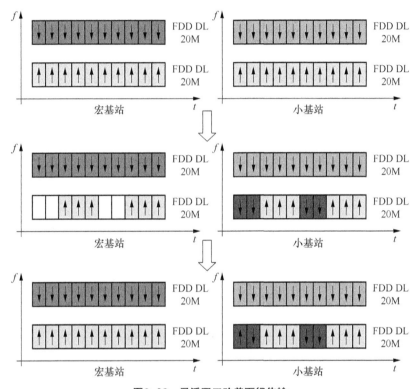

图3-32 灵活双工改善下行传输

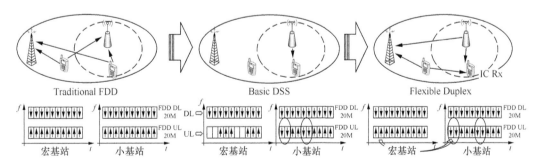

图3-33 灵活双工干扰分析与消除

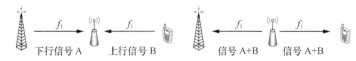

图3-34 灵活双工微小区提升2倍性能

2. 全双工

提升 FDD、TDD 的频谱效率，消除频谱资源使用管理方式的差异性是未来移动通信技术发展的目标之一。基于自干扰抑制理论，理论上全双工可以提升一倍的频谱效率，如图 3-35 所示。

图3-35 全双工示意

全双工的技术主要包括两个方面：一是全双工系统的自干扰抑制技术；二是组网技术。

（1）自干扰抑制技术

全双工的核心问题是本地设备的自干扰如何在接收机中进行有效抑制。目前，主要的抑制方法主要在空域、射频域、数字域联合干扰抑制，如图 3-36 所示。空域自干扰抑制通过天线位置优化、波束陷零、高隔离度实现干扰隔离；射频自干扰抑制通过在接收端重构发送干扰信号实现干扰信号对消；数字自干扰抑制通过对残余干扰进行进一步重构消除干扰信号。

由于全双工设备同时发送和接收信号，自身的发送信号会对自己的接收信号产生强干扰，通过多种自干扰抑制技术使自身的发送信号远远低于自身的接收信号，即干扰抵消能力要达到一定的要求。虽然自干扰可以得到解决，但是全双工依然无法解决其他信号发送点的干扰和对其他用户的干扰。全双工可能会造成更严重的网络干扰问题，是全双工组网需要特别注意的问题。

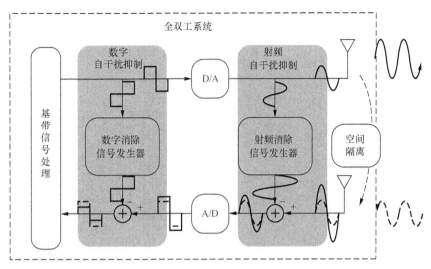

图3-36 干扰抑制示意

（2）组网技术

全双工改变了收发控制的自由度，改变了传统的网络频谱使用模式，将会带来多址方式、资源管理的革新，同时也需要与之匹配的网络架构，如图3-37所示。业界普遍关注的研究方向包括全双工基站和半双工终端混合组网架构、终端互干扰协调策略、网络资源管理、全双工帧结构。

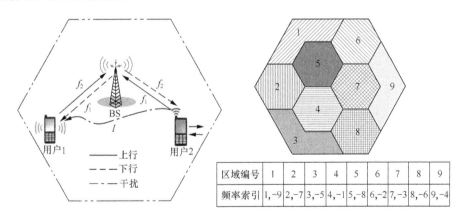

区域编号	1	2	3	4	5	6	7	8	9
频率索引	1,-9	2,-7	3,-5	4,-1	5,-8	6,-2	7,-3	8,-6	9,-4

图3-37 组网技术

① 全双工蜂窝系统

基站处于全双工模式下，假定全双工天线发送端和接收端处的自干扰可以完全消除，基于随机几何分布的多小区场景分析，在比较理想的条件下，依然会造成较大的干扰，蜂窝系统上下行干扰如图 3-38 所示，这就需要一种优化的多小区资源分配方案。

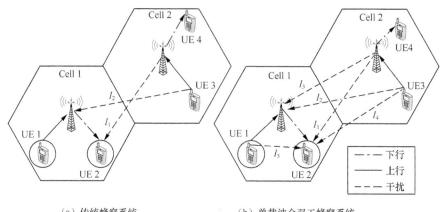

（a）传统蜂窝系统　　　　　　（b）单载波全双工蜂窝系统

图3-38　蜂窝系统上下行干扰

② 分布式全双工系统

通过优化系统调度挖掘系统性能提升的潜力，在子载波分配时考虑上下行双工问题，并考虑资源分配时的公平性问题，如图 3-39 所示。

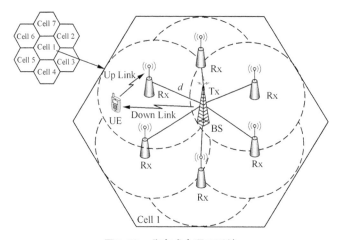

图3-39　分布式全双工系统

③ 全双工协作通信

收发端处于半双工模式，中继节点处于全双工模式，即是单向全双工中继，如图 3-40 所示。此模式下中继可以节约时频资源，只需一半资源即可实现中继转发功能。中继的工作模式可以是译码转发、直接放大转发等模式。

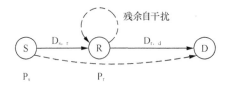

残余自干扰

图3-40　单向全双工中继

收发端和中继均工作于全双工模式，如图 3-41 所示。

图3-41　双向全双工中继

3.2.5　UDN

超密集组网（Ultra-Dense Network，UDN）将是满足未来移动数据流量需求的主要技术手段，通过更加"密集化"的无线基础设施部署，可获得更高的频率复用效率，从而在局部热点区域实现百倍量级的系统容量提升。超密集组网的典型应用场景主要包括：办公室、密集住宅、密集街区、校园、大型集会、体育场、地铁、公寓等。

随着小区部署密度的增加，超密集组网将面临许多新的技术挑战，如干扰、移动性、站址、传输资源以及部署成本等。为了满足典型应用场景的需求和技术挑战，实现易部署、易维护、用户体验轻快的轻型网络，接入和回传联合设计、干扰管理、小区虚拟化技术是超密集组网的主要技术方向。超密集组网关键技术示意如图 3-42 所示。

图3-42　超密集组网关键技术示意

1. 接入和回传联合设计

接入和回传联合设计包括混合分层回传、多跳多路径的回传、自回传技术以及灵活回传技术等。

（1）混合分层回传

混合分层回传是指在网络架构中将不同基站分层标示，宏基站以及其他享有有线回传资源的小基站属于一级回传层，二级回传层的小基站以一跳形式与一级回传层基站相连接，三级及以下回传层的小基站与上一级回传层以一跳形式连接、以两跳/多跳形式与一级同传层基站相连接，将有线同传和无线回传相结合，提供一种轻快、即插即用的超密集小区组网形式。

（2）多跳多路径的回传

多跳多路径的回传是指无线回传小基站与相邻小基站之间进行多跳路径的优化选择、多路径建立和多路径承载管理、动态路径选择、回传和接入链路的联合干扰管理和资源协调，可为系统容量带来较为明显的增益。

（3）自回传

自回传是指回传链路和接入链路使用相同的无线传输技术。共用同一频带，通过时分或频分方式复用资源，自回传技术包括接入链路和回传链路的联合优化以及回传链路的链路增强两个方面。在接入链路和回传链路的联合优化方面，通过回传链路和接入链路之间自适应的调整资源分配，可提高资源的使用效率。在回传链路的链路增强方面，利用广播信道特性加上多址信道特性（Broadcast Channel plus Multiple Access Channel，BC plus MAC）机制，在不同空间上使用空分子信道发送和接收不同的数据流，增加空域自由度，提升回传链路的链路容量；通过将多个中继节点或终端协同形成一个虚拟 MIMO 网络进行收发数据，获得更高阶的自由度，并可协作抑制小区间干扰，从而进一步提升链路容量。

（4）灵活回传

灵活回传是提升超密集网络回传能力的高效、经济的解决方案，通过灵活地利用系统中任意可用的网络资源，灵活地调整网络拓扑和回传策略来匹配网络资源和业务负载，灵活地分配回传和接入链路网络资源来提升端到端传输效率，从而以较低的部署和运营成本满足网络的端到端业务质量要求。

2. 干扰管理和抑制策略

超密集组网能够有效提升系统容量，但随着小基站等更密集的部署，覆盖范围的重叠，带来了严重的干扰问题。当前干扰管理和抑制策略主要包括自适应小基站分簇、基于集中控制的多小区和干扰协作传输、基于分簇的多小区频率资源协调技术。自适应小基站小区分簇通过调整每个子帧、每个小基站小区的开关状态并动态形成小基站小区分簇，关闭没有用户连接或无须提供额外容量的小基站小区，从而降低对邻近小基站小区的干扰。基于集中控制的多小区相干协作传输，通过合理选择周围小区进行联合协作传输，终端对来自于多个小区的信号进行相干合并避免干扰，能明显提升系统频谱效率。基于分簇的多小区频率资源协调，按照整体干扰性能最优的原则，对密集小基站进行频率资源的划分，相同频率的小站为一簇，簇间为异频，可以较好地提高边缘用户的体验。

3. 小区虚拟化技术

小区虚拟化技术包括以用户为中心的虚拟化技术、虚拟层技术和软扇区技术。虚拟层技术和软扇区技术示意分别如图 3-43、图 3-44 所示。

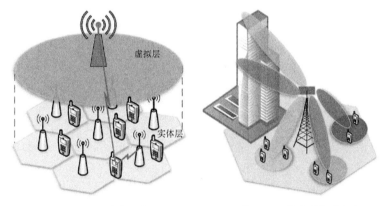

图3-43　虚拟层技术示意　　　　图3-44　软扇区技术示意

以用户为中心的虚拟化小区技术是指打破小区边界限制，提供无边界的无线接入，围绕用户建立覆盖、提供服务，虚拟小区随着用户的移动快速更新，并保证虚拟小区与终端之间始终有较好的链路质量，使用户在超密集部署区域中无论如何移动，均可以获得一致的高 QoS/QoE。虚拟层技术由密集部署的小基站构建虚拟层和实体层网络，其中，虚拟层承载广播、寻呼等控制信令负责移动性管理；实体层承载数据传输，用户在同一虚拟层内移动时，不会发生小区重选或切换，从而实现用户的轻快体验。软扇区技术由集中式设备通过波束赋形手段形成多个软扇区，可以降低大量站址、设备、传输带来的成本，同时可以提供虚拟软扇区和物理小区间统一的管理优化平台，降低运营商维护的复杂度，是一种易部署、易维护的轻型解决方案。

3.3 帧结构及物理资源

3.3.1 帧结构

1. 参数集

5G 支持多种 OFDM 参数集，部分带宽（Bandwidth Part，BWP）的 μ 和 CP 由高层参数给定。在子载波间隔（Subcarrier Spacing，SCS）方面，5G 和 LTE 相比有根本性差异，其中最主要的差异是 5G NR 将采用多个不同的载波间隔类型，而 LTE 只采用单一的 15kHz 载波间隔。5G NR 采用参数 μ 来表述载波间隔，如 $\mu=0$ 表示载波间隔为 15kHz，与 LTE 一致。在 3GPP 38.211 中，5G NR 子载波间隔类型见表 3-1，5G NR 支持的子载波间隔类型（频域）如图 3-45 所示。

表3-1 5G NR支持的子载波类型

μ	$\Delta f = 2^{\mu} \times 15$ [kHz]	循环前缀
0	15	Normal
1	30	Normal
2	60	Normal，Extended
3	120	Normal
4	240	Normal

$\mu=0$　12 个子载波 $=15\times12=180$kHz

$\mu=1$　12 个子载波 $=30\times12=360$kHz

$\mu=2$　12 个子载波 $=60\times12=720$kHz

$\mu=3$　12 个子载波 $=120\times12=1440$kHz

$\mu=4$　12 个子载波 $=240\times12=2880$kHz

图3-45 5G NR支持的子载波间隔类型（频域）

2. 时隙

时隙长度因为子载波间隔不同的有所不同，一般来说，随着子载波间隔变大，时隙长度变小。正常 CP 和扩展 CP 条件下支持的时隙配置和时隙长度见表 3-2、表 3-3 及图 3-46。

表3-2　5G NR支持的时隙配置（正常CP）

μ	N_{symb}^{slot}	$N_{slot}^{frame,\mu}$	$N_{slot}^{subframe,\mu}$
0	14	10	1
1	14	20	2
2	14	40	4
3	14	80	8
4	14	160	16

表3-3　5G NR支持的时隙配置（扩展CP）

μ	N_{symb}^{slot}	$N_{slot}^{frame,\mu}$	$N_{slot}^{subframe,\mu}$
2	12	40	4

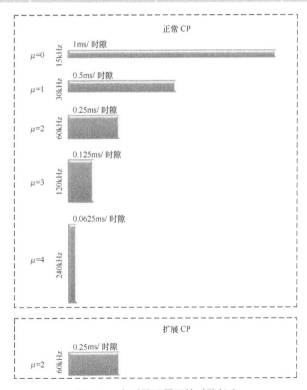

图3-46　各时隙配置下的时隙长度

3. 无线帧结构

5G NR 支持多种子载波间隔，无线帧结构也定义了多种不同类型。需要强调的是，不同子载波间隔配置下，无线帧和子帧的长度是相同的。其中，无线帧长度为 10ms，子帧长度为 1ms。

在不同子载波间隔配置下，无线帧结构的每个子帧中包含的时隙数不同。在正常 CP 情况下，每个时隙包含的符号数相同，且都为 14 个。

（1）无线帧结构 1（$\mu=0$，正常 CP）

在这个配置中，一个子帧仅有 1 个时隙，所以无线帧包含 10 个时隙。一个时隙包含的 OFDM 符号数为 14。$\mu=0$，正常 CP 情况下的天线帧结构如图 3-47 所示。

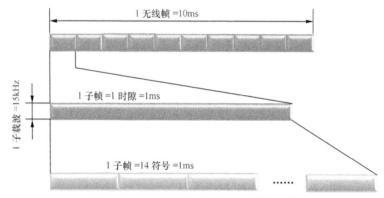

图3-47　$\mu=0$，正常CP情况下的无线帧结构

（2）无线帧结构 2（$\mu=1$，正常 CP）

在这个配置中，一个子帧有两个时隙，所以无线帧包含 20 个时隙。1 个时隙包含的 OFDM 符号数为 14。$\mu=1$，正常 CP 情况下的无线帧结构如图 3-48 所示。

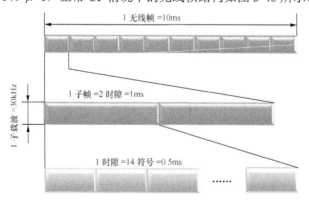

图3-48　$\mu=1$，正常CP情况下的无线帧结构

（3）无线帧结构 3（$\mu=2$，正常 CP）

在这个配置中，一个子帧有 4 个时隙，所以无线帧包含 40 个时隙。1 个时隙包含的 OFDM 符号数为 14。$\mu=2$，正常 CP 情况下的无线帧结构如图 3-49 所示。

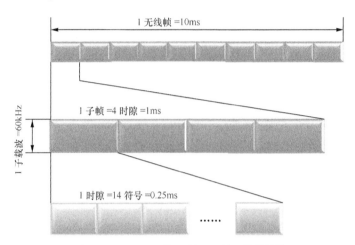

图3-49 $\mu=2$，正常CP情况下的无线帧结构

（4）无线帧结构 4（$\mu=3$，正常 CP）

在这个配置中，一个子帧有 8 个时隙，所以无线帧包含 80 个时隙。1 个时隙包含的 OFDM 符号数为 14。$\mu=3$，正常 CP 情况下的无线帧结构如图 3-50 所示。

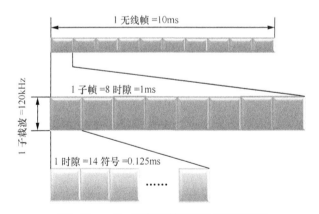

图3-50 $\mu=3$，正常CP情况下的无线帧结构

（5）无线帧结构 5（$\mu=4$，正常 CP）

在这个配置中，一个子帧有 16 个时隙，所以无线帧包含 160 个时隙。1 个时隙包含的 OFDM 符号数为 14。$\mu=4$，正常 CP 情况下的无线帧结构如图 3-51 所示。

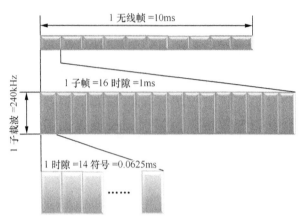

图3-51 μ=4，正常CP情况下的无线帧结构

（6）无线帧结构 6（μ=2，扩展 CP）

在这个配置中，一个子帧有 4 个时隙，所以无线帧包含 40 个时隙。1 个时隙包含的 OFDM 符号数为 12。μ=2，扩展 CP 情况下的无线帧结构如图 3-52 所示。

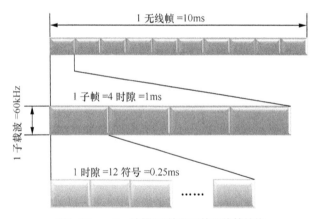

图3-52 μ=2，扩展CP情况下的无线帧结构

3.3.2 物理资源

1. 天线端口

天线端口的定义为：在同一个天线端口上，传输某一符号的信道的状况可以从传输另一个符号的信道状况推断出来。对于两个不同的天线端口，若在其中一个天线端口上传输某一符号的信道大尺度衰落特性，可以从另一个天线端口上传输某一符号的信道状况

推断出来，那么这两个天线端口被称为准共址（Quasi Co-Located，QCL）。大尺度特性包括一个或多个时延扩展、多普勒扩展、多普勒频移、平均增益、平均时延、空间 Rx 参数。

2. 资源格

对于每个参数集和载波，资源格的定义为 $N_{\mathrm{grid},x}^{\mathrm{size},\mu} N_{\mathrm{sc}}^{\mathrm{RB}}$ 个子载波和 $N_{\mathrm{symb}}^{\mathrm{subframe},\mu}$ 个 OFDM 符号，起始公共资源块（Common Resource Block，CRB）$N_{\mathrm{grid}}^{\mathrm{start},\mu}$ 由高层信令指示。表示 DL 或 UL，在不会产生混淆时，下标可省略。每个天线端口 p、每个子载波间隔配置 μ 以及每个传输方向（上行或下行），对应一个资源格。

3. 资源粒子

天线端口 p 和子载波间隔配置 μ 的资源格中的每个元素被称为资源粒子（Resource Element，RE），并且由索引对 $(k,l)_{p,\mu}$ 唯一地标识，其中 k 是频域索引，l 是时域符号索引。资源粒子 $(k,l)_{p,\mu}$ 对应的复数值为 $a_{k,l}^{(p,\mu)}$。在不会产生混淆时，或在没有指定某一天线端口或子载波间隔时，索引 p 和 μ 可以省略，表示为 $a_{k,l}^{(p,\mu)}$ 或 $a_{k,l}$。

4. 资源块

资源块（Resource Block，RB）的定义为 $N_{\mathrm{sc}}^{\mathrm{RB}}$ =12 个连续频域子载波，可分为参考资源块、公共资源块、物理资源块和虚拟资源块。

5. BWP

BWP 是在给定参数集和给定载波上的一组连续的物理资源块。

UE 可以在下行链路中被配置多达 4 个 BWP，并且在给定时间内只有一个 DL BWP 处于激活状态。UE 不应在激活的 BWP 之外接收物理下行链路共享信道（Physical Downlink Shared Channel，PDSCH）、物理下行链路控制信道（Physical Downlink Control Channel，PDCCH）、信道状态信息参考信号（Channel State Information-Reference Signal，CSI-RS）。

UE 可以在上行链路中被配置多达 4 个 BWP，并且在给定时间内只有一个 UL BWP 处于激活状态。如果 UE 配置有辅助上行链路，则 UE 可以在辅助上行链路中另外配置多达 4 个 BWP，并且在给定时间内只有一个辅助 UL BWP 处于激活状态。UE 不应在激活的 BWP 之外传输物理上行共享信道（Physical Uplink Shared Channel，PUSCH）或物理上行控制信道（Physical Uplink Control Channel，PUCCH）。

综上所述，根据资源属性上分类，5G NR 的物理资源可分为时域资源、频域资源和空域资源。根据与 LTE 的关系分类，5G NR 的物理资源可分为 LTE 已有且 NR 无变化的资源、LTE 已有且 NR 增强的资源、NR 新增资源。5G NR 的物理资源如图 3-53 所示。

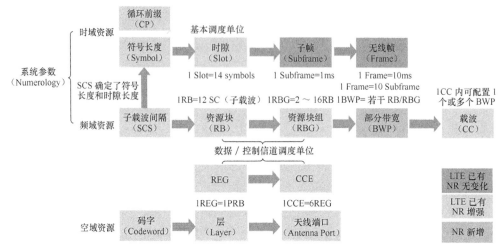

图3-53　5G NR的物理资源

3.4　物理信道及信号

3.4.1　上行物理信道

上行链路物理信道对应一组资源粒子的集合，用于承载源自高层的信息。5G NR 定义了以下上行物理信道：

（1）PUSCH；

（2）PUCCH；

（3）物理随机接入信道（Physical Random Access Channel，PRACH）。

3.4.2　上行物理信号

上行物理信号虽然是物理层使用的，但不承载任何来自高层信息的信号。5G NR 定义了以下上行物理信号：

（1）解调参考信号（Demodulation Reference Signals，DM-RS）；

（2）相位跟踪参考信号（Phase Tracking-Reference Signals，PT-RS）；

（3）探测参考信号（Sounding Reference Signal，SRS）。

3.4.3　上行物理资源

当 UE 进行上行传输时，使用的帧结构及物理资源在 3.3 中定义。

定义下列天线端口用于上行链路：

（1）PUSCH 相关的 DMRS 使用以 1000 为起始的天线端口；

（2）PUCCH 相关的 DMRS 使用以 2000 为起始的天线端口；

（3）PRACH 使用天线端口 4000。

3.4.4　下行物理信道

下行链路物理信道对应于承载源自更高层的信息的一组资源单元。5G NR 定义了以下下行链路物理信道：

（1）PDSCH；

（2）物理广播信道（Physical Broadcast Channel，PBCH）；

（3）PDCCH。

3.4.5　下行物理信号

下行链路物理信号对应于物理层使用的一组资源单元，但不携带源自更高层的信息。5G NR 定义了以下下行链路物理信号：

（1）DM-RS；

（2）PT-RS；

（3）CSI-RS；

（4）主同步信号（Primary Synchronization Signal，PSS）；

（5）辅同步信号（Secondary Synchronization Signal，SSS）。

3.4.6　下行物理资源

UE 在接收下行链路传输时应采用的帧结构与物理资源在本书 3.3 节中定义。

为下行链路定义了以下天线端口：

（1）用于 PDSCH 的天线端口以 1000 开头；

（2）用于 PDCCH 的天线端口以 2000 开头；

（3）天线端口以 3000 开头，用于信道状态信息参考信号；

（4）天线端口以 4000 开始，用于 SS/PBCH 块传输。

3.4.7　信道映射

信道是为了便于理解而定义的对一系列数据流或调制后的信号的分类名称，在不同的协议层之间定义了不同的信道和信道映射关系。物理层通过传输信道向 MAC 子层提供服务，MAC 子层通过逻辑信道向 RLC 子层提供服务。最终这些传输信道和逻辑信道都是落实在物理信道上通过一定资源占用的方式发送出去。

MAC 子层在逻辑信道上提供数据传输服务。为了适应不同种类的数据传输服务，定义了多种类型的逻辑信道，即每种逻辑信道都支持特定类型信息的传输。逻辑信道类型由传输的信息类型定义，可分为控制信道和业务信道，逻辑信道见表 3-4，传输信道见表表 3-5。

表3-4　逻辑信道

逻辑信道名称	控制信道	业务信道
广播控制信道（Broadcast Control Channel，BCCH）	√	
寻呼控制信道（Paging Control Channel，PCCH）	√	
通用控制信道（Common Control Channel，CCCH）	√	
专用控制信道（Dedicated Control Channel，DCCH）	√	
专用业务信道（Dedicated Traffic Channel，DTCH）		√

表3-5　传输信道

逻辑信道名称	控制信道	业务信道
广播信道（Broadcast Channel，BCH）	√	
下行共享信道（Downlink Shared Channel，DL-SCH）	√	
寻呼信道（Paging Channel，PCH）	√	
上行共享信道（Uplink Shared Channel，UL-SCH）		√
随机接入信道（Random Access Channel，RACH）		√

5G NR 的物理信道、传输信道、逻辑信道之间的映射关系示意如图 3-54 所示。

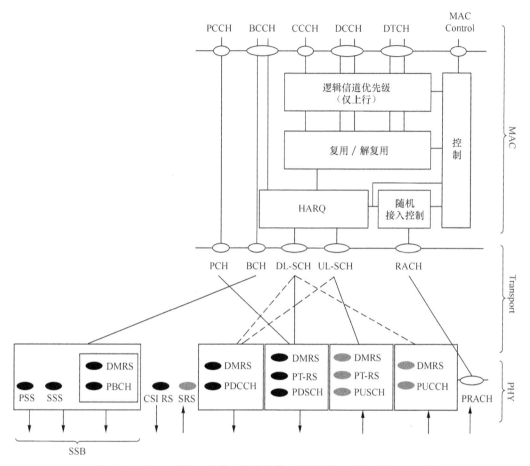

图3-54　5G NR的物理信道、传输信道、逻辑信道之间的映射关系示意

3.5　调制编码

5G 调制编码技术主要有两个方向：一是降低能耗；二是进一步改进调制编码技术。技术的发展具有两面性：一方面要提升执行效率、降低能耗；另一方面需要考虑新的调制编码方案。新的调制编码技术主要包含链路级调制编码、链路自适应、网络编码。

3.5.1　链路级调制编码

采用新的调制编码技术进一步提升链路的性能，如多元域编码比传统二元译码在相近复杂度条件下具有更好的性能，通过新的比特映射技术可以使信号的统计分布更加接近高斯分布，也可以通过波形编码技术使信号分布接近高斯分布。将编码和调制联合起来进行处理也是一个发展方向。

1. 多元域编码

多元域编码的目标是在与二元编码解码复杂度相近的条件下获得更好的性能。目前，多元域 LDPC 码、重复累积码是比较有前途的编码方式。除了编码本身之外，多元域星座映射也是对性能起到关键影响的过程。

对 LDPC 码的定义都是在二元域基础上的，MaKcay 对上述二元域的 LDPC 码又进行了推广。如果定义中的域不限于二元域就可以得到多元域 GF（q）上的 LDPC 码。多元域上的 LDPC 码具有较二进制 LDPC 码更好的性能，而且实践表明在越大的域上构造的 LDPC 码，译码性能就越好，例如在 GF（16）上构造的正则码性能已经和 Turbo 码相差无几。多元域 LDPC 码之所以拥有如此优异的性能，是因为它有比二元域 LDPC 码更重的列重，同时还有和二元域 LDPC 码相似的二分图结构。

2. 重叠时分复用（Overlapped Time Division Multiplexing，OVTDM）

波形编码传输的基本思想是通过使用一组不同的波形来表达不同的信息，它是利用符号的数据加权移位重叠产生编码约束关系，使编码输出自然呈现与信道匹配的复高斯分布，不需要调制映射，如图 3-55 所示。

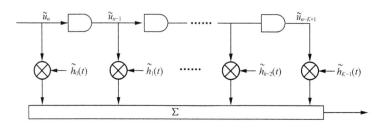

图3-55 移位重叠OVTDM的复数卷积编码模型

仿真结果表明，采用 OVTDM 可以非常简单地实现频谱效率达 10bit/s/Hz 以上的系统，其所需信噪比相同频谱效率的 MQAM（也叫 1024QAM）在相同误码率时低 10dB 以上。在平坦衰落信道不需要分集，在相同误码率时所需信噪比就比相同频谱效率使用四重分集的 MQAM 系统低 20dB 以上。在多径衰落信道不需要其他技术（如 Rake 接收机）就能获得隐分集效果。时分和空分混合重叠复用很容易实现频谱效率 20bit/s/Hz 的系统，而且对高功率放大器的线性度要求很低，甚至可以工作在饱和状态。从系统实现复杂度来看，不比 MQAM 复杂，而且更容易实现。

显然，在复用波形为实数时，对于独立二元（+1，−1）数据流，K 重重叠 OVTDM 的输出只有 $K+1$ 种电平，频谱效率为 K 比特/符号。输出任何时刻都将呈现 K 阶二项式分布，当 K 足够大以后，OVTDM 的输出将逼近实高斯分布。同样，在复用波形为实数时，对于独立的四元 QPSK（+1，−1，+j，−j）复数据流，K 重重叠 OVTDM 的输出只有 $(K+1)^2$ 种电平，其中 I、Q 两信道各有 $K+1$ 种电平，频谱效率为 $2K$ 比特/符号。任何时刻的 OVTDM 的输出将逼近两个正交的实高斯分布，总输出就逼近了复高斯分布。从输入数据符号与输出符号的对应关系来看，OVTDM 的确破坏了它们之间的一一对应关系，若采用逐符号检测肯定差错概率极大。但是从编码输入数据序列与输出序列来看，OVTDM 的输入与输出之间完全是一一对应的。在编码约束长度 K 之内，二元 BPSK（+1，−1）输入数据序列有 $2K$ 种，其 OVTDM 编码输出序列也有 $2K$ 种，它们之间完全是一一对应的关系。

OVTDM 采用的不是电平而是波形分割，属于波形编码。它不需要选择编码矩阵与调制映射星座图，所选择的只有复用波形，通过数据加权复用波形的移位重叠，利用波形分割来获取编码增益与频谱效率。所有决定系统性能的因素都由复用波形决定。

将实数二元数据流分别在相互正交的 I、Q 信道上变换成多元实数数据流，而多元实数数据流经过 OVTDM 移位重叠复用以后将呈现多项式分布。当重叠重数足够高以后，输出的多项式分布将逼近高斯分布。I、Q 信道输出的总体就逼近了复高斯分布。

另一个与传统编码的不同点是 OVTDM 属于波形编码，需要一并考虑信道特性，而传统编码一般不考虑信道特性。时间扩散只会造成复用波形的附加重叠，增加的重叠对系统频谱效率没有影响，反而会改善系统性能，因为一方面编码约束长度增加了，另一方面在随机时变信道中额外重叠又会产生分集增益，对改善系统性能有利。OVTDM 属于毫无编码剩余的编码，而传统编码离不开剩余，其编码效率一定低于 OVTDM。

串行级联 OVTDM 由两级重叠编码组成：第一级是没有相互移位的纯粹 OVTDM（Pure-OVTDM，P-OVTDM），重叠重数为 K_1，复用波形的宽度为 $T=K_1T_b$ 的矩形波；第二级是图 3-56 中跨越收发两端虚线框内的结构，称为移位 OVTDM（Shift-OVTDM，S-OVTDM），简称 OVTDM，移位间隔为 K_1T_b，重叠重数为 K_2^λ，复用波形为实 $h(t)$，持续期为：

$$T_\lambda = \lambda K_1 K_2 T_b (\lambda \geqslant 1)$$

其中 T_b 为数据比特宽度。

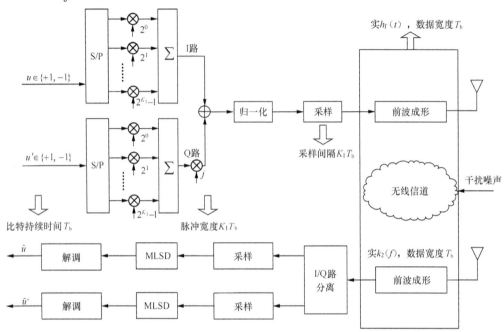

图3-56 串行级联OVTDM（S-OVTDM）编码结构

在工程上，h(t) 成形滤波器的输入"冲击"是数字形成所需的输入脉冲宽度。由于 S-OVTDM 要求实数复用波形 h(t) 必须由线性相位的有限冲击响应数字 FIR 滤波器实现。形成精度由输入"冲击"的脉宽决定。"冲击"越窄，前波成形越精确。等效于码率为 1，约束长度为 K_2^λ 的卷积波形编码，其中 I、Q 分量均可以简单地以图 3-57 所示的 S-OVTDM 模型移位重叠结构所表示。

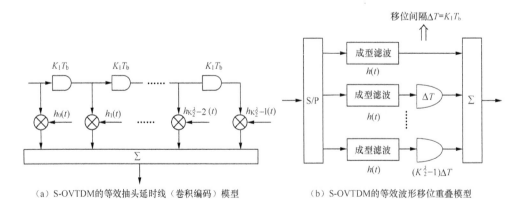

（a）S-OVTDM的等效抽头延时线（卷积编码）模型 　　　　（b）S-OVTDM的等效波形移位重叠模型

图3-57 S-OVTDM模型

3.5.2 网络编码

1. 原理

传统的通信网络传送数据的方式是存储转发，即除了数据的发送节点和接收节点以外的节点只负责路由，而不对数据内容做任何处理，中间节点扮演着转发器的角色。长期以来，人们普遍认为在中间节点上对传输的数据进行加工不会产生任何收益，然而艾斯惠特（R·Ahls Swede）等人于2000年提出的网络编码理论彻底推翻了这种传统观点。网络编码是一种融合了路由和编码的信息交换技术，它的核心思想是在网络中的各个节点上对各条信道收到的信息进行线性或非线性的处理，然后转发给下游节点，中间节点扮演着编码器或信号处理器的角色。根据图论中的最大流—最小割定理，数据的发送方和接收方通信的最大速率不能超过双方之间的最大流值（或最小割值），如果采用传统多播路由的方法，一般不能达到该上界。艾斯惠特等人以蝴蝶网络的研究为例，指出通过网络编码，可以达到多播路由传输的最大流界，提高了信息的传输效率。

网络编码的工作原理是把不同的信息转化成位数更小的"痕迹"，然后在目标节点进行演绎还原，这样就不必反复传输或复制全部信息了。痕迹可以在多个中间节点间的多条路径上反复传递，然后再被送往最终的目的端点。它不需要额外的容量和路由——只需要把信息的痕迹转换成位流即可，而这种转换现有的网络基础设施是可以支持的。

网络编码主要是将链路编码与用户配对、路由选择、资源调度等相结合。网络编码与部署场景密切相关，具体方案需要与具体场景相匹配，需要针对特定场景进行特定优化。

网络编码提出的初衷是为使多播传输达到理论上的最大的传输容量，从而能取得比路由多播更高的网络吞吐量。随着研究的深入，网络编码其他方面的优点也体现出来，如均衡网络负载、提升带宽利用率等。如果将网络编码与其他应用相结合，则能提升该应用系统的相关性能。

2. 优点

（1）提高吞吐量

提升吞吐量是网络编码最主要的优点。无论是均匀链路还是非均匀链路，网络编码均能够获得更高的多播容量，而且对于节点平均度数越大，网络编码在网络吞吐量上的优势越明显。从理论上可证明：如果 Ω 为信源节点的符号空间，$|V|$ 为通信网络中的节点数目，则对于每条链路都是单位容量的通信网络，基于网络编码的多播的吞吐量是路由

多播的 $\Omega\log|V|$ 倍。

（2）均衡网络负载

网络编码多播可有效利用除多播树路径外其他的网络链路，可将网络流量分布于更广泛的网络上，从而均衡网络负载。图 3-58（a）所示的是通信网络，各链路容量为 2。图 3-58（b）所示的是基于多播树的路由多播，为使各个信宿节点达到最大传输容量，该多播共使用 SU、UX、UY、SW 和 WZ 共 5 条链路，且每条链路上传输的可行流为 2；图 3-58（c）表示的是基于网络编码的多播，假定信源节点 S 对发送至链路 SV 的信息进行模二加操作，则链路 SV、VX 和 VZ 上传输的信息均为 b1⊕b2，最终信宿 X、Y 和 Z 均能同时收到 a 和 b。容易看出，图 3-58（c）所示的网络编码多播所用的传输链路为 9 条，比图 3-58（b）的多播树传输要多 4 条链路，即利用了更广泛的通信链路，因此均衡了网络负载。网络编码的这种特性有助于解决网络拥塞等问题。

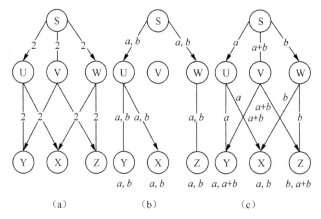

图3-58　单源三接收网络

（3）提高带宽利用率

提高网络带宽利用率是网络编码的另一个显著优点。在图 3-58（b）中的路由多播中，为了使信宿 X、Y 和 Z 能够同时收到两个单位的信息，共使用了 5 条通信链路，每条链路传输可行流为 2，因此其消耗的总带宽为：5×2=10。在图 3-58（c）表示的网络编码多播中，共使用了 9 条链路，每条链路传输可行流为 1，其消耗总带宽为：9×1=9，因此带宽消耗节省了 10%，提高了网络带宽的利用率。

3. 应用

网络编码虽然起源于多播传输，主要是为解决多播传输中的最大流问题，但是随着研究的不断深入，网络编码与其他技术的结合也越来越受到人们的关注。下面将以无线网络、应用层多播为例，总结网络编码的几种典型应用。

（1）无线网络

由于无线链路的不可靠性和物理层广播特性，应用网络编码可以解决传统路由、跨层设计等技术无法解决的问题。具体来说，网络编码在无线网络中可以提高网络的吞吐量，尤其是多播吞吐量；可以减少数据包的传播次数，降低无线发送能耗；采用随机网络编码，即使网络部分节点或链路失效，最终在目的节点仍然能恢复原始数据，增强网络的容错性和鲁棒性；不需要复杂的加密算法，采用网络编码就可以提高网络的安全性等。基于上述特点，网络编码可在无线自组织网络（Wireless Ad Hoc Networks，WANET）、无线传感器网络（Wireless Sensor Networks，WSN）和无线网状网（Wireless Mesh Networks，WMN）中得到应用。

（2）应用层多播

虽然网络层多播被认为是提供一对多或多对多服务的最佳方式，但是由于技术上和非技术上的原因导致网络层多播并没有在目前的 Internet 上得到广泛的实现。因此，出现了一种替代的解决方案就是：把多播服务从网络层转移到应用层作为应用层服务实现，即应用层多播。网络层多播中的信息流由路由器转发，而在应用层多播中则由端主机转发，端主机具有一定的计算能力，这为网络编码提供了良好的应用环境。而且，应用层多播利用的网络拓扑不如物理层那样固定，可以按需变化，充分发挥网络编码对动态网络适应性强的优势。

网络编码也可用于传输的差错控制。在现有的通信网络中，差错控制的方式是逐条链路进行纠错，因此某条链路的对错与其他链路无关，当这条链路出错时，其他链路没法帮助最终的信宿节点去纠正该错误。网络编码是针对网络系统进行的操作，因此通过选择合适的信源空间，可以纠正网络中几条链路上同时发生的错误，这种差错控制方式，称为基于网络编码的差错控制。N. Cai 和 R. W. Yeung 提出了一种以网络编码为基础的新的纠错思想：在一个网络系统中，同一时刻有几条链路上传送的信息发生错误时，只要错误链路数没有超出纠错范围，则最终信宿节点可以通过译码将错误纠正。

此外，通过网络编码可以预防链路失效对网络链路的影响，提高网络多播传输的鲁棒性。

3.5.3 链路自适应

在蜂窝移动通信系统中，一个非常重要的特征是无线信道的时变特性，其中无线信道的时变特性包括传播损耗、快衰落、慢衰落以及干扰的变化等因素带来的影响。由于无线信道的变化性，接收端接收到的信号质量也是一个随着无线信道变化的变量，如何有效地利用信道的变化性，如何在有限的带宽上最大限度地提高数据传输速率，从而最大限度地提高频带的利用效率，逐渐成为移动通信的研究热点。而链路自适应技术正是由于在提高数据传输速率和频谱利用率方面有很强的优势，从而成为目前和未来移动通信系统的关键技术之一。

通常情况下，链路自适应技术主要包含以下 4 种技术。

（1）自适应调制与编码技术：根据无线信道的变化调整系统传输的调制方式和编码速率，在信道条件较好时提高调制等级以及编码速率，在信道条件较差时降低调制等级以及信道编码速率。

（2）功率控制技术：根据无线信道的变化调整系统发射的功率，在信道条件较好时降低发射功率，在信道条件较差时提高发射功率。

（3）混合自动重传请求：通过调整数据传输的冗余信息，从而在接收端获得重传 / 合并增益，实现对信道的小动态范围的、精确的、快速的自适应。

（4）信道选择性调度技术：根据无线信道测量的结果，选择信道条件比较好的时频资源进行数据的传输。

链路自适应技术作为一种显著的提高无线通信传输速率、支持多种业务不同 QoS 需求以及提高无线通信系统的频谱利用率的手段，在各种移动通信系统中都得到了广泛的应用。

移动通信系统需求变化范围较大，使系统参数的数目急速增加。这些参数的动态范围和种类也日趋增多，如编码速率和码块大小、调制方式、天线分集增益、交织规则等。链路自适应的范围从物理层、链路层扩展到网络层，如图 3-59 所示。

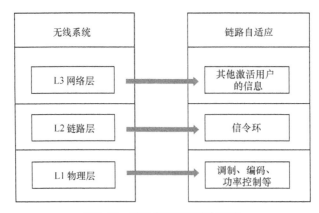

图3-59 涉及多层的链路自适应

3.6 频谱

3.6.1 5G 频谱需求

1. 国际上的预测

《IMT 系统地面部分无线电方面的问题》建议书（*ITU-R M.2074:Radio aspects for the terrestrial component of IMT-2000 and systems beyond IMT-2000*）引入了无线电接入技术组（RATG）的概念，RAT 组的具体划分如下所示。

（1）RATG 1：IMT 之前的系统、IMT-2000 及其增强版。这个组包含蜂窝移动系统、IMT-2000 系统以及它们的增强版。

（2）RATG 2：ITU-R M.1645 建议书所描述的 IMT-Advanced，但不包括已在其他 RAT 组中描述的系统。

（3）RATG 3：现有的无线电 LAN 及其增强型系统。

（4）RATG 4：数字移动广播系统及其增强型系统。

《国际移动电信地面部分的频谱需求的计算方法》建议书（*ITU-R M.1768:Methodology for calculation of spectrum requirements for the terrestrial component of International Mobile Telecommunications*）提出了用于计算 IMT 系统未来发展频谱需求的方法，考虑了实际网络实施以调整频谱需求，采用频谱效率值将容量需求转换成频谱需求，并计算了 IMT 系统未来发展的总频谱需求。M.1768 方法适应市场研究中涉及的个服务的复杂组合，考虑了业务量随时间变化及随区域变化的特性，采用 RATG 方式，以技术中立的方法处理正在出现的和已有的系统，所考虑的 4 组 RATG 涵盖了所有相关的无线电接入技术。对分配给 RATG 1 和 RATG 2 的业务量，M.1768 对分组交换和电路交换业务采用不同的数学算法，将来自市场研究的业务量数值转换成容量需求。

根据 ITU-R M.1768 建议书，频谱计算方法流程如图 3-60 所示。

对 2020 年的 RATG 1 和 RATG 2 二者估计的总的频谱带宽需求，经计算为 1280MHz～1720MHz（包括已经使用或已经计划用于 RATG 1 的频谱），见表 3-6。

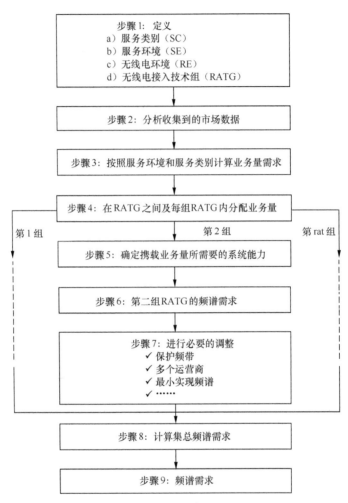

图3-60　频谱计算方法流程

表3-6　对RATG 1和RATG 2二者预计的频谱需求（单位：MHz）

市场设置	RATG 1 的频谱需求			RATG 2 的频谱需求			总的频谱需求		
	2010 年	2015 年	2020 年	2010 年	2015 年	2020 年	2010 年	2015 年	2020 年
较高市场设置	840	880	880	0	420	840	840	1300	1720
较低市场设置	760	800	800	0	500	480	760	1300	1280

2. 国内的预测

2013年，工业和信息化部电信研究院在《到2020年中国IMT服务的频谱需求》报告中，全面评估了到2020年中国IMT服务的频谱需求为1864MHz，缺口为1177MHz。

2014年，另一份对中国2015—2020年的公众陆地移动通信系统的预测见表3-7。此时，中国已规划给地面移动通信的频谱共计687MHz，到2020年预计缺口在803MHz～1123MHz，需要世界无线电通信大会划分新的频段来解决。

表3-7　中国2015—2020年的公众陆地移动通信系统的预测

年份	2015 年	2020 年
需求预测（MHz）	570～690	1490～1810
已规划的频谱（MHz）	687	687
额外需求（MHz）	—	803～1123

2018年，中国规划3300MHz～3600MHz和4800MHz～5000MHz频段作为5G系统的工作频率，但与预计的频谱缺口还有较大的差异。

3.6.2　5G 频谱分配

1. 3GPP频谱分配

3GPP指定了5G NR支持的频段列表，5G NR频谱范围可达100GHz，指定了两大频率范围：FR1和FR2。3GPP定义的频率范围与最大信道带宽见表3-8。3GPP定义的FR1频段见表3-9。3GPP定义的FR2频段见表3-10。

表3-8　3GPP定义的频率范围与最大信道带宽

频率范围名称	对应的频率范围	最大信道带宽
FR1	410MHz～7125MHz	100MHz
FR2	24250MHz～52600MHz	400MHz

表3-9　3GPP定义的FR1频段

频段号	上行（MHz）	下行（MHz）	双工模式
n1	1920～1980	2110～2170	FDD
n2	1850～1910	1930～1990	FDD
n3	1710～1785	1805～1880	FDD
n5	824～849	869～894	FDD
n7	2500～2570	2620～2690	FDD
n8	880～915	925～960	FDD
n12	699～716	729～746	FDD
n20	832～862	791～821	FDD
n25	1850～1915	1930～1995	FDD
n28	703～748	758～803	FDD
n34	2010～2025	2010～2025	TDD
n38	2570～2620	2570～2620	TDD
n39	1880～1920	1880～1920	TDD
n40	2300～2400	2300～2400	TDD
n41	2496～2690	2496～2690	TDD
n50	1432～1517	1432～1517	TDD
n51	1427～1432	1427～1432	TDD
n66	1710～1780	2110～2200	FDD
n70	1695～1710	1995～2020	FDD
n71	663～698	617～652	FDD
n74	1427～1470	1475～1518	FDD
n75	N/A	1432～1517	SDL
n76	N/A	1427～1432	SDL
n77	3300～4200	3300～4200	TDD
n78	3300～3800	3300～3800	TDD
n79	4400～5000	4400～5000	TDD
n80	1710～1785	N/A	SUL
n81	880～915	N/A	SUL
n82	832～862	N/A	SUL
n83	703～748	N/A	SUL
n84	1920～1980	N/A	SUL
n86	1710～1780	N/A	SUL

表3-10　3GPP定义的FR2频段

频段号	下行／上行（MHz）	双工模式
n257	26500～29500	TDD
n258	24250～27500	TDD
n260	37000～40000	TDD
n261	27500～28350	TDD

综上所述，5G NR 包含了部分 4G 频段，也新增了一些频段。目前，全球最有可能优先部署的 5G 频段为 *n*77、*n*78、*n*79、*n*257、*n*258 和 *n*260，就是 3.3GHz～4.2GHz、4.4GHz～5.0GHz 和毫米波频段 26GHz/28GHz/39GHz。

2. 国外5G频谱分配情况

根据 GSA 统计数据（5G Spectrum for Terrestrial Networks：Licensing Developments Worldwide，8 April 2019），13 个国家已经完成了频谱分配或拍卖，已经完成频谱分配或拍卖的国家与频率见表 3-11，17 个国家或地区近期将完成频谱分配或拍卖，近期将完成频谱分配或拍卖的国家或地区与频率见表 3-12。

表3-11　已经完成频谱分配或拍卖的国家/地区及频率

国家／地区	频谱
澳大利亚	3575MHz～3700MHz
芬兰	3410MHz～3800MHz
意大利	700MHz/3600MHz～3800MHz/26GHz
爱尔兰	3600MHz
拉脱维亚	3400MHz～3450MHz 3650MHz～3700MHz 3550MHz～3600MHz
墨西哥	2500MHz～2690MHz
阿曼	3400MHz～3600MHz
沙特阿拉伯	2300MHz/2600MHz/3500MHz
卡塔尔	3500MHz～3800MHz
韩国	3420MHz～3700MHz 26.5GHz～28.9GHz
西班牙	3600MHz～3800MHz
阿拉伯联合酋长国	3300MHz～3800MHz
英国	3400MHz

表3-12 近期将完成频谱分配或拍卖的国家/地区及频率

国家 / 地区	频谱
奥地利	3410MHz～3800MHz
克罗地亚	2500MHz～2690MHz
捷克	3600MHz～3800MHz
丹麦	700 MHz/900MHz/2300MHz
德国	700MHz
加纳	800MHz
希腊	24.5GHz～26.5GHz
中国香港地区	900MHz/1800MHz/26.55GHz～27.75GHz
挪威	900MHz
沙特阿拉伯	700MHz/800MHz/1800MHz
斯洛伐克	3600MHz～3800MHz
西班牙	3.5GHz
瑞典	700MHz
瑞士	700MHz/1400MHz/3500MHz～3600MHz/3600MHz～3800MHz
坦桑尼亚	700MHz
泰国	850MHz/900MHz/1800MHz
美国	600MHz/28GHz

3. 国内5G频谱分配情况

2016 年 11 月，中国在第二届全球 5G 大会上陈述了 5G 频率的规划思路，将涵盖高中低频段所有潜在频率资源。具体而言，2016 年年初，工业和信息化部批复了 3400MHz～3600MHz 频段用于 5G 技术试验，并依托《中华人民共和国无线电频率划分规定》修订工作，积极协调 3300MHz～3400MHz、4400MHz～4500MHz、4800MHz～4990MHz 频段用于 IMT 系统。2017 年 6 月，就 3300MHz～3600MHz、4800MHz～5000MHz 频段的频率规划公开征求意见，同时梳理了高频段现有系统，并开展了初步兼容性分析工作，就 24.75GHz～27.5GHz、37GHz～42.5GHz 或其他毫米波频段的频率规划公开征求意见。

2017 年 11 月，工业和信息化部发布《工业和信息化部关于第五代移动通信系统使用 3300-3600MHz 和 4800-5000MHz 频段相关事宜的通知》(工信部无 [2017]276 号)，提出"规划 3300-3600MHz 和 4800-5000MHz 频段作为 5G 系统的工作频段，其中，3300-3400MHz 频段原则上限室内使用"。此次发布的中频段 5G 系统频率使用规划，能够兼顾系统覆盖和大容量的基本需求，是中国 5G 系统先期部署的主要频段。

2018 年 12 月 10 日，工业和信息化部向中国电信、中国移动、中国联通发放了 5G 系统中低频段试验频率使用许可。其中，中国电信和中国联通获得 3500MHz 频段试验频率使用许可，中国移动获得 2600MHz 和 4900MHz 频段试验频率使用许可。

2019 年 6 月 6 日，工业和信息化部向中国电信、中国移动、中国联通、中国广电发放 5G 商用牌照，中国正式进入 5G 商用元年。

3.6.3 5G 频谱共享

无线电管理规定采用固定频谱分配制度，频谱分为两个部分：授权频谱和非授权频谱。大部分频谱资源被划分为授权频谱，只有拥有授权的用户才能使用。在当前的频谱划分政策下，频谱资源利用不均衡，使用效率低下。因此，智能、动态、灵活的使用频谱资源将成为影响未来无线产业发展的关键性要素。在这一思路下，频谱共享已受到业界的广泛关注。

所谓频谱共享，是指在同一个区域，双方或多方共同使用同一段频谱，这种共享既有可能是经过授权的，也有可能是非授权的。目前，非授权共享频谱接入方案有以下 3 个方向。

（1）feLAA 方案：由 LTE 和 LTE-A 中的授权频谱辅助接入（Licensed-Assisted Access，LAA）继续进行演进，发展成为 5G-NR 下的 feLAA。

（2）MulteFire 方案：与 feLAA 相比，MulteFire 方案可以不使用授权频谱而在非授权共享频谱上单独存在。

（3）Multi-connectivity 方案：不仅可以实现 5G 通信系统使用非授权共享频谱，还可以让 5G 通信系统使用现行的 4G 系统的频谱进行数据传输。

1. feLAA方案

LAA 是 4G 系统使用非授权频谱的一种技术手段，在 3GPP R13 版本中定义。其主要的方式是把授权频谱和非授权频谱进行载波聚合，在授权频谱上设置锚点，即在授权频谱上对关键信息和非授权频谱上的控制信息进行传输来保证通信质量。在非授权频谱上传输辅助信息，提升传输信息的速率。蜂窝通信系统对信道的使用是独占方式的，而 Wi-Fi 需要通过竞争机制对信道进行竞争，在这样的情况下，如果把蜂窝通信系统和 Wi-Fi 部署在同一非授权频谱上，蜂窝通信系统会使 Wi-Fi 系统很难获得接入信道的机会，从而对 Wi-Fi 系统的性能产生严重的影响。为了避免上述情况，LAA 在信道选择方面也采用了和 Wi-Fi 相同的先侦听后传输（Listen Before Talk，LBT）机制，保证它和 Wi-Fi 在对非授权频谱的使用上的竞争是公平的。LBT 具体的实现方式为通信系统在使用信道之前先采用空闲信道检测技术对信道上的能量进行检测，并与标准中的能量门限值进行对比，如果检测到的能量低于门限值，则认为该信道目前没有被占用，此时系统才可以在这个信道上进行信息传输，并且系统占用信道的时长不能超过 10ms，之后，信道将被释放，系统需要重新根据 LBT 机制来选择和占用信道。在 3GPP 的 R13 中，只对 LAA 下行的标准进行了规定；在 R14 中，eLAA 加入了对上行的支持。目前，3GPP 正在 R15 及之后的版本中对 feLAA 进行讨论，以使其能够更好地与 5G-NR 系统的使用场景和关键指标相结合。

2. MulteFire方案

MulteFire 是由通信厂商提出的一种对非授权频谱的使用方案，目前由 MulteFire 联盟进行推进。与 LAA 以及 LTE 和 WLAN 聚合（LTE-WLAN Aggregation，LWA）不同的是，Multefire 对非授权频谱的使用不需要先在授权频谱中设置锚点。换句话说，MulteFire 是一种独立的方案，可以在没有授权频谱辅助的情况下独立使用，这种技术方案可以使授权频谱上接入更多的用户。并且，这种技术方案不仅适用于对 5G NR 的授权频谱进行拓展，而且在 5G 的 mMTC 应用场景下也可以有广泛的应用，它可以建立一个私有的网络，用于连接大规模的物联网设备。Multefire 的标准发展来自 3GPP 的 R13 和 R14 标准，它同样采用了 LBT 的信道选择机制，可以保证它和 Wi-Fi 信号之间不会产生干扰，并且当空闲信道足够多的时候，这种技术还可以进行多个信道的聚合。在高通发布的一系列对 Multefire 的仿真测试报告中，这种技术方案甚至可以在某种程度上提升该非授权频谱的吞吐率。

3. Multi-connectivity方案

多连接技术的发展来自 3GPP 在 R12 标准中提到的 Dual-connectivity。通过 3GPP TR 36.842 文档可知，Dual-connectivity 技术主要是连接用户和网络中两个网元来进行更好的资源聚合。在 3GPP 的 R13 标准中，这个概念被引入使用 Wi-Fi 所在的非授权频谱进行 LTE 信息传输的 LWA 技术中。在 5G NR 系统的设计中，这个概念进一步发展，成为 5G NR 系统中的 Multi-connectivity 技术。在 Multi-connectivity 技术中，5G 系统的终端不仅可以通过和 Wi-Fi 设备连接在 Wi-Fi 非授权频谱上进行 5G 信息传输，而且还可以通过和

4G 系统的 eNodeB 进行连接在 4G 的频段上进行 5G 信息传输。多连接技术不仅可以使 5G 系统的可用频段大大拓宽，并且因为目前 4G 系统和 Wi-Fi 系统有着比较广泛的部署，所以 5G 系统在部署的初期需要的资金量能够在很大程度上减少。对于各个运营商来说，快速部署 5G NR 系统的压力也会减轻。

第4章 5G 承载网

4.1 5G 新业务发展需求

4.1.1 无线业务

5G 网络将支持多种业务和应用场景，例如具有更高带宽、更低时延的 eMBB 业务，支持海量用户连接的物联网 mMTC 业务，以及超高可靠、超低时延的 uRLLC 等。新的 5G 系统需要新的传输网络如图 4-1 所示。

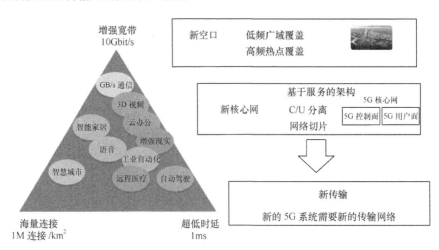

图4-1　新的5G系统需要新的传输网络

eMBB 业务的目标是更高带宽，面临着成本和功耗的挑战，包括带宽成本、站址成本和运维成本。在 4G 用户数接近饱和、ARPU 值没有按照预期增加的情况下，低成本、低功耗、易部署、易运维的网络架构是面向 eMBB 应用场景最核心的要求。

mMTC 业务主要面向环境监测、智能抄表、智能农业等以传感和数据采集为目标的应用场景，具有小数据包、低功耗、低成本、海量连接的特点，要求支持百万/平方千米连接数密度。

uRLLC 业务面向车联网、工业控制、智能制造、智能交通、物流及垂直行业的特殊应用需求，为用户提供毫秒级的端到端时延和接近 100% 的业务可靠性保证。其最大的挑战来自网络技术能力，当前的网络架构和网络技术，在时延的保证方面存在不足，一些新的技术需要突破，不断改善网络体验。

4.1.2　家庭业务

全球家庭宽带产业发展迅速，无论是速率还是覆盖率均取得了巨大的进步，同时4K/8K 视频、VR/AR 虚拟现实、物联网、大数据、工业互联网、人工智能等新业务层出不穷，这一切的基础就是无所不在的宽带网络，宽带成为智能社会的基石。宽带发展也开始从"追求量"向"追求质"转变，行业呼唤能够提供高品质的家庭宽带。

体验是用户业务发展的核心，目前宽带网络的用户体验仍存在很多挑战，尤其是经过家庭 Wi-Fi 网络之后，用户感受到的体验带宽与签约带宽的差异仍旧很大，视频业务体验也有很大的提升空间，同时视频业务需要低时延承载来满足体验的要求。同时运营商业务开通慢、故障响应慢也是用户抱怨较多的地方，因此体验驱动运营的关键就是做好连接体验、业务体验与服务体验。

宽带发展正在跨越普遍服务，向着更高质量的品质宽带方向迈进。品质宽带的发展首先以更好的体验为中心，宽带走向体验红利和数字红利，需要全方位地解决体验瓶颈，通过体验驱动运营，满足个人、家庭、企业及智能社会的诉求。其次，以更高的效率为基石，通过价值驱动建网，缩短投资回报周期，提升投资效率。最后，通过敏捷驱动云化，提升业务开发部署和管理效率。

4.1.3　专线业务

专线业务是指针对企业集团、政府等客户的宽带接入和网络租用，用于客户不同分支机构或节点间进行数据、语音等信息的传递。近年来，随着 IT 产业的快速蓬勃发展，专线带宽需求也随之爆发，高速专线需求将会持续快速增长，同时现网数量庞大的电话会议系统、金融类等的低速 TDM 专线等特定行业和应用的专线也将长期存在。专线按照客户维度可分为 3 类，分别是企业云承载业务、智能企业专线业务和虚拟网络租用服务。

（1）企业云承载业务：在全面云化时代，承载网络将与云全面连接，这将给运营商和全行业带来新的机遇与挑战：一方面，云服务的发展给运营商专线业务带来了更多的机遇；另一方面，云服务提供商不断将数据中心下移并不断提升专线业务市场竞争力，也为运营商专线业务带来挑战。

（2）智能企业专线业务：随着中小企业的兴起，企业分支之间的组网业务正在成为政企市场新的增长点。对网络资源高度依赖、开通时间长、维护复杂，是长期以来传统数据专线业务广受诟病的问题，也无法满足 IT 能力较弱的企业的需求。市场迫切需要一种轻量级、快速开通、成本低廉的新型敏捷组网业务。

（3）虚拟网络租用服务：大型企业对网络的租用，已经不仅局限于对带宽和管道的租用，未来虚拟网络租用将会成为新兴的业务形态。不同于传统的专线租用，虚拟网络租用不仅给用户提供承载管道，还可以为用户提供便捷的网络控制能力。

4.1.4　数据中心互联业务

随着运营商各类网络向 NFV 变革演进以及不断集中的 IT 应用，DC 已经成为运营商的业务容器和核心载体。DC 不仅成为未来电信网络的核心节点，承载各类 NFV 云化软件及 IT 系统，实现 ICT 融合，而且成为网络的一部分，实现"云"和"网络"资源的统一规划部署和调度。

在未来的云网络中，通过新建及将传统机房升级为 DC，组成一张包含核心 DC、边缘 DC 的整体性网络，实现控制面集中和媒体面下沉。DC 间通过 SDN 实现统一的广域网连接和链路调度，通过统一的协同编排器实现网络、网元和业务的管理编排调度和能力的对外开放。

以 DC 为核心的网络架构改变了承载网传统的流量模型，要求承载网具备更为灵活的流量疏导能力，同时能够提供多样化的可靠性，满足不同业务的 SLA 要求。

传统 IP 网络自组织转发方式无法准确地调度路由和开放路由，轻载建设的传统模式在大带宽时代无法长久持续。新型网络采用 SDN 技术，通过将路由设备控制和转发功能分离，实现网络路由的集中计算，向转发设备下达路由，从而实现网络的灵活、智能调度以及网络能力的开放和可编程。

4.2 5G 网络架构

4.2.1 5G 核心网架构

由于 5G 网络对时延的要求不断加大，核心网架构也将随之变化。首先，5G 核心网的部署位置将从省会到地市；其次，原有的 EPC 拆分成 New Core 和 MEC 两个部分，并且 5G 核心网设备将全部实现云化。其中，MEC 将部署在城域汇聚层或更低的位置。5G 回传网络主要承载 CU 至云（MEC）以及云到云（MEC 至 MEC、MEC 至 New Core）的灵活组网流量，回传网络的全 IP 化成为必然。同时，5G 核心网提出了网络切片的概念，要求 5G 承载网络也具备相应的技术方案，以满足不同切片的差异化承载需求。

4.2.2 5G RAN 架构

5G RAN 架构如图 4-2 所示。

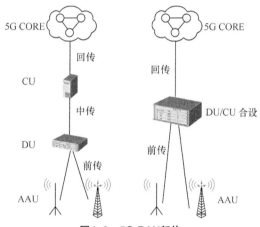

图4-2　5G RAN架构

现有的 4G 网络基于通用公共无线电接口（Common Public Radio Interface，CPRI）实现 BBU 和射频拉远单元（Radio Remote Unit，RRU）的分离，而在 5G 网络 200MHz 带宽和 256 天线的情况下，所需 CPRI 带宽为 2560Gbit/s，现有的光模块技术远远无法满足，只有对现有 RAN 架构进行重构才能有效降低前传的带宽需求。同时，结合低时延和虚拟化的需求，5G RAN 网络将演进为 AAU、DU、CU 三级结构。原有 RRU 和部分 BBU 的基带处理功能合并为 AAU，从而有效降低前传带宽；原有 BBU 非实时功能独立出来，并结合部分核心网功能成为 CU，负责处理非实时协议和服务，并可采用虚拟化技术实现；

剩余的 BBU 功能成为 DU，负责处理物理层协议和实时服务。相应地，5G 承载网将根据 AAU、DU、CU 分割为前传、中传和回传 3 个部分。在 5G 演进的初期，也可采用 DU 和 CU 合设的形式，在这种情况下承载网仅包括前传和回传。

4.3 5G 承载需求分析

4.3.1 大带宽需求

带宽无疑是 5G 承载的第一关键指标，5G 频谱将新增 Sub6G 及超高频两个频段。Sub6G 频段即 3.4GHz～3.6GHz，可提供 100MHz～200MHz 连续频谱；6GHz 以上超高频段的频谱资源更加丰富，可用资源一般可达连续 800MHz。以 5G 低频（3.4G～3.5G 频谱资源，频宽 100MHz）为例，在基站配置为 S111、64T64R、1：3 TDD 上下行配比、10% 封装开销、20% Xn 流量的情况下，单小区峰值频谱效率为 40bit/Hz，均值频谱效率为 10bit/Hz，则单小区峰值带宽为 40bit/Hz×100MHz×1.1×0.75=3.3G，单小区均值带宽为 10bit/Hz×100MHz×1.2×1.1×0.75=0.99G。按照 NGMN 的带宽规划原则，单站峰值带宽 =(3.3+2×0.99)=5.28G，单站均值带宽 =3×0.99=2.97G。因此，更高频段、更宽频谱和新空口技术使 5G 基站带宽需求大幅提升，预计将达到 LTE 的 10 倍以上。表 4-1 所示的为典型的 5G 单个 S111 基站的带宽需求估算。

表4-1　5G单个S111基站的带宽需求估算

关键指标	前传	中传与回传（峰值/均值）
5G 早期站型：Sub6G/100MHz	3×25Gbit/s	5Gbit/s/3Gbit/s
5G 成熟期站型：超高频 /800MHz	3×25Gbit/s	20Gbit/s/9.6Gbit/s

由于 5G 峰值最高高达 20Gbit/s，传统的 GE/10G 带宽的接入环已经不能满足接入需求，因此，在 5G 传送承载网的接入、汇聚层需要引入 25Gbit/s/50Gbit/s 速率接口，而核心层则需要引入 100Gbit/s 及以上速率的接口。

4.3.2 低时延需求

时延是 5G 承载的第二关键需求，不同的业务类型对时延的指标要求见表 4-2。

表4-2 不同的业务类型对时延的指标要求

业务类型	业务时延指标	承载网时延指标
eMBB	<15ms（对于 VR 业务通过终端缓存能力，时延可以到几百 ms）	单向 5ms 左右
mMTC	时延不敏感	时延不敏感
uRLLC	自动驾驶为 3ms	自动驾驶标准预估单向 0.5ms

为了满足 5G 低时延的需求，光传送网需要对设备时延和组网架构进行进一步的优化。

（1）在设备时延方面：可以考虑采用更大的时隙（如从 5Gbit/s 增加到 25Gbit/s）、减少复用层级、减小或取消缓存等措施来降低设备时延，达到 1μs 量级甚至更低。

（2）在组网架构方面：可以考虑树形组网取代环形组网，降低时延。承载网从环形向树形组网演进示意如图 4-3 所示。显然，环形组网由于输出节点逐一累积传输时延，因而要求设备单节点处理时延必须大幅降低，且要保证不出现拥塞。而树形组网只要考虑源宿节点间的时延累积，可大力提升网络对苛刻时延的耐受性。

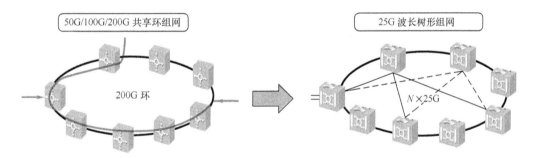

图4-3 承载网从环形向树形组网演进示意

（3）在时延指标方面：不同的时延指标要求将导致 5G RAN 组网架构的不同，从而对承载网的架构产生影响。例如为了满足 uRLLC 应用场景对超低时延的需求，倾向于采用 CU/DU 合设的组网架构，承载网只有前传和回传两个部分，省去中传部分时延。

（4）在光纤传输方面：承载网时延主要是光纤传输距离导致，对于 uRLLC 超低时延业务，主要依靠核心网或边缘云下沉到边界，减少光纤传输距离。

4.3.3 高精度时间同步需求

高精度时间同步是 5G 承载的第三关键需求，根据不同业务类别，提供不同的时间精度。5G 包括 CU、DU、AAU 三级架构，CU 处理非实时的无线高层协议栈，DU 处理物理层功能和实时性需求。由于处理的业务不同，对时间同步精度存在不同的需求。CU 没有精确时间同步需求。DU、AAU 部分有以下同步需求来源。

（1）5G TDD 基本业务同步需求

TDD 制式基站上下行信号同频，为了防止基站间上下行信号互相干扰，要求各基站之间有严格的时间同步关系，确保各基站上下行切换的时间点一致。而 5G 空口超短帧的引入，上下行转换的频率更快，上下行转换间隔时间更小，有微秒级的时间同步需求。

（2）基站间协作化技术的同步需求

基站间协作化技术为增强型属性，不同的技术需要提供不同的时间同步精度。基站多点协作发送 / 接收（Coordinated Multi-Point transmission/reception，CoMP）、基站载波聚合（Carrier Aggregation，CA）等技术的同步需求为 ±130ns 左右，而 MIMO 技术的演进提出 ±65ns 的同步精度需求。

（3）5G 新业务同步需求

基于到达时间差（Time Difference of Arrival，TDOA）的基站定位业务，同步精度和基站之间的时间相位误差线性相关。1ns 同步误差对应的定位精度为 0.3 米～0.4 米，3 米的定位精度对应的同步误差约为 10ns。

综合考虑 5G 业务的演进需求，5G 相对于 4G TD-LTE 技术的 ±1500ns，有更高的同步精度要求。5G 承载网架构须支持时钟随业务一跳直达，减少中间节点时钟处理；单节点时钟精度也要满足 ns 精度要求；单纤双向传输技术有利于简化时钟部署，减少接收和发送方向不对称时钟补偿，是一种值得推广的时钟传输技术。

4.3.4　灵活组网需求

目前，4G 网络的三层设备一般设置在城域回传网络的汇聚核心层，以成对的方式进行二层或三层桥接设置。对站间 X2 流量，其路径为接入—汇聚桥接—接入，X2 业务所经过的跳数多、距离远，时延往往较大。在对时延不敏感且流量占比不到 5% 的 4G 时代这种方式较为合理，对维护的要求也相对简单。但 5G 时代的一些应用对时延较为敏感，站间流量所占比例越来越高。同时由于 5G 阶段将采用超密集组网，站间协同比 4G 更为密切，站间流量比重也将超过 4G 时代的 X2 流量。下面对回传和中传网络的灵活组网需求分别进行分析。

1. 回传网络

5G 网络的 CU 与核心网之间（NG 接口）以及相邻 CU 之间（Xn 接口）都有连接需求，

其中 CU 之间的 Xn 接口流量主要包括站间 CA 和 CoMP 流量，一般认为是 NG 接口流量的 10%～20%。如果采用人工配置静态连接的方式，配置工作量会非常繁重，且灵活性差，因此回传网络需要支持 IP 寻址和转发功能。

另外，为了满足 uRLLC 应用场景对超低时延的需求，需要采用 CU/DU 合设的方式，这样承载网就只有前传和回传两个部分。CU/DU 合设位置的承载网同样需要支持 IP 寻址和转发能力。

2. 中传网络

在 5G 网络部署初期，DU 与 CU 归属关系相对固定，一般是一个 DU 固定归属到一个 CU，因此中传网络可以不需要 IP 寻址和转发功能。但是未来考虑 CU 云化部署后，需要提供冗余保护、动态扩容和负载分担的能力，从而使 DU 与 CU 之间的归属关系发生变化，DU 需要灵活连接到两个或多个 CU 池。

这样 DU 与 CU 之间的中传网络就需要支持 IP 寻址和转发功能。如前所述，在 5G 中传和回传承载网络中，网络流量仍然以南北向流量为主，东西向流量为辅。一个 CU/DU 只会与周边相邻小区的 CU/DU 有东西向流量，不存在一个 CU/DU 会与其他所有 CU/DU 有东西向流量的应用场景，因此业务流向相对简单和稳定，承载网只需要提供简化的 IP 寻址和转发功能即可。

4.3.5　网络切片需求

5G 网络有三大类业务：eMBB、uRLLC 和 mMTC。不同应用场景对网络要求的差异明显，如时延、峰值速率、QoS 等要求都不一样。为了更好地支持不同的应用，5G 将支持网络切片能力，将物理网络按不同租户（如虚拟运营商）的需求进行切片，形成多个平行的虚拟网络，每个网络切片将拥有自己独立的网络资源和管控能力。5G 网络切片示意如图 4-4 所示。

5G 的网络切片是端到端的概念，需要核心网、承载网和无线网等相互协同，因此 5G 承载网络也需要有相应的技术方案，满足不同 5G 网络切片的差异化承载需求。

前传网络对于 5G 采用的 eCPRI 信号一般采用透明传送的处理方式，不需要感知传送的具体内容，因此对不同的 5G 网络切片不需要进行特殊处理。中传／回传承载网则需要考虑如何满足不同 5G 网络切片在带宽、时延和组网灵活性方面的不同需求，提供面向 5G 网络切片的承载方案。用于 5G 网络切片的技术包括 FlexE、灵活 OTN（Flex OTN，FlexO）、ODUflex 等。

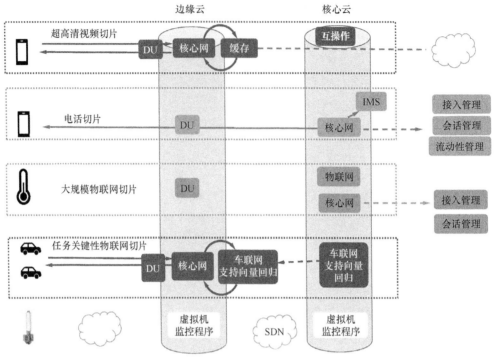

图4-4 5G网络切片示意

4.4 关键技术

4.4.1 低成本大带宽传输技术

1. 25G/50G以太网技术

在需求和技术的双轮驱动下，以太网接口物理层、低成本的单路技术与高性能的多路技术同时发展，以获得最优的性价比。以四电平脉冲幅度调制（4 Pulse Amplitude Modulation，PAM4）调制加25GE光器件的50GbE、200GbE、400GbE速率逐渐成为下一代以太网的主流接口。以太网接口速率演进如图4-5所示。

基于25G光器件，辅助前向纠错码（Forward Error Correction，FEC）、PAM4等关键技术实现速率翻倍，实现通道50G的数据速率，有效降低了每比特的成本。在单通道50GE的基础上，使用多通道模式，发展出200GE、400GE等低成本高速以太网接口。基于 PAM4 技术的高速以太网技术包括 50GE/200GE/400GE 标准，已经分别在 802.3bs 和 802.3cd 制定，2018 年完成发布，获得产业链的广泛关注和认可。

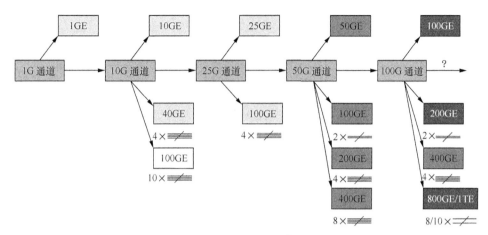

图4-5　以太网接口速率演进

2. 短距非相干技术

对于传输距离较短的场景（如 5G 前传，光纤传输距离小于 20 千米），基于低成本光器件和 DSP 算法的超频非相干技术成为重要趋势。该技术通过频谱复用、多电平叠加、带宽补偿等 DSP 算法，利用较低波特率光电器件实现多倍（2 倍、4 倍或更高）传输带宽的增长，具体如下所述。

（1）离散多音频调制（Discrete Multi-Tone，DMT）技术：DMT 对频谱进行切割并分成若干个子载波，根据各个子载波的信噪比质量决定调制模式，从而最大限度地利用频谱资源。DMT 提速效果最大，应用比较成熟，基于 10G 光模块能够实现 50G 信号传输。

（2）PAM4 技术：在传统二进制开关键控（OOK）调制下，每个光信号只有高低两个电平状态，分别代表 0 和 1；PAM4 技术是一个多电平技术，每个光信号具有 4 种电平状态，可以分别代表 00、01、10 和 11，因此 PAM4 光信号携带的信息量是 OOK 信号的一倍，从而将传输速率提高一倍。

（3）25G BiDi 光纤直连技术：BiDi 可以实现单纤双向传输，可以节省 50% 的光缆资源，同时上下行等距有利于高精度同步的实现。

3. 中长距低成本相干技术

对于更长的传输距离和更高的传输速率，例如中/回传网络 50/60 千米甚至上百千米的核心网 DCI 互联、200G/400G 以上带宽，相干技术是必需的，关键在于如何实现低成本相干。基于硅光技术的低成本相干可插拔彩光模块，是目前的一个技术发展方向，包括如下特点。

（1）低成本：采用硅光技术，利用成熟高效的互补金属氧化物半导体（Complementary Metal Oxide Semiconductor，CMOS）平台，实现光器件大规模集成，减少流程和工序，提高产能，使原先分立相干器件的总体成本下降。

（2）相干通信：采用相干通信可以实现远距离通信，频谱效率高，支持多种速率可调节，如单波 100G、200G、400G。

（3）可插拔模块：硅光模块采用单一材料实现光器件的多功能单元（除光源），消除不同材料界面晶格缺陷带来的功率损耗；硅光由于折射率高，其器件本身比传统器件小，加之光子集成，硅光模块尺寸可以比传统分离器件小一个数量级；硅光模块相对于传统光模块来说，功耗降低，体积进一步缩小，是高密度可插拔光模块的发展方向，常见的封装方式有封装可插拔（Centum Form-factor Pluggable，CFP）、CFP2、CFP4、四通道小型化封装可插拔（Quad Small Form-factor Pluggable，QSFP）等。

（4）DCO 和 ACO 模块：DCO 将光器件和数字信号处理（Digital Signal Processing，DSP）芯片一块封装在模块里，以数字信号输出，具有传输性能好、抗干扰能力强、集成度高、整体功耗低、易于统一管理维护的特点，其难点是较高的功耗限制了封装的大小。ACO 模块的 DSP 芯片放置在模块外面，以模拟信号输出，光模块功耗更低，可以实现更小的封装，但是模拟信号互联会使性能劣化。

4.4.2 低时延传输与交换技术

超低时延是 5G 业务相对 4G 的一个非常重要的性能提升，对承载网提出苛刻的要求。毋庸置疑，基于可重构光分插复用器（Reconfigurable Optical Add-Drop Multiplexer，ROADM）的光层一跳直达是实现超低时延的最佳首选，但是只适用于波长级的大颗粒度传输与交换。而对于波长级别以下的中小颗粒度，如 1G/2.5G/10G/25G 等，主要还是通过优化 OTN 映射、封装效率来降低时延。

1. ROADM技术

通过光层 ROADM 设备实现网络节点之间的光层直通，免去了中间不必要的光—电—光转换，可以大幅降低时延。

在技术实现上，基于波长选择开关（Wavelength Selective Switching，WSS）技术的 ROADM 已经成为业界主流的传送技术，典型 CDC-ROADM 示意如图 4-6 所示，这是一个典型波长无关、方向无关、无阻塞 ROADM（Colorless，Directionless & Contentionless ROADM，CDC-ROADM）的技术实现方式，基于 1×N WSS 以及多路广播开关（Multi-Cast Switching，MCS）器件，通过各类 WSS、耦合器、Splitter 等组件支持最大 20 个维度方向上的任意信道上下波。

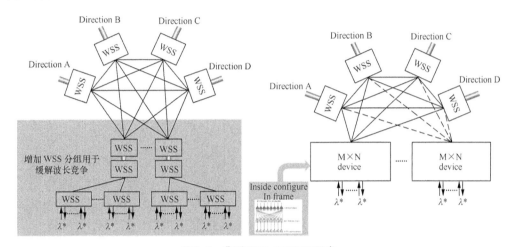

图4-6 典型CDC-ROADM示意

随着 ROADM 技术的持续演进，下一代 ROADM 将朝着更高维度、简化运维的方向发展，基于 MCS 技术的 WSS 由于分光比太大，需要采用光放大器阵列进行补偿，其未来演进受到限制，尤其是难以向更高维度发展。M×N WSS 技术是一个重要的发展方向，相对于 MCS，其优势具体如下所述。

（1）M×N WSS 具有波长选择性，能够大幅降低分光损耗，减少光放大器需求，从而降低功耗，提高可靠性，支持更多的维度方向（例如 32 维）。

（2）M×N WSS 具有更紧凑的结构，有利于设备小型化。当网络逐渐走向全光架构，波长数目大幅增长，需要对全网光层实施有效管理、监测和追踪，M×N WSS 是全光网中最重要的技术。通过给光信道分配波长标签，可以在网络中的关键节点设置监测点，提取标签信息，由此获取每个波长在网络中的传输路线、业务信息与状态，提高波长规划、管理的效率。

2. 超低时延OTN传送技术

目前，商用 OTN 设备单点时延一般在 10μs～20μs，主要原因是为了覆盖多样化的业务场景（例如承载多种业务、多种颗粒度），添加了很多非必要的映射、封装步骤，造成了时延的大幅上升。

随着时延要求越来越高，未来在某些时延极其苛刻的场景下，针对特定场景需求进行优化，超低时延的 OTN 设备单节点时延可以达到 1μs 量级。具体可以通过以下 3 种方式对现有产品进行优化。

（1）针对特定场景，优化封装时隙

目前，OTN 采用的是 1.25G 时隙，以传送一个 25Gbit/s 的业务流为例，需要先分解成 20 个不同时隙来传输，再将这 20 个时隙提取恢复原始业务，这个分解提取的过程需要花费不少时延（约5μs）。

如果将时隙增大到 5Gbit/s，这样就可以简化解复用流程，有效降低时延（约 1.2μs），并且节省芯片内缓存资源。

（2）简化映射封装路线

常规 OTN 中，以太业务的映射方式需要经过通用成帧规程（Generic Framing Procedure，GFP）封装与 Buffer 中间环节，再装载到 ODUflex 容器，而在光传送单元（Optical Transport Unit，OTU）线路侧，需要时钟滤波、Buffer、串并转换，整体时延因引入 Buffer 和多层映射封装而增大。

新一代的 Cell 映射方式基于业务容量要求做严格速率调度，映射过程采用固定容器进行封装，可以跳过 GFP 封装、Buffer、串并转换等过程，降低时延。

（3）简化光数据单元（Optical Data Unit，ODU）映射复用路径

OTN 同时支持单级复用和多级复用，理论上每增加一级复用，时延将增加512ns。因此组网采用单级复用可以有效降低时延，如针对 GE 业务，多级复用（GE → ODU0 → ODU2 → ODU3 → ODU4 → OTU4）的时延约为 4.5μs，而单级复用（GE → ODU0 → ODU4 → OTU4）的时延约为 2.2μs。

值得注意的是，在实际项目中，在追求极致时延特性的时候，也应当权衡适用性、功耗、体积、芯片可获得性、可靠性等其他因素，例如针对特定场景进行优化，可能就会导致应用场景受限。总之，随着未来芯片架构、工艺技术进一步提升，OTN 设备可以通过多种渠道实现超低时延，逐步向理论极限逼近，同时更好地平衡其他性能参数。

3. SR技术

SR 是基于源路由（Source Routing）理念而设计的在网络上转发数据包的一种协议。源路

由是指"在源节点可以指定业务路径(要经过的部分或全部的节点信息),而不使用信令协议"。

SR 将网络路径分成一个个段,并且为这些段和网络中的转发节点分配段标识 ID。通过对段和网络节点进行有序排列(Segment List),就可以得到一条转发路径。

报文在 SR 网络中传送时,SR 域的入节点给报文增加 SR 报头(SR Header),使用一组指令集(Segments)来指引报文通过 SR 域,中间节点基于 Segment 进行寻路和转发,SR 域的出口节点处剥离 SR 报头。

Segment 是一系列节点或链路标识,描述报文必须经过的节点和链路信息,由段标识符(Segment Identifier,SID)唯一标识。SR 节点链路示意如图 4-7 所示。

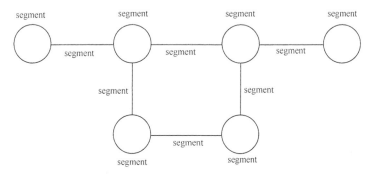

图4-7　SR节点链路示意

传统方式创建一条标签交换路径(Label Switching Path,LSP)连接,需要运行动态信令来控制路径中的每个节点。设备需维护路径信息和状态信息,随着连接数成指数增长,信令压力增大;这种方案难以满足未来网络泛在连接的要求。没有 SR 的操作示意如图 4-8 所示。

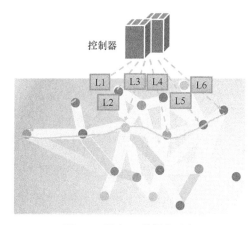

图4-8　没有SR的操作示意

采用源路由技术，SDN 控制器仅仅需与源节点通信，在源节点上已经通过标签栈的形式定义了完整的路径信息。设备只需维护拓扑信息而无须维护路径信息，可以轻松实现百万级别的连接，同时保持核心设备没有任何连接状态。采用 SR 之后，控制器操作网元的次数由 $N \times M$ 下降为 N，其中 N 为连接数，M 为平均每条连接经过的节点数量。有 SR 的操作示意如图 4-9 所示。

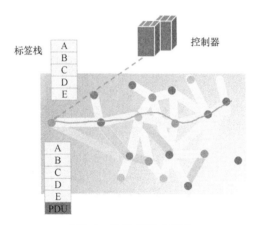

图4-9　有SR的操作示意

Segment 主要包括 Node Segment 和 Adjacency Segment。

Node Segment（Node-SID）为标识特定节点，用于标识到此节点的最短转发路径 SR 路由域内唯一。使用 Node-SID 的隧道举例如下：IGP 洪泛后，PE2 的 SID（800）其他所有节点都会收到，并根据 IGP 的最短路径，每个节点都会生成 PE2 的 SID 标签转发表项，路径转发出接口和 IGP 保持一致。业务从 PE1 到 PE2，源节点压入 PE2 的 Node-SID（标签）800 并转发出去。中间节点 P1-P2-P3 识别标签 800 并按事先设定好的最短路径进行转发。节点 SID 如图 4-10 所示。

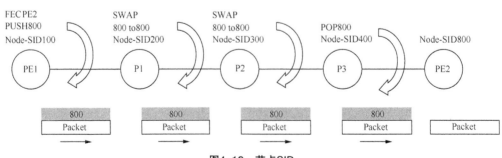

图4-10　节点SID

Adjacency Segment（Adj-SID）用于标识一个/一组单向邻接接口，表示数据包按照定义的一个/一组接口转发；Adj-SID 是由自己分配，随 IGP 洪泛；Adj-SID 只对发布它的节点本地有效，即域内其他节点也可以使用相同的 SID；提供端到端源路由能力，可以精确指定 hop-by-hop 路径。邻接 SID 如图 4-11 所示。

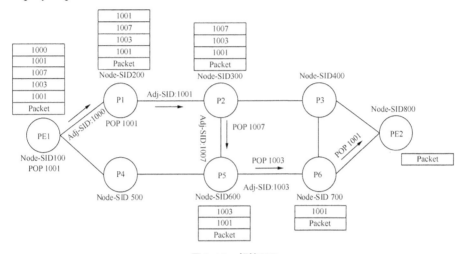

图4-11 邻接SID

无流量工程隧道 SR-BE 是指 IGP 洪泛后，每个节点的 SID 都在 IGP 域内被洪泛出去，其他节点都会生成相应的 SID 标签转发表，出接口和 IGP 的路由保持一致。业务转发时在入口节点只压一层标签，此标签为隧道目的节点的 SID。例如在 PE1，压入 PE2 的节点标签 800，发给 P1，P1 收到，查表后，报文会转发给 P2，同样，报文沿着 IGP 最短路径 P2 → P3 → PE2。PE2 收到后，发现标签为本地的 SID 标签 800，直接 POP 掉 800。无流量工程隧道 SR-BE 如图 4-12 所示。

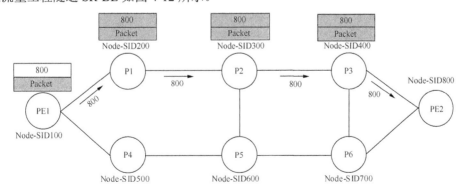

图4-12 无流量工程隧道SR-BE

带流量工程隧道 SR-TE 是指 IGP 洪泛后，每个节点的 SID 都在 IGP 域内被洪泛出去，其他节点都会生成相应的 SID 标签转发表，出接口和 IGP 的路由保持一致。入口节点根据流量工程要求，进行路径选择，例如 PE1 → P1 → P2 → P5 → P6 → PE2。在 PE1 一次性压入 800/600/300 三层标签，然后转发给 P1，P1 根据标签转发给 P2，P2 发现栈顶标签 300 是本地 SID，把 300 标签 POP 掉，然后转发给 P5，P5 节点 POP 掉 600 标签，转发给 P6，P6 根据 800 标签转发给 PE2，PE2 再把 800 标签 POP 掉。带流量工程隧道 SR-TE 如图 4-13 所示。

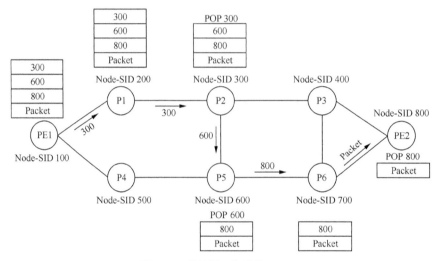

图4-13　带流量工程隧道SR-TE

SR 是兼容现有 MPLS 转发面的源路由技术，在源节点实现显式的路径。SR 同时支持传统网络和 SDN 网络，兼容现有设备，保障现有网络平滑演进到 SDN 网络。

SR 技术在源节点设置有序的指令集实现显示的路径转发，用于标识 SR 隧道上需要经过的节点或者链路；转发节点不感知业务状态，只维护拓扑信息，可以使网络获得更佳的可扩展性；SR-BE 自动实现 IGP 域内 Full Mesh 隧道的建立，满足 L3VPN 大连接的需求；在需要指定路径时，可以在入口节点灵活运用分段路由标签，通过压入多层标签实现 TE 路径的选择。

SR 技术主要有以下 5 个优势。

（1）简化协议层面：不需要运行标签分发协议（Label Distribution Protocol，LDP）/资源预留协议（Resource rReSserVvation Protocol，RSVP）等协议，通过 IGP 扩展传递标签。

（2）扩展数据平面：复用已有的 MPLS 和 IPv6 转发平面，网络设备进行软件升级就可以支持对 SR 的转发。

（3）弹性网络：中间节点不需要维护状态，节点的增加对网络的影响小；标签数量少，标签数为全网节点数 + 本地邻接数。

（4）高可靠性：支持 TI-LFA 快速重路由（Fast ReRroute，FRR），任何拓扑下都可以提供 FRR 快速保护能力。

（5）可编程能力：符合 SDN 的网络演进方向。

4.4.3 灵活接口和调度技术

5G 时代，能够灵活调配网络资源应对突发流量是 5G 网络的关键特征要求。对于网络的灵活带宽特性，依据承载硬件系统的逻辑管道容量与传输业务大小的匹配度，分为以下两种情况。

（1）逻辑管道大于传输业务颗粒度，则单个逻辑管道承载多颗粒度业务，通过 ODUflex 技术实现传输带宽灵活配置和调整，以提高传输效率。

（2）逻辑管道小于传输业务颗粒度，则需要考虑多端口绑定及带宽分配，如 FlexO、FlexE 技术。此外，对于网络端到端的管理和控制，进行高效的网络部署和灵活的资源动态分配，完成业务快速发放，则需要利用 SDN 等新型集中式智能管控技术来实现。

1. ODUflex灵活带宽调整技术

传统 ODUk 按照一定标准容量大小进行封装，受到容量标准的限制，容易出现某些较小颗粒的业务不得不用更大的标准管道容量进行封装，造成网络资源浪费。ODUflex，即灵活速率的 ODU，能够灵活调整通道带宽，其调整范围为 1.25G～100G，具体特点体现在以下两个方面。

（1）高效承载：提供灵活可变的速率适应机制，用户可根据业务大小，灵活配置容器容量，保证带宽的高效利用，降低每比特传输成本。ODUflex 灵活配置容器容量示意如图 4-14 所示。

图4-14　ODUflex灵活配置容器容量示意

（2）兼容性强：适配视频、存储、数据等各种业务类型，并兼容未来 IP 业务的传送需求。

图 4-15 所示的是 ODUflex 映射过程示意，图中的映射路径为 FC4G → ODUflex → ODU2。其中，ODUflex 映射到 ODU2 中 4 个时隙，剩余时隙可用来承载其他业务，带宽利用率

可达 100%。

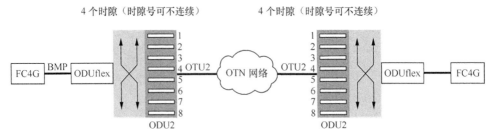

图4-15 ODUflex 映射过程示意

由于网络边缘接入业务将会非常复杂，如 5G、物联网、专线等，业务也具有临时性，因此还需要管道能够根据实际业务带宽大小进行无损调节，这就要求支持 ITU-T 的 G.HAO（Hitless Adjustment of ODUflex，ODUflex 的无损伤调整）协议，该协议支持根据接入业务速率大小，动态地为其分配 N 个时隙，然后再映射到高阶 ODU 管道中，如果接入业务速率发生变化，网管控制源宿之间所有站点都会相应调整分配时隙个数，从而调整 ODUflex 的大小，保证业务无损调节。

针对 5G 承载，ODUflex 是应对 5G 网络切片有效的承载手段，通过不同的 ODUflex 实现不同 5G 切片在承载网上的隔离。

2. FlexO灵活互联接口技术

光层 FlexGrid 技术的进步，客户业务灵活性适配的发展，催生了 OTN 层进一步灵活适应光层和业务适配层的发展，业界提出了 FlexO 技术。灵活的线路接口受限于实际的光模块速率，同时域间短距接口应用需要低成本方案，FlexO 应运而生。

FlexO 接口可以重用支持 OTU4 的以太网灰光模块，实现 $N\times100G$ 短距互联接口，使不同设备商能够通过该接口互联互通。FlexO 提供一种灵活 OTN 的短距互联接口，称作 FlexO Group，用于承载 OTUCn，通过绑定 $N\times100G$ FlexO 接口实现，其中每路 100G FlexO 接口速率等同于 OTU4 的标准速率。FlexO 主要用于以下两种应用场景。

场景一是用于路由器和传送设备之间，如图 4-16 所示，路由器将数据流量封装到 ODUk/ODUflex，然后复用到 ODUCn/OTUCn 完成复用段及链路监控，最终通过 $N\times100G$ FlexO 接口承载 OTUCn 信号完成路由器和传送设备之间的互联互通。

场景二是作为域间接口用于不同管理域之间的互联互通，如图 4-17 所示，该域间接口的 OTN 信号为 OTUCn，通过 $N\times100G$ FlexO 接口承载 OTUCn 信号实现。

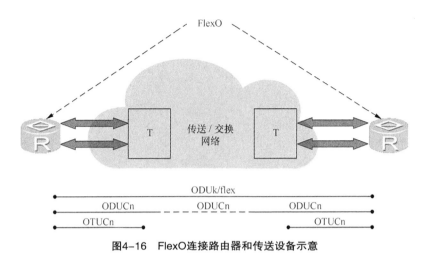

图4-16　FlexO连接路由器和传送设备示意

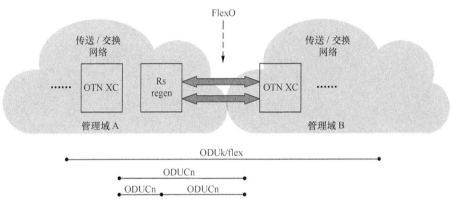

图4-17　FlexO IrDI连接OTN管理域示意

当前 $N\times100G$ FlexO 接口的标准化工作已经完成，随着 IEEE 802.3 200GE/400GE 标准逐步完善，ITU-T/SG15 正逐步开展相关 $N\times200G/400G$ FlexO接口研究和标准制定工作，丰富 OTN 的短距互联接口能力。

3. FlexE技术

FlexE 技术是基于高速 Ethernet 接口，通过 Ethernet MAC 层与 PHY 层解耦而实现的低成本、高可靠、可动态配置的电信级接口技术。该技术利用业界最广泛、最强大的 Ethernet 生态系统，并且契合了视频、云计算以及 5G 等业务的发展需求，自 2015 年提出以来，受到业界广泛关注。

FlexE 技术通过在 IEEE 802.3 基础上引入 FlexE Shim 层实现了 MAC 与 PHY 层解耦，

如图 4-18 所示，从而实现了灵活的速率匹配。

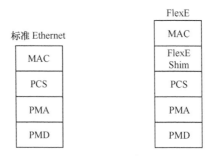

图4-18 标准Ethernet与FlexE结构比较

灵活以太网基于 Client/Group 架构，如图 4-19 所示，可以支持任意多个不同子接口（FlexE Client）在任意一组 PHY（FlexE Group）上的映射和传输，从而实现上述捆绑、通道化及子速率等功能，具体功能如下所述。

（1）FlexE Client：对应网络的各种用户接口，与现有 IP/Ethernet 网络中的传统业务接口一致。FlexE Client 可根据带宽需求灵活配置，支持各种速率的以太网 MAC 数据流（如 10G、40G、$N\times25G$ 数据流，甚至非标准速率数据流），并通过 64B/66B 的编码的方式将数据流传递至 FlexE Shim 层。

（2）FlexE Shim：作为插入传统以太网架构的 MAC 与 PHY（PCS 子层）中间的一个额外逻辑层，通过基于 Calendar 的 Slot 分发机制实现 FlexE 技术的核心架构。

（3）FlexE Group：本质上是 IEEE 802.3 标准定义的各种以太网 PHY 层。由于重用了现有 IEEE 802.3 定义的以太网技术，使 FlexE 架构得以在现有以太网 MAC/PHY 基础上进一步增强。

以 FlexE 点对点连接场景为例，多路以太网 PHY 组合在一起成为 FlexE Group，并承载通过 FlexE Shim 分发、映射来的一路/多路 FlexE Client 数据流。

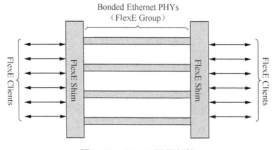

图4-19 FlexE通用架构

FlexE 的核心功能通过 FlexE Shim 层实现，它可以把 FlexE Group 中的每个 100GE PHY 划分为 20 个时隙（Slot）的数据承载通道，每个 PHY 所对应的这一组 Slot 被称为一个子日历（Sub-calendar），其中每个 Slot 所对应的带宽为 5Gbit/s。FlexE Client 原始数据流中的以太网帧以 Block 原子数据块（为 64/66B 编码的数据块）为单位进行切分，这些原子数据块可以通过 FlexE Shim 实现在 FlexE Group 中的多个 PHY 与时隙之间的分发。

按照 OIF FlexE 标准，每个 FlexE Client 的数据流带宽可以设置为 10、40 或 $N\times25$Gbit/s。由于 FlexE Group 的 100GE PHY 中每个 Slot 数据承载通道的带宽为 5Gbit/s 粒度，FlexE Client 理论上也可以按照 5Gbit/s 速率颗粒度进行任意数量的组合设置，支持更灵活的多速率承载。

根据 FlexE 的技术特点，Client 可向上层应用提供各种灵活的带宽而不拘泥于物理 PHY 带宽。根据 Client 与 Group 的映射关系，FlexE 可提供 3 种主要功能，如图 4-20 所示。

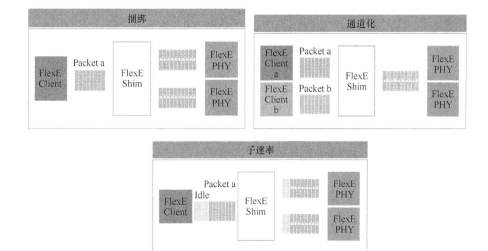

图4-20　FlexE功能示意

（1）捆绑（Bonding）：多路 PHY 一起工作，支持更高速率，如 8 路 100GE PHY 实现 800G MAC 速率。

（2）通道化（Channelization）：多路低速率 MAC 数据流共享一路或多路 PHY，如在 100G PHY 上承载 25G、35G、20G 与 20G 的四路 MAC 数据流，或在三路 100G PHY 上复用承载 125G、150G 与 25G 的 MAC 数据流。

（3）子速率（Sub-Rate）：单一低速率 MAC 数据流共享一路或多路 PHY，并通过特殊定义的 Error Control Block 实现降速工作，如在 100G PHY 上仅仅承载 50G MAC 数据流。

子速率功能从某种意义上讲是通道化功能的一个子集。该功能在 FlexE 接口通过光传输网络连接时，可以实现与 DWDM 链路速率的一致性匹配，并简化相应的映射处理过程。具体而言，就是当 MAC 数据流速率低于 PHY 的速率时，FlexE 开销帧将未使用的时隙标记为 unavailable slots，并在 calendar 中相应的时隙填充 Error Control Block。在 FlexE Aware 模式下，这些被标记为 unavailable slots 的时隙将被丢弃。

作为基于以太网和产业链扩展的技术架构，FlexE 技术完全重用了现有 IEEE 802.3 以太网物理层标准，在 MAC/PCS 逻辑层通过轻量级增强，实现灵活的多速率接口，并与 IP 技术实现无缝对接，在 IP/Ethernet 技术体系下较好地满足了大带宽、灵活速率以及通道隔离等需求，符合技术与产业发展的趋势。视频、5G 等业务的兴起，以及 FlexE 技术的完善与功能增强，正在加速 FlexE 产业链的形成。FlexE 作为未来 IP/Ethernet 体系的基础性技术，会得到长足的发展与广泛应用。

4.4.4 传送网 SDN 技术

2012 年，业界首次提出了传送 SDN（Transport SDN，TSDN）解决方案，这是 SDN 技术在传送网络的应用和扩展。其中，最主要和最有价值的用例是带宽按需分配（Bandwidth on Demand，BoD），即客户通过终端 /Portal 预订带宽服务，TSDN 控制器掌控全网设备信息，并且在后台对资源进行自动统一的调配，实现业务的快速分配。该项服务能够更好地满足云数据中心互联和企业云专线提出的动态按需大带宽的诉求，提升网络资源利用率和客户带宽体验。除此之外，TSDN 还可以配合 OTN 时延测量技术，实现全网时延信息可视化，并进行最短时延路径的寻找、规划、管理、保护等操作。

未来的 5G 网络对 TSDN 解决方案提出更具挑战的诉求。传送网络自身不仅要具备高效的动态按需切分网络的能力，以满足不同业务的带宽、可靠性和低时延承载要求，还需要与上层的 IP 及无线网络协同起来，实现跨域、跨层的带宽和资源协同，保证端到端的业务服务质量要求。其中，除了协同切片算法外，传送网络的北向切片 API 将是支撑端到端切片协同的关键纽带。OIF/ONF 也正在制定虚拟传输网络服务（Virtual Transport Network Service，VTNS）业务规范和相关北向 API 模型，以应对未来新业务的挑战。

TSDN 作为 5G 关键技术之一，可以概括为"网络集中控制、设备转发 / 控制分离、网络开放可编程"。SDN 采用业务应用层、网络控制层和设备转发层的 3 层架构，提升 5G 网络资源利用率、业务快速布放、业务灵活调度以及网络开放可编程能力。此外，TSDN 控制器作为网络智能运营系统具备以下 3 个发展趋势。

（1）端到端管理能力

借助 TSDN 技术，SPN 网络从网元、网络、业务垂直管理模式向网络、业务部署再到反馈评估的闭环管理模式转变。运营系统从业务创建、网络监测、故障分析、性能评估、网络切换及恢复，形成一套闭环流程，提升业务部署效率以及网络健壮性。

（2）自动运维及分析能力

为了应对动态变化的服务，智能运营系统必须完成自动化管理的转型，实现对网络功能、应用和业务的敏捷管理。该能力基于 5G 网络大数据分析自动形成相关管理、运维策略。

（3）开放型运营能力

智能运营的另外一个重要原则就是突破不同厂商的技术壁垒，构建一个对外开放、统一管控的平台。通过软件功能架构的开源开放和运营商网络能力向第三方开放，可以加速新技术的成熟和商用，并提供良好的创新空间。

规划篇

第5章 5G核心网规划

5.1 核心网规划范围及流程

5.1.1 核心网规划范围

按照网络建设阶段的不同，核心网规划可以分为网络升级扩容规划和新建网络规划两大类。无论是扩容网络还是新建网络，都是在用户预测和业务预测的基础上，根据网络建设要求，通过布置一定的核心网设备，实现网络的建设目标。在满足网络建设目标的基础上，还需综合考虑网络中远期的发展规划，注重投资效益，尽可能地降低建设成本。核心网规划应遵循统一规划、分步实施的原则，加强指导性和网络发展前瞻性。核心网规划在满足无线网规划网络覆盖、网络容量的基础上，可以考虑一定的冗余，以避免后续频繁的网络调整。

在5G时代，海量的智能终端将会接入到网络。面对以自动驾驶为代表的超低时延业务，以智慧城市、智慧家庭为代表的超大连接业务和以AR/VR为代表的超高带宽业务等应用场景，现有核心网已无法满足未来多场景接入和业务的多样性需求。为此，面对这样万物互联的时代，5GC系统引入了一系列新技术包括NFV、SBA、C/U分离、网络切片、MEC等实现并支持各种新业务场景。毫无疑问，这些变化决定了5GC的网络规划与现有的核心网系统存在巨大的差异。

5GC的规划范围包括7个方面。

（1）业务模型分析

5G网络将面对多场景的业务需求，不同的业务对网络需求差异巨大，因此不同于以往的核心网通常只有单一的业务模型，5G核心网需要区分业务场景建立不同的业务模型。通过分析不同业务模型，进行网络建设策略、网络容量、组网等方面的规划。同时，业务模型还会受各地的社会环境和经济环境、用户群的组成、应用场景情况等因素影响，且有可能不断发生变化。

（2）网元设置

在确定业务规模的基础上，结合业务模型分析，预测规划期内核心网的网络容量，此时需要考虑设置门限、地点、扩容方案、安全备份等多种因素。

（3）承载带宽需求

根据业务类型、业务模型及用户规模，结合网络组织结构计算出 5GC 网络部署建设的承载带宽需求，同时还要考虑承载网络负荷的因子。

（4）网络组织及路由原则

5GC 网络引入了 NFV、SBA、C/U 分离、网络切片以及 MEC 等新技术，在网络组织规划及路由原则中需要全面考虑上述因素，并结合业务应用来进行规划。

（5）编号计划

根据编号原则，结合网络拓扑结构，全网统一规划 5GC 号码，包括相应的 5G 用户标识、网络标识、切片标识以及 IP 地址等。

（6）对现网的改造需求

为实现 4G/5G 互操作，现网 MME 需升级支持 N26 接口。为支持 5G 用户语音业务，VoLTE IMS 网络需升级改造。

（7）支撑系统建设

根据支撑系统发展策略和支撑系统现状，并结合 5G 相关支撑系统标准（网管、计费等），制定支撑系统建设方案，包括 BSS、OSS 和管理支撑系统（Management Support System，MSS）。

5.1.2　核心网规划流程

从规划流程上来看，5GC 网络规划分为基础数据收集整理、组网方案、网元设置、NFVI 建设、承载需求、编号规划、支撑系统规划等各个阶段。在网络规划建设的不同阶段，对网络规划的深度有不同要求，并非每次规划都需要涵盖所有的规划步骤。在具体的工作中，可以根据具体的目标和需要，合理剪裁和调整规划流程。5GC 的规划流程如图 5-1 所示。

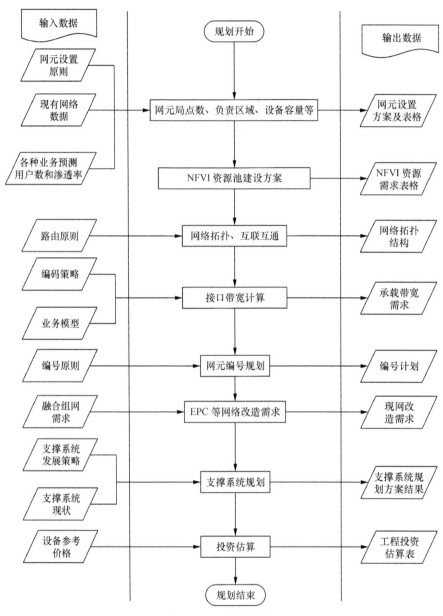

图5-1　5GC规划流程

　　该规划流程把 5GC 网络规划按照自上向下的顺序，逐步分解为不同的阶段过程，接下来将具体介绍各个规划阶段。

1. 收集规划需要的输入数据

（1）网元设置原则

5GC 网元的起设门限、扩容门限、是否容灾备份以及容灾备份原则。

（2）收集现有网络数据

现有网络数据包括下面 3 个部分的内容。

① 现有网络结构：规划区域内运营商现有的 4G 核心网网络组织与话务网络组织、信令网络组织、承载网络组织、传输网络组织以及与其他运营商互联互通的结构。

② 现有局房情况：规划区域内运营商现在拥有的机楼、机房情况，机房规划及空闲情况，计划建设的机楼情况。

③ 传输条件：包括机楼是否为传输枢纽，是否拥有省际电路出口。

（3）业务预测用户数和渗透率

根据市场发展策略、区域现有人口指标、经济指标预测出本区域 5G 业务类型及相应的用户数、平均忙时数据流量等。预测值还需要分解到各个规划子区域。

（4）路由原则

主要明确数据业务路由原则与信令路由原则。

（5）编码策略

包括各种业务的编码策略与各种信令的编码策略。

（6）业务模型

包括控制面业务模型和用户面业务模型，结合业务应用场景进行规划分析。

（7）编号原则

明确包括相关的用户标识、网络标识、切片标识及 IP 地址的编号及分配原则。

（8）融合组网需求

考虑 4G/5G 互操作，5GC 需具备部分 EPC 的功能，即 5GC 部分网元需与 EPC 相应网元合设，同时现网 MME 需升级支持 N26 接口。

（9）支撑系统发展策略

包括 BSS（营销、客服、计费、账务、结算等）、OSS（网管、资源管理等）和 MSS 系统的发展策略。

（10）支撑系统现状

包括规划区域各个支撑系统的实现功能、网络组织和相互关系。

（11）设备参考价格

各种网元的配置单价或以容量为依据的价格。

2. 网元设置

根据子区域用户数、网元设置门限、备份原则计算网元局点的数量，并根据现有网络结构、地理情况和人文特点划分每个网元负责的子区域，然后计算每个设备的容量。根据局房情况和传输条件，规划每个网元局所的设置。本步骤是一个反复调整修正的过程。本步骤输出各种网元设置方案及其表格。

3. NFVI资源池建设需求

根据网元数量及容量，计算 NFVI 资源需求，包括服务器、存储、交换机等建设规模及组网方案。本步骤输出各种 NFVI 资源需求表格。

4. 网络拓扑结构和互联互通组织

结合路由原则和上述结果，制定 5GC 网络拓扑结构和互联互通组织方案，明确与外网哪些局点连接。该阶段需横向比较各网元间的关系，检查各网元负责子区域的交集、子集关系是否合理。如果不合理，返回上一步；如果合理，进行下一步。本步骤输出网络拓扑结构。

5. 各种接口带宽计算

根据编码策略、用户模型，结合以上规划结果，计算各网元各接口的带宽需求。根据现有承载网结构和传输网结构，把带宽计算结果分配到各个承载网节点和传输线路上。本步骤输出承载带宽需求。

6. 网元编号规划

根据编号原则，结合网络拓扑结构，全网统一规划 5GC 号码，对整个网络的各个网元以及相关节点进行编号。本步骤输出编号计划。

7. 现网EPC等改造需求

为实现 4G/5G 互操作，现网 MME 需升级支持 N26 接口。为支持 5G 用户语音业务，

VoLTE IMS 网络需升级改造。本步骤输出现网改造需求。

8. 支撑系统规划

根据支撑系统发展策略和支撑系统现状，制定支撑系统规划方案（包括 BSS、OSS 和 MSS）。本步骤输出支撑系统规划方案。

9. 投资估算

根据设备参考价格、网元数量和带宽需求，进行投资估算。本步骤输出工程投资估算表。

5GC 网络规划至此结束。整个规划流程，首先需要明确网络规划建设的基本原则，确定规划中网络的系统架构、各主要网元的基本设置原则，明确网络互通方式；其次确定 5GC 网元设置方案及 NFVI 建设规模、整个网络的拓扑结构，计算网络的承载带宽需求；最后编制编号计划，分析是否需要对现网进行改造，并对支撑系统包括网管和计费系统做出规划，得出投资估算，评估 5GC 网络的建设规模、建设质量与建设成本。

5.2 核心网建设策略

5.2.1 总体原则

（1）4G 与 5G 网络将长期并存、有效协同。基于 N26 接口实现 4G/5G 互操作，同时 5GC 部分网元需要与 EPC 网元合设。

（2）5GC 原生支持 NFV，因此 5GC 网络应采用云化方式部署，实现资源的统一编排、灵活共享。

① 基础设施主要采用虚拟化技术实现，网络建设初期选择虚机或虚机容器方式，降低开通和解耦难度，积累虚拟化经验。

② 基础设施主要采用通用服务器，最大限度地实现资源共享。

（3）5GC 采用全新 SBA 架构，网元及接口数量显著增加，标准成熟时间也不一致。为此，5GC 网元需要基于业务需求、规范及设备的成熟度分阶段部署。

（4）5G 核心网实现了彻底的 C/U 分离，控制面、用户面元按需独立建设。

① 控制面集中设置，便于最大限度地实现资源合理使用、集中运维，降低 OPEX，

实现运营自动化。

② 用户面分层，根据业务按需部署，必要时靠近用户接入部署，降低时延，提升客户体验。

（5）逐步推进多级 DC 建设，支撑 5G 的三朵云部署。

（6）5G 网络建设初期，采用 EPS Fallback 方式回落 4G 网络，提供 VoLTE 语音业务。

5.2.2　建设策略

（1）分阶段部署策略

由于 5GC 各网元标准成熟时间不一致，因此需要依据业务需求、标准规范及设备的成熟度分阶段部署。

初期网络建设仅部署 5GC 商用必须的网元，包括控制面网元 AMF、SMF、NRF、PCF、NSSF、UDM、AUSF、绑定支持功能（Binding Support Function，BSF）等以及用户面网元 UPF。

在中后期网络建设中，适时引入其他 5GC 网元，主要包括 NEF、非结构化数据存储功能（Unstructured Data Storage Function，UDSF）、短信业务功能（Short Message Service Function，SMSF）、非 3GPP 互通功能（Non-3GPP InterWorking Function，N3IWF）、网络数据分析功能（Network Data Analytics Function，NWDAF）、SEPP（用于 5G 用户国际漫游，与他网运营商 5G 互通）等网元。

（2）网络协同策略

5GC 部分网元需具备 4G 网元功能以实现与 4G 网络的互操作，包括 UDM 具备 HSS 功能、SMF 具备 PGW-C 功能、UPF 具备 PGW-U 功能等。另外，SMF/PGW-C 可以具备 SGW 控制面（SGW for Control Plane，SGW-C）功能，UPF/PGW-U 可以具备 SGW-U 功能，以避免数据路由的迂回。

（3）分层部署策略

5GC 控制面网元的部署遵循虚拟化、大容量、少局所、集中化的原则，应至少设置在两个异局址机房，进行地理容灾。

用户面网元按业务需求进行分层部署，例如设置在省层面，满足 VoLTE 等业务需求；设置在本地网层面，满足互联网业务需求；设置在边缘，满足 MEC 业务高带宽、低时延需求。

（4）容灾策略

5GC 网络采用三级容灾备份机制：VNF 组件备份（类似传统设备的板卡备份）、网元备份、资源池备份，通过三级容灾备份机制提高 5GC 网络的整体可靠性。

5.3　业务模型与业务预测

5.3.1　控制面业务模型

控制面业务模型包括以下主要指标。

（1）初始注册 / 去注册次数

类似于 4G 网络的附着 / 去附着次数。在 eMBB 场景下，对于 5G 手机终端用户来说，这一指标与 4G 网络差异不大，可参考 4G 网络相应的参数取值。

（2）PDU 会话建立次数

PDU 会话的概念对应于 4G 网络的 PDN 连接。5G 手机终端注册到 5G 网络后，会建立 PDU 会话，这一指标也可参考 4G 手机终端用户。但在 mMTC 场景下，终端在 5G 网络注册后，并不一定会马上建立 PDU 会话。

（3）N2 接口释放次数、业务请求次数、寻呼次数

N2 接口释放次数类似于 4G 网络的 S1 接口释放次数。由于在 5G 网络引入了 RRC Inactive 模式，在 eMBB 场景下，N2 接口释放次数、业务请求次数、寻呼次数会比 4G 网络相应参数取值小。

（4）移动注册更新次数

类似于 4G 网络的跟踪区更新（Tracking Area Update，TAU）次数，包括 Intra AMF 的注册更新、Inter AMF 的注册更新，以及 5GC 到 EPC 的 TAU 次数。在 eMBB 场景下，对于手机终端用户的注册更新（Intra AMF 及 Inter AMF）可参考现网 4G 相应参数的取值。

（5）切换次数

类似于 4G 网络，5G 网络包括 Intra AMF 的切换、Inter AMF 的切换，以及 5GC 到 EPC 的 N26 接口切换。在 eMBB 场景下，对于手机终端用户的切换次数（Intra AMF 及 Inter AMF）可参考现网 4G 相应参数的取值，主要考虑网络覆盖特点，初期覆盖差导致 RAT 切换多，后期覆盖好切换会减少。

5.3.2 用户面业务模型

在 eMBB 场景下，用户面业务模型包括以下主要指标。

（1）用户数据速率

在 5G 网络中，用户数据速率将有质的飞跃，甚至有可能是 4G 网络的几十倍，需要结合用户的业务场景评估确定。

（2）QF 数

类似于 4G 网络的承载数。在 eMBB 场景下，对于 5G 手机终端用户来说，这一指标与 4G 网络差异不大，可参考 4G 网络的相应参数取值。

（3）PDU 会话数

PDU 会话的概念对应于 4G 网络的 PDN 连接。在 eMBB 场景下，对于 5G 手机终端用户来说，这一指标与 4G 网络差异不大，可参考 4G 网络的相应参数取值。

5.3.3 业务预测

选用合适的预测方法，预测业务规模。由于 5G 面对多场景多业务需求，需要区分业务类型逐一预测规模。

常用的业务预测方法有多种，主要包括人口普及法、趋势外推法、曲线拟合法、瑞利分布多因素法 4 种。

（1）人口普及法

人口是确定 5G 移动用户普及率指标所必需的基础数据，通过对人口总数的预测及分析从业人员比例、职业分布、年龄分布等因素，按照各层次人口的普及率因素，综合得出预测用户数。

（2）趋势外推法

依据历年来用户的发展情况，以每年的发展数据为基本点，总结规律，获得过去用户的平均增长率，以此平均增长率作为今后若干年的年增长率的主要参考值，并遵循一定增长规模，得出预测用户数。这一方法需要历史数据，并不适合在 5G 网络建设初期预测用户数。

（3）曲线拟合法

基于用户发展的历史数据，依据其规律来推测未来用户的发展情况，它反映了市场发展的一种趋势，但其局限性在于建立在市场环境基本不变的基础上，难以反映未来各种变化对市场发展趋势的影响，比较适合近期预测。曲线拟合的方法有多种，包括线性曲线、指数曲线、乘幂曲线、二次曲线和三次曲线。根据以往的预测经验，二次曲线和三次曲线的拟合度最好。

（4）瑞利分布多因素法

研究实际用户在潜在用户中渗透率的变化趋势，从而得到用户预测结果。潜在用户转化为实际用户受多种因素影响，如终端价格、移动资费、业务需求等，对这些影响因素进行量化后就可以确定实际用户在潜在用户市场中的渗透率，从而预测用户规模。该方法可以较好地反映经济发展水平、消费水平与用户发展的密切关系，适合中长期预测。

5.4 网元设置

在 5G 网络建设初期，5GC 需要部署的网元主要包括控制面网元 AMF、SMF、NRF、PCF、NSSF、UDM、AUSF、BSF 等以及用户面网元 UPF。

5.4.1 AMF

AMF 负责终结 N1 接口的 NAS 信令，并负责注册管理、连接管理、可达性管理、移动性管理等。

AMF 采用 Pool 技术组网。按标准定义，AMF Pool 对应 AMF Region 和 AMF Set。AMF Region 为相同区域内一个或多个 AMF Set 的集合，AMF Set 为相同区域内、同一个切片的一组 AMF 集合。

AMF Region 的覆盖区域受限于单个 AMF 可接入的 Pool 区域内的基站上限数；每个 AMF Set 内的 AMF 数量受限于单个 AMF 的容量。AMF Set 内 AMF 等容量规划，设置权重因子实现负荷均衡。

AMF 的设置有以下 3 种方案。

（1）AMF 独立组 Pool（部署 N26 接口）

AMF 和 MME 不合设，AMF 组成 AMF Pool，与 4G 网络的 MME Pool 分开，AMF 和 MME 之间设置 N26 接口，如图 5-2 所示。

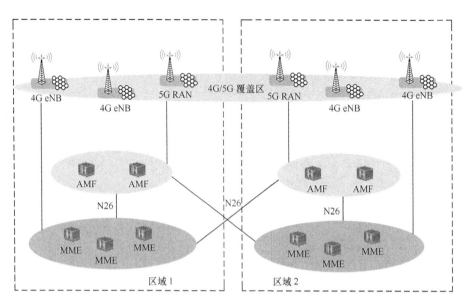

图5-2　AMF独立组Pool方案

现网 MME 需要升级支持 N26 接口。

（2）AMF/MME 组 Pool

AMF 具备 MME 的功能，即 AMF/MME 合设组成新的 Pool，与 4G 网络的 MME Pool 分开，如图 5-3 所示。

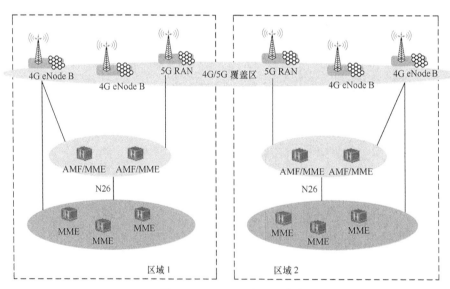

图5-3　AMF/MME组Pool方案

现网 LTE 基站 eNodeB 需要升级支持接入多个 MME Pool。

（3）AMF/MME 和 MME 混合组 Pool

合设 AMF/MME 与 4G 网络的 MME 组成 Pool，这样要求 AMF/MME 必须和现网 MME 是同厂商的设备，如图 5-4 所示。

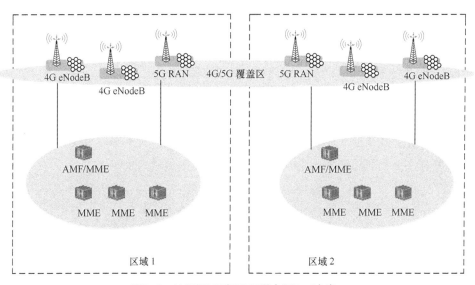

图5-4 AMF/MME和MME混合组Pool方案

总体来看，方案 1 的优势在于网络规划方便并运维清晰；而方案 2 和方案 3 的优势在于可以减少信令交互的数量，从而减少时延，但时延优势并不明显，反而给网络规划、运营维护增加了复杂度。因此，应结合现网的实际情况，选取合适的方案。

5.4.2 SMF

SMF 负责会话管理（例如会话建立、修改和释放等）、IP 地址分配以及用户面功能的选择与控制等。

SMF 采用 Pool 方式组网（类似 EPC 的 GW Service Area 的控制面），多个功能相同的 SMF 组成一个 Pool，SMF Pool 区域与 AMF Region 区域一对一或一对多，Pool 内单厂商组网（Pool 内 SMF 个数理论上没有限制），每个 SMF 配置相同容量，一个 SMF 出现故障后，剩余 SMF 应能承接 Pool 内的全部业务量。

为实现 4G/5G 互操作，SMF 必须具备 4G 网络 PGW-C 功能。SMF/PGW-C 通过标准接口分别与 4G EPC、5GC 的相应网元连接，成为 5G 和 4G 互操作时 IP 地址和网关控制面的统一锚点。

5.4.3 UPF

UPF 的主要功能是进行数据转发、QoS 及深度报文检测（Deep Packet Inspection，DPI）处理等。基于控制和承载的彻底分离，UPF 可结合业务需求，分层部署在网络的不同层面。相同层次的 UPF 之间进行容灾备份。

UPF 的设置需考虑以下因素。

① 由于 4G/5G 互操作和融合组网的需求，UPF 应具备 PGW-U 功能。

② UPF 的设置受 SMF 设置方式的影响，其服务区域只能小于或等于 SMF 的服务区域。

③ UPF 下沉主要是满足低时延、大带宽和大计算业务的需求，视 MEC 业务需求部署到网络边缘。

用户面 UPF 按需部署在网络的不同层级（省级、城域核心或城域边缘）如图 5-5 所示。

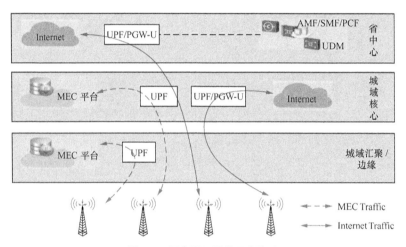

图5-5　用户面组网的层次关系

5.4.4 UDM 及 UDR

5GC 采用了前后端架构的融合数据库的方式，前端包括 UDM-FE、PCF-FE 和 NEF-FE，后端 UDR 统一存储相关数据（用户签约数据，如号码、业务签约等；策略数据；能力开放数据；应用数据等）。

其中，5G 用户数据域网络实体主要包括 UDM、UDR、AUSF，实现用户信息的存储与管理。

UDM 为统一数据管理设备，为 FE 前端实体。UDM 完成用户签约数据的管理、认证信息生成、移动性管理、会话管理等功能。UDM 采用 $N+1$ 方式进行容灾备份。

UDR 为统一数据存储设备，为 BE 后端实体。UDR 作为 5G 统一数据库，实现签约数据、策略数据、结构化数据、应用数据等存储和访问功能。UDR 采用 1+1 方式进行容灾备份。

为实现 4G/5G 互操作，前端 UDM 需与 HSS-FE 合设，后端 UDR 支持 4G 相关数据的存储和访问，如图 5-6 所示。

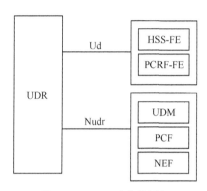

图5-6　4G/5G融合数据库

5GC 融合数据库的部署总体上可以采取两种方式。

（1）割接现网数据到新建 5GC 融合数据库

新建 5GC 融合数据库，并一次性割接现网 SPR 和 HSS 数据库（HSS-BE）到新建的 UDR。该方案主要是数据库之间的数据拷贝，新数据库数据可以离线完成倒换，优势在于对 IT 系统改造要求较小，只需升级支持 5G 数据，并将原有网络接口割接到新数据库即可。但是数据库的整体割接影响现网业务，风险大，必须保证割接后的数据一致性。

（2）现网数据迁移到新建 5GC 融合数据库

该方案不是对全网用户默认签约 5G，而是针对单用户签约 5G 后，用户数据迁移到新数据库中，EPC 中不再保留原有数据。用户可以不换卡，也可以视市场策略换卡换新号段。

该方案对 IT 系统改造的复杂程度需要结合数据库设备是否同厂商或异厂商、用户是否换卡等因素来评估。

5.4.5　AUSF

AUSF 为认证服务器功能设备，实现认证相关功能，负责对 3GPP 接入和非 3GPP 接入进行鉴权。

AUSF 一般与 UDM 合设，采用 $N+1$ 方式进行容灾备份。

5.4.6　PCF

PCF 负责为控制面功能提供策略信息。策略信息等数据存储在 UDR 中，PCF 访问 UDR 获取策略签约数据。

PCF 采用 $N+1$ 方式进行容灾备份。

5.4.7　NRF

NRF 负责 NF 和服务的注册与发现，采用 1+1 方式进行容灾备份。

5GC 控制面网元通过 NRF 找到目标网元后，即可根据目标网元的 IP 地址直接与其通信，当然也可以参考 4G 网络的 Diameter 路由代理（Diameter Routing Agent，DRA）方式，引入 HTTP Proxy，由 HTTP Proxy 来转接信令，具体有以下两种方式。

（1）NRF 方案

在两级组网架构下，NRF 分骨干 NRF 和省 NRF。省 NRF 负责省内 NF 的注册、发现与授权，骨干 NRF 负责转发省间的网元发现查询与应答。

（2）NRF+HTTP Proxy 方案

NRF 负责非数据库类网元的注册与发现，对于数据库类网元（即 UDM、PCF、NEF 与 UDR），NRF 统一返回 HTTP Proxy 的地址。

在两级组网架构下，HTTP Proxy 分骨干 Proxy 和省 Proxy。省 Proxy 负责把其他控制面网元发往数据库的信令转发至对应数据库，而骨干 Proxy 则负责转接跨省的信令。

5.4.8　NSSF

NSSF 负责为终端选择切片实例与服务 AMF，确定终端允许接入的切片，采用 1+1 方式进行容灾备份。

5.4.9　BSF

BSF 负责 PCF 的会话绑定。BSF 可以单独设置，也可以分别和 SMF、DRA 合设。

（1）BSF 独立设置

单独设置 BSF 网元，该方案完全按照标准流程，每个 PDU 会话建立后都需要进行会话绑定的流程，信令交互频繁；同时，PDU 会话异常终结时，需要 BSF 定期清理失效的绑定信息。此外，若 BSF 支持 Diameter 接口，现网 DRA 则无须改造升级。

（2）BSF 与 SMF 合设

新建的 SMF 支持 BSF 功能。SMF 与 BSF 合设时，由于 SMF 本身具有 PDU 会话信息，所以无须显式地进行会话绑定，同时 SMF 维护着最新的会话信息，因此无须清理垃圾数据。但这种方案只能用于 SMF 而非 UPF 分配终端 IP 地址的场景。

（3）BSF 与现网 DRA 合设

现网 DRA 需要升级支持 BSF 功能。由于 DRA 与 BSF 合设，减少了 DRA 与 BSF 间的信令交互，会话绑定关系集中在 DRA 中进行处理。此外，现网 DRA 还需要增加垃圾数据的处理机制，但该方案依赖于现网 DRA 设备，不利于 5GC 网络后续的独立演进。

5.5 网络组织及路由计划

5.5.1 核心网网络组织

对于 5GC 组网，可以采用大区集中部署与分省部署两种方式。

（1）大区集中部署

5GC 控制面网元（包括 SMF、NRF、PCF、UDM、AUSF、NSSF 等）主要集中部署在大区 DC 中心，负责多个省的 5G 业务；省层面部署 5GC 控制面网元 AMF；用户面网元 UPF 基于业务应用场景，部署在大区、省、地市和区县层面。大区集中组网架构如图 5-7 所示。

该方案可以实现集约化运维管理，资源利用率高，但与现网组网方式差异较大，会导致控制面时延的增加，方案比较复杂，同时对容灾要求也高。

（2）分省部署

骨干层面只部署业务、信令路由 / 寻址网元（骨干 NRF 和 NSSF 等），5GC 控制面网元部署在各省 DC 中心；用户面网元 UPF 基于业务应用场景，部署在省、地市和区县层面。分省组网架构如图 5-8 所示。

该方案可以沿用现有运维管理模式与经验，各省可灵活开展业务，但此方案的资源利用率相对较低。

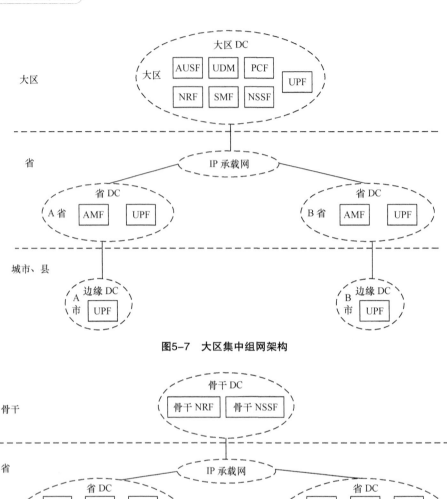

图5-7 大区集中组网架构

图5-8 分省组网架构

5.5.2　核心网路由计划

（1）数据路由方式

5GC 支持拜访地路由和归属地路由两种方式。5G 业务路由原则上以拜访地路由方式为主。归属地路由方式适用的业务场景主要包括企业/行业业务和归属地特色业务。

① 企业 / 行业业务：全国或者跨省的企业网归属地业务和虚拟专用拨号网（Virtual Private Dial-up Network，VPDN）等。

② 归属地特色业务：用户签约归属地提供的特色业务。

（2）信令路由方式

5GC 控制面网元访问 NRF，请求返回符合要求的目标网元。NRF 返回符合要求的目标网元列表，从返回的目标网元列表中选定一个目标网元及 IP 地址后，通过 IP 地址进行直接通信，或通过信令节点（如 HTTP Proxy）进行转接。

5.6　主要编号

5.6.1　用户相关标识

（1）SUPI

用户永久标识（Subscription Permanent Identifier，SUPI）在公网中相当于 4G 的 IMSI，建议采用基于 IMSI 的 5G SUPI，采用新的号段。基于 IMSI 的 SUPI=MCC+MNC+MSIN，包含国家码（Mobile Country Code，MCC）、网络码（Mobile Network Code，MNC）、移动用户标识码（Mobile Subscriber Identification Number，MSIN）。

（2）SUCI

用户加密标识（Subscription Concealed Identifier，SUCI）用来隐藏 SUPI。SUCI 格式示意如图 5-9 所示。

该标识的具体说明如下所示。

① SUPI Type（SUPI 类型）：取值范围 0~7，0 表示 IMSI，1 表示网络特有标识（Network Specific Identifier，NSI），2~7 待定。

② Home Network Identifier（归属网络 ID）：取决于 SUPI 类型，当 SUPI 为 IMSI 时，归属网络 ID 为 MCC+MNC，当 SUPI 为 NSI 时，归属网络 ID 为域名。

③ Routing Indicator（路由 ID）：1～4 位，由归属网络运营商在 USIM 中预配置，和 MCC、MNC 一起负责路由到 AUSF 和 UDM 的实例。

④ Protection Scheme ID（加密算法 ID）：取值范围 0～15。

⑤ Home Network Public Key ID（归属网络公钥 ID）：取值范围 0～255。

⑥ Scheme Output（加密算法输出）：MSIN 加密后的输出。

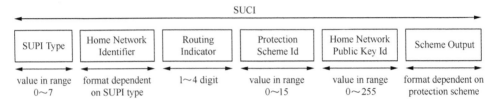

图5-9　SUCI格式示意

（3）5G-GUTI

5G 全球唯一临时标识（5G Globally Unique Temporary Identifier，5G-GUTI），为 UE 在网络中初始注册后 AMF 给 UE 分配的临时标识。5G-GUTI 与 4G 的 GUTI 的对应关系示意如图 5-10 所示。

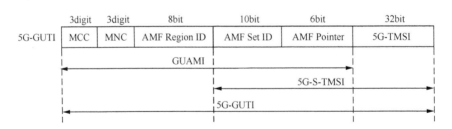

图5-10　5G-GUTI与4G的GUTI的对应关系示意

（4）PEI

永久设备标识（Permanent Equipment Identifier，PEI）相当于 4G 的国际移动设备识别码（International Mobile Equipment Identity，IMEI）。

（5）GPSI

通用公共用户标识（Generic Public Subscription Identifier，GPSI），相当于 4G 的移动用

户国际 ISDN/PSTN 号码（Mobile Subscriber International ISDN/PSTN number，MSISDN）。

5.6.2 网络相关标识

（1）GUAMI

全球唯一 AMF 标识（Globally Unique AMF Identifier，GUAMI）长度与 4G 的 MME ID 一致，如图 5-11 所示。

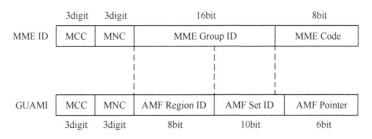

图5-11 GUAMI格式示意

（2）NF FQDN

NF 域名（NF Fully Qualified Domain Name，NF FQDN）是 5GC 中的 NF 编号，相当于 4G 的核心网设备编号。

（3）DNN

数据网络名称（Data Network Name，DNN）相当于 4G 的接入点名称（Access Point Name，APN）。

（4）PLMN ID

PLMN ID 指归属网络 ID，PLMN ID=MCC+MNC。为了 4G/5G 网络互操作便利，建议采用同一个 PLMN ID。

（5）NCGI

NR 小区全球标识（NR Cell Global Identifier，NCGI）由 3 个部分组成，即 NCGI = MCC+MNC+NCI；NR 小区标识（NR Cell Identifier，NCI）由两部分组成，即 NCI = gNB ID+Cell ID，长 36bit。

（6）Global gNB ID

Global gNB ID 由 3 个部分组成：Global gNB ID = MCC+MNC+gNB ID。gNB ID 的长为 22bit～32bit，对应 NCI 前 22bit～32bit。

（7）TAI

跟踪区标识（Tracking Area Identity，TAI）编号由 3 个部分组成：TAI = MCC+MNC+TAC。

跟踪区号码（Tracking Area Code，TAC）：长 24bit。为便于 5G 网络规划和 4G/5G 互操作，建议 5G 网络 TA 划分原则与 4G 保持一致。

5.6.3 切片标识

切片标识单网络切片选择辅助信息（Single Network Slice Selection Assistance Information，S-NSSAI）包括切片 / 业务类型（Slice/Service Type，SST）与切片区分符（Slice Differentiator，SD）两部分，格式如图 5-12 所示。

SST	SD	
8bit	6bit	18bit
切片类型编号	区域标记	区域内自行编号

图5-12　S-NSSAI格式示意

图 5-12 中字符的具体说明如下所示。

① SST 长 8bit，用于切片类型编号，其中，SST=1 表示 eMBB，SST=2 表示 uRLLC，SST=3 表示 mMTC。

② SD 长 24bit，其中前 6bit 用于区分区域，后 18bit 为该区域内的自行编号。

5.6.4 IP 地址

（1）UE IP 地址

终端 IP 地址支持 IPv4 单栈、IPv6 单栈、IPv4/IPv6 双栈。

（2）NF IP 地址

需要和 EPC 互通的 NF（AMF/SMF/UDM 等）应支持 IPv4/IPv6 双栈，其他 NF 优先采用 IPv6 地址。

5.7 用户面带宽和控制面带宽计算

用户面的带宽计算主要涉及以下接口。

① N3 接口：位于 RAN 和 UPF 之间，采用 GTP-U 协议，用于传送用户面数据。

② N9 接口：位于 UPF 之间，采用 GTP-U 协议，用于传送用户面数据。

③ N6 接口：位于 UPF 和 DN 之间，采用 IP 协议。

控制面的带宽计算主要涉及以下接口。

① N1 接口：位于 UE 和 AMF 之间，采用 NAS 协议。

② N2 接口：位于 RAN 和 AMF 之间，采用 NG-AP 协议。

③ N4 接口：位于 SMF 和 UPF 之间，控制面采用报文转发控制协议（Packet Forwarding Control Protocol，PFCP）。

④ N26 接口：位于 AMF 和 MME 之间，采用 GTP 协议控制面（GTP for Control Plane，GTP-C），用于 5GC 和 EPC 互操作。

⑤ 5GC 网络内部各种服务化接口。

基于业务模型，对相应接口的带宽进行计算。

5.8 NFVI 建设策略

不同于之前的移动核心网，5GC 原生支持 NFV 技术，建设 NFVI 资源池应考虑以下 3 个方面。

（1）NFVI 资源池的选择

5GC 控制面网元应部署在核心云 NFVI。5GC 用户面网元 UPF 结合应用场景部署在核心云或边缘云。

核心云通常覆盖大区、省级机房和部分城域网核心机房，边缘云覆盖地市、区县等机房。对于边缘云承载 5GC 网元 UPF，在某些场景下会受限于机房环境，对 NFVI 硬件设备数量、重量和功耗方面有精简需求，为此在保证可靠性的前提下，可采用定制化的硬件设备。边缘云 NFVI 承载 5GC 用户面网元 UPF，需对 UPF 流量进行接入汇聚，并保证与外部公网连接。

（2）NFVI 资源池内部组网

资源池内部组网采用 Leaf-Spine 架构，从设备、端口到链路进行冗余设计，如图 5-13 所示。

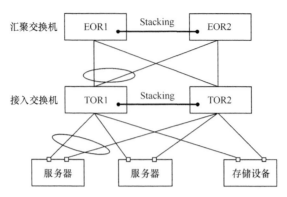

图5-13　资源池内部组网架构

汇聚交换机（EOR）负责 NFVI 资源池内跨机架流量的互通，以及资源池同外部网络的连接。EOR 间采用堆叠技术提高链路冗余。

接入交换机（TOR）负责汇聚机架内服务器和存储设备的流量。TOR 间采用堆叠技术。堆叠端口配置链路聚合，保证流量的负载均衡。TOR 提供网络隔离及 QoS 能力，保障东西向流量和南北向流量的安全性和差异性。

服务器和存储设备端口应配置聚合，通过双上联冗余设计连接到不同 TOR，支持负荷分担或主备模式，避免网口的单点故障。

根据流量功能和作用的不同，NFVI 内部网络可分为 4 类平面，如图 5-14 所示。

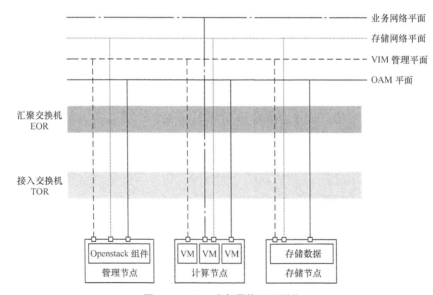

图5-14　NFVI内部网络平面划分

① 业务网络平面：承载 5GC 网元的业务流量。

② 存储网络平面：用于 NFVI 内存储数据的互联。

③ VIM 管理平面：承载 VIM 各组件间的 API 交互流量以及相关控制信息。

④ OAM 平面：主要包括预启动执行环境（Preboot eXecute Environment，PXE）、OAM 硬件管理等用途。PXE 网络用于操作系统的远程安装、引导及升级；OAM 网络主要用于承载远程监控 NFVI 的网管流量。

（3）NFVI 资源配置计算

① 5GC 网元（VNF）虚机需求

各 VNF 网元内部由若干个 VNF 组件（VNF Component，VNFC）组成，每个 VNFC 有固定的容量处理能力，并对应相应的虚机数量及虚机配置，包括虚拟 CPU（virtual CPU，vCPU）、内存、存储。结合 5GC 各网元的容量，计算出所需的 VNFC 数量，进而得出所需虚机数。

② MANO 虚机需求

MANO 分为 VIM、VNFM、NFVO，其所需的虚机数量与管理的 VNF 虚机数量相关。以 VIM 为例：VIM_ 虚机数 =VNF 虚机数 /VIM_ 每虚机处理能力。

③ EMS 虚机需求

EMS 容量与网元数量相关。EMS_ 虚机数 =VNF 网元数 /EMS_ 每虚机处理能力。

④ 物理机配置计算

物理机主要配置指标是 CPU、内存和磁盘，其中 CPU 类型是关键指标。

每物理机 CPU 可用 vCPU 数 =（CPU 路数 × 每路 CPU 核数 – 虚拟化层开销）× 超线程比 × 超配比。

资源池 vCPU 总需求 =VNF_vCPU 需求 +MANO_vCPU 需求 +EMS_vCPU 需求。

核心机房物理机数量 = 资源池 vCPU 总需求 / 每物理机 CPU 可用 vCPU 数 × 物理机冗余系数。由于物理机故障和虚机调度迁移等因素，设置物理机冗余系数。

⑤ 虚拟化软件（Hypervisor）配置

Hypervisor 为虚机提供运行环境，支持镜像文件的读取，并基于镜像文件创建虚机。它允许多个 Guest OS 同时运行在一个 Host OS 上；Guest OS 共享主机的硬件，使得每个操作系统都有自己虚拟的处理器、内存和其他硬件资源。

虚拟化软件 License 按 vCPU 数量进行配置。

5.9 网管与计费

5.9.1 网管

5GC 网络的管理系统应包括网元层、网络层管理功能。网元层管理功能包括对所管设备的配置管理、告警管理、软 / 硬件维护管理、状态检测、安全管理等。网络层管理功能应包括整个网络的拓扑视图，对网络的性能检测、统计和分析，对网络流量的检测及网络拥塞的控制等。

5GC 网管应具有配置管理、故障管理、性能管理、安全管理及系统管理等主要功能。

（1）配置管理

配置管理功能主要负责对网元的业务及局数据的配置，同时呈现设备的工作状态，以图形、文字等形式分层显示配置相关的各类信息，用于了解和控制网络中各种类型设备资源配备的情况，使运营商能方便地掌握各关键资源的配备和使用情况，统计全网资源，以便加强管理，发挥网络资源的最大效益。同时，配置管理为性能管理和故障管理提供需要的数据，并且具有网元查询、编辑、删除、预设、备份、合法性检查、恢复网元配置数据等功能。配置管理的功能主要包括以下 4 个方面。

① 配置数据采集：能够周期性地自动采集配置数据，采集时间和采集周期可设置；需要时能够即时手工启动配置数据采集程序，并可按网元、地区、时段分别进行采集。

② 配置数据处理：能够将不同配置数据转换成标准化的数据格式并存储到数据库中，以供数据的后处理，该格式满足国际标准所规定的网管数据标准格式；当采集系统发现配置数据发生变化时，如网元增加、删除、属性改变，可及时更新网络拓扑等；用户能通过界面修改各类数据的部分字段。

③ 拓扑管理：为用户提供直观的网元关系显示和可操作的网络拓扑；分层显示网络拓扑结构，为用户监视整个网络提供强有力手段。网络监视基于网络拓扑进行，动态反映网络的变化。

④ 网络参数配置：设置和修改网元设备的配置数据，主要包括路由表的修改、用户数据配置、网元参数配置等。

（2）故障管理

实时监控设备当前的使用情况，为用户提供设备告警信息，帮助操作人员确定故障原因和故障位置，以便能及时处理问题，保证网络的正常运行。故障管理的主要功能包括以下 4 个方面：

① 采集网元生成的各种设备告警和网络事件报告（包括网管本身设备的告警），故障管理应保证告警收集的实时性和完整性；

② 存储和查询所有告警信息，包括告警时间、取消时间、告警类型、告警级别、告警信息描述等；

③ 告警应具有可闻可视的提示，能进行告警过滤和告警屏蔽，进行告警级别重定义和告警升级；

④ 进行故障信息的分析处理，生成故障管理报表，具有智能故障处理（应具有故障经验库）和自动故障派单功能。

（3）性能管理

性能管理是网络管理的一项重要功能，通过从网元采集各种性能数据，实时观察、存储分析各类性能数据，经处理后产生各种性能报告，对如何提高网络服务质量、网络资源的分配和规划提供基础数据和合理建议，监控和优化网元的性能。性能管理主要功能包括以下 4 个方面：

① 周期性地采集性能数据，可配置采集周期和采集时间；

② 报表数据不全时，能够提供简单的手段确认所采集的网元数据是否齐全；

③ 进行性能数据的存储查询、分析统计，生成性能数据报表；

④ 当性能指标超出预先设定的门限时，能够产生性能越限告警。

（4）安全管理

安全管理提供有效的控制机制，控制用户接入、访问、操作 EMS 或网元，确保每个合法用户能够正常登录，使用已授权的软件模块接入允许登录的网元并操作合法级别的命令，防止发生越权访问的情况，以保障网络设备和网管系统的安全运行，并记录系统中发生的认证、授权访问等操作，使操作具有不可否认性。安全管理的功能主要是负责合法接入和授权管理，对全网安全起保证作用。

（5）系统管理

系统管理是管理网管系统自身的配置、运行状况、备份和系统安全等情况。通过系统的自身管理，保证系统能够安全可靠运行。

5GC 网管与 5GC 设备属于同一厂商，除具备上述功能外，还应满足北向接口要求以接入运营商的综合网管系统。

5.9.2 MANO

VIM、VNFM 与 NFVO 合称为 NFV 管理和编排（MANO），负责虚拟化网络的部署、调度、运维和管理，构建可管、可控、可运营的业务支撑能力。

① VIM：实现对计算、存储、网络资源的管理、调度与编排，提供资源监控告警等功能，并配合 NFVO 和 VNFM，实现上层业务和 NFVI 资源间的映射和关联以及 OSS/BSS 业务资源流程的实施等。

② VNFM：负责 VNF 生命周期管理以及 VNFD 的生成与解析。通过 VNFM，用户可以对 VNFs 进行透明运维管理。

③ NFVO：负责跨 VIM 的 NFVI 资源编排及网络业务的生命周期管理和编排，并负责 NSD 的生成与解析。

VIM 通常随资源池部署，而 VNFM 由 VNF 厂商提供，NFVO 则一般由运营商自建。

5.9.3 计费

3GPP 计费标准从 4G 到 5G 的演进如图 5-15 所示。

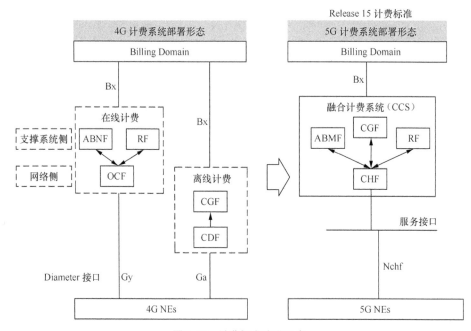

图5-15 计费标准演进示意

在 4G 网络中，计费系统采用了传统的离线计费和在线计费分离的架构。离线计费系统部署在核心网侧，通常由核心网设备厂商提供，EPC 通过 Ga 接口连接计费网关功能（Charging Gateway Function，CGF）实现离线计费。在线计费集中部署，EPC 通过 Gy 接口连接在线计费系统（Online Charging System，OCS）。

在 3GPP R15 标准中，5G 计费系统采用了离线计费和在线计费融合的架构，由统一的服务化接口（Service-Based Interface，SBI）对接融合计费系统（Converged Charging System，CCS），由 CCS 统一处理融合离线和在线的计费。

对于运营商来说，基于 5G 标准的计费方案，需引入 CCS，现网 IT 系统改造量较大。

第6章 5G无线网规划

6.1 无线网规划范围

6.1.1 规划目标

1. 网络覆盖

5G 的网络覆盖性能需要根据 5G 网络业务预测结果、网络发展策略、目标覆盖区域、覆盖率等指标来表征，其中覆盖率是描述业务在不同区域覆盖效果的主要指标，覆盖率主要有面积覆盖率和人口覆盖率；面积覆盖率是指在区域内满足一定的覆盖门限条件的区域面积占总区域面积的百分比；人口覆盖率是指区域内满足一定覆盖门限条件的区域中人口数量占总区域人口数量的百分比。

5G 技术和产业链的发展成熟是一个长期的过程，预计 4G 将与 5G 网络长期并存、有效协同。4G 网络提供广覆盖的语音和数据业务，5G 网络提供市区等高流量区域的高速数据业务。

网络覆盖需要按统一规划、分步实施的原则，确定网络建设不同阶段的目标覆盖区域。由于我国东部、中部、西部各区域经济发展不平衡，运营商在部署 5G 网络时应充分考虑投资收益、5G 业务发展策略、当地市场发展水平、竞争和资金情况等因素，制定不同阶段的目标覆盖区域和具体覆盖目标，然后利用网络规划仿真工具，预测目标覆盖区域内接收和发送无线信号的电平值、信噪比等信息，再根据 5G 不同类型业务的覆盖门限要求，对整个预覆盖区域进行统计，确定网络覆盖是否满足规划要求。

2. 网络容量

网络容量是评估系统建成后所能满足各类业务和用户规模的指标，对于 5G 系统，网络容量指标主要有同时调度用户数、峰值吞吐量、平均吞吐量和边缘吞吐量等。

进行 5G 网络容量规划时，需要根据 5G 不同类型业务的市场定位和发展目标，预测各业务的用户规模和区域网络容量需求，并根据不同业务模型来计算不同配置下基站对各业务的承载能力，然后利用网络规划仿真工具来预测网络容量是否满足要求。

3. 服务质量

5G 无线网络服务质量的评估指标主要有接入成功率、忙时拥塞率、无线信道呼损、块误码率、切换成功率、掉话率等。在进行无线网络规划时，网络覆盖连续性、网络容量等指标的设定对于无线网络的服务质量都有十分重要的影响。

4. 成本目标

在满足网络覆盖、网络容量、服务质量、用户感知等目标的基础上，综合考虑网络中远期的发展规划和现有网络、站址资源的分布情况进行滚动规划，并充分利用现有的站址资源以降低建设成本。

6.1.2　规划内容

网络规划是根据网络建设的目标要求，在目标覆盖区域内，通过建设一定数量和适当配置的基站，实现网络建设的覆盖和容量目标。

在 5G 建设初期，只要确定网络的覆盖目标，就可以在整个覆盖范围内成片地进行站点建设，不需要考虑对现网的影响。由于没有实际网络运行数据参考，因此网络规划只能依赖理论计算、规划软件仿真和相关试验网的测试结果，造成网络规划结果在精确性方面可能存在不足。

在 5G 建设中后期，需要在前期网络基础上扩容。对于网络扩容规划，由于已有路测数据、用户投诉数据及网络运行数据的统计报告，且目标覆盖区域的市场业务现状和发展目标更清晰，因此网络规划结果在针对性和精确性方面更好。

6.2 无线网规划流程

6.2.1 规划流程综述

从规划流程上来看，一个完整的无线网规划一般可以分为规划准备、预规划和详细规划 3 个阶段。网络规划过程中各阶段的工作内容如图 6-1 所示。5G 无线网规划与其他无线网络一样，重点在于覆盖规划、容量规划、站址规划、参数规划及仿真环节。在网络规划建设的不同阶段，对无线网络规划的深度有不同要求，并非每次规划都需要涵盖所有的规划步骤。例如为了估算投资规模，只需通过预规划对基站数量进行初步估算，即可得到大约的投资规模，而无须完成详细规划。在具体工作中，可以根据具体的目标和需要，对规划流程进行合理简化和调整。

6.2.2 规划准备阶段

规划准备阶段主要是对网络规划工作进行分工和计划，准备需要用到的工具和软件，收集市场、网络等方面的资料，并进行初步的市场策略分析。

1. 项目分工及计划

无线网规划是一个很大的系统工程，包含了数据分析、软件仿真、实地勘测、无线信号测试等诸多工作，为了能够按时保质地完成整个工作，在项目开始前期对整个项目的关键时间点设定、工作流程、人员安排、设备使用等进行统筹和计划是十分必要的。项目的总负责人需要根据项目的目标合理选择工作内容，统筹安排工作进度计划，合理选择项目组成员，并培训参加的项目人员，让项目组成员从技术和分工上对项目都有清楚的认识和了解，要求各项目组成员在项目开始前必须对各自负责的工作目标、工作内容、时间节点等有清楚的认识。

2. 工具和软件的准备

一般网络规划可能需要的工具和软件有 GPS、数码相机、纸质地图和数字地图、规划软件等。如果需要做连续波（Continuous Wave，CW）测试，还需要准备规划工作频段内的发射机和接收机等。

3. 调研规划区域、收集基础资料

调研规划区域和收集基础资料的目的是通过对网络覆盖区域、市场需求、业务规划

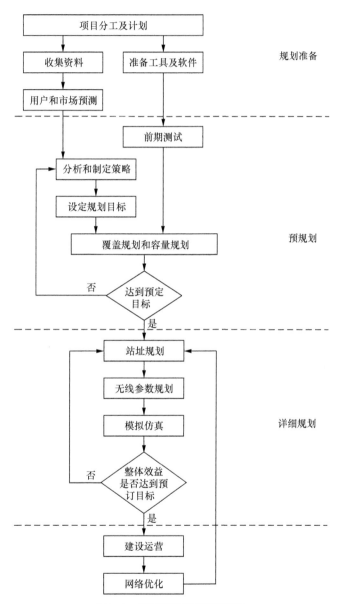

图6-1 无线网络规划流程示意

等进行深入了解，获取数据化的资料，作为后期规划的输入。调研规划区域和收集基础资料的具体内容包括规划区的人口情况、经济状况、地理信息、市场情况、既有移动网运行情况等。在调研规划区域和收集基础资料后需要对收集到的材料进行初步处理，通过初步的分类和分析，确定收集到的资料是否满足需求和是否存在差错。

4. 市场定位和业务预测

（1）市场定位和区域划分

通过与建设方访谈沟通准确把握建设方的市场发展计划，结合前期收集的相关业务市场资料，找到合理的市场定位，并根据整个业务区内不同区域的功能、建筑物及人口分布特点，将其划分成不同类型的区域，针对各类区域分别确定其基本覆盖需求、质量要求及业务类型等。

（2）业务预测

业务预测包括用户数预测和业务量预测两部分工作：用户数预测需要根据现有移动网络的用户数、渗透率、市场发展情况及竞争对手等情况，合理预测 5G 用户数的发展趋势；业务量预测主要是数据业务预测，基于 5G 用户数的发展趋势、主要业务类型、业务模型等预测数据业务的总体需求。

6.2.3　预规划阶段

预规划阶段的主要工作是确定规划目标，进行资源预估，为详细规划阶段的站点设置提供指导，避免规划的盲目性。

预规划阶段主要包括策略分析、规划目标取定、覆盖和容量规划及效益预分析等几个环节。即使在相同的地形地貌环境下，不同频率的电磁波传播模型也有很大的差异，为了能够保证规划时采用的电磁波传播模型更贴近实际系统，一般在预规划阶段还需要做一些前期测试工作。

1. 前期测试工作

前期要做的测试工作主要包括扫频测试、CW 测试及室内穿透损耗测试，目的是要获取较为准确的业务区的无线环境特征，作为后期规划工作的依据。

（1）扫频测试

对业务区的规划频段进行扫频测试，了解区域内的背景噪声情况，并对工作频点进行干扰排查，准确定位干扰源，并及时将干扰源、干扰区域等信息提交给建设方，以便于建设方与其他运营商或单位的协调，保证网络建成后可以获得较好的覆盖效果。

（2）CW 测试

对于新建工程，应该在区域分类的基础上，挑选各种典型的区域进行 CW 测试，校对出适合各种区域无线传播特性的传播模型，用于指导覆盖仿真规划。

（3）室内穿透损耗测试

由于移动网络的业务越来越集中在室内，因此在做规划的时候，室内覆盖也是一个重点问题。室内覆盖可通过建设室内分布系统或者室外宏站信号穿透覆盖解决，在实际组网中往往需要将这两种方式有机地结合起来。

室内穿透损耗测试就是为了得出不同类型建筑物的穿透损耗值，用于链路预算，并计算出基站能解决覆盖区域楼宇室内覆盖情况下的覆盖半径。

2. 策略分析与制定

在进行实际的网络规划前，须先制定无线网络的发展策略以明确规划目标。无线网的发展策略包含了市场发展策略、业务发展策略、网络建设和发展策略等。这些发展策略的制定需要对市场、经济、技术进行全面深入的分析。

（1）市场分析

结合准备阶段的调查、业务预测结果，围绕市场发展需求，明确网络近期、中期、长期分别应达到的水平。考虑网络长远发展，一次规划到位，并根据轻重缓急分步实施。

（2）经济分析

进行经济效益分析，调整网络覆盖、覆盖策略和容量目标，找到建设成本和产出的最佳平衡点。

（3）技术分析

综合考虑新建网络与现有网络在功能和业务上的区分，充分利用新建网络在技术上的特点及优势，结合现有网络在覆盖上的优势，建设高质量、低成本的网络。

3. 设定规划目标

在明确网络的业务发展策略和建设策略后，需要将这些策略落实到具体的无线网指标之上。在设定规划目标时，需先确定本期工程预覆盖的总体区域，并针对总体区域内的不同区域类型，分别制定各自的覆盖、容量、质量及业务种类等方面的具体规划目标，如不同区域内提供的具体业务类型、边缘数据业务最低速率、室内外覆盖率、容量目标和业务等级等。

4. 覆盖和容量规划

预规划中覆盖和容量规划主要是为了预估出小区规模，并进行初步的投资估算。

（1）覆盖规划

在 5G 无线网络的覆盖规划中，2G/3G/4G 无线网络规划中所使用的链路预算计算方法仍然适用，但是需要采用对应的高频段传播模型，并尽可能进行模型校正。首先根据覆盖区域内各子区域提供的业务类型和业务速率目标，估算各种业务在一定的服务质量要求下所能允许的最大路径损耗，然后将最大路径损耗等参数代入该区域校正后的传播模型计算公式，得出该区域中每种业务的覆盖半径，最后取计算结果的最小值作为 5G 基站的覆盖半径。由此可根据覆盖半径估算出单个 5G 基站的覆盖面积，根据覆盖区域的面积除以单个 5G 基站的覆盖面积即可估算出实现该区域的覆盖所需的 5G 宏蜂窝站点个数。

（2）容量规划

容量规划也要分区域进行，首先估算各区域的业务总量及各种类型业务的业务量；然后根据不同区域提供的业务模型、用户模型、时隙配置方式及频点配置等估算单小区能提供的容量。接着可由业务总量和单小区容量计算出实际区域达到容量目标所需的小区数，最后各区域所需的小区数相加即可得到整个业务区所需设置的小区数。

（3）资源预估结果

对比覆盖规划和容量规划输出的小区总数，取其中的大者作为最终的资源预估结果输出。

5. 预分析效益

根据资源预估得出的小区数规模，可估算出网络建设所需的投资。通过进一步的经济评价，可判断出运营商的投资效益。若经济评价结果显示达到了预期的投资效益，则可进行下一步的详细规划阶段；如果投资效益不好，则应在保证基本市场目标的前提下，适当下调规划目标的假设，然后重新进行预规划设计，直至达到良好的投资效益。

6.2.4 详细规划阶段

详细规划阶段的主要任务是以覆盖规划和容量规划的结果为指导站址规划和邻区规划，并通过模拟仿真验证规划设计的效果。此外，还需进行投资预算及整体效益评价，验证规划设计方案的合理性。

1. 站址规划

在站址规划时，需要根据小区覆盖能力和容量，计算完成覆盖目标所需要的基站数，并通过选取站址确定基站的地理位置。

在 5G 网络中，小区的覆盖能力与设备性能、系统带宽、每小区用户数、天线模式、调度算法、边缘用户所分配到的资源数、大规模天线的选取等都有关系。但在测算小区的覆盖能力时，链路预算仍然是可行的方法。可以通过预测小区各信号或信道的覆盖性能，并结合小区边缘业务速率来判定对小区的有效覆盖范围。

5G 小区的容量与信道配置和参数配置、调度算法、大规模天线的选取等都有关系。在测算小区容量时需要借助系统仿真、实验网测试数据统计等手段计算小区吞吐量和边缘吞吐量。

除此之外，5G 网络的站址规划还要结合现有网络的拓扑结构，充分利用现有 2G/3G/4G 基站的配套资源是 5G 站址规划的一项基本原则。

2. 邻区规划

邻区规划是参数规划的主要内容之一，邻区规划质量的高低将直接影响到切换性能和掉话率。在 5G 系统中，邻区规划原理与 4G 网络基本一致，需要综合考虑各小区的覆盖范围及站间距、方位角等；同时需要关注 5G 与 2G/3G/4G 等异系统间的邻区规划。

3. 仿真模拟预测

完成站址规划和无线参数规划后，为了了解网络整体的覆盖、容量、信号质量水平，还需要将规划出来的各基站参数输入仿真软件进行模拟预测，输出各区域的各类仿真图层，用质量报表来评判网络建成后各项指标可能到达的水平，并通过与预期的建设目标对比，判断建设方案能否满足建设目标的要求。

如果仿真预测的结果未能达到建设目标，则需结合实际情况优化调整建设方案，然后对优化后的建设方案再次进行模拟预测，并对比预测结果和建设目标，直到模拟预测结果达到或者优于建设目标。

4. 投资估算、经济评价

为获得整个无线接入网工程总投资情况，需要对工程中涉及的相关建设内容进行投资估算，并结合网络建成后预计到达的财务收入进行经济评价，以确定网络建设方案的可行性。

如果方案的经济评价达不到预期则需要返回重新进行站址规划，并调整建设方案，在保证市场目标的前提下，选择更经济合理的方式解决业务区的覆盖和容量问题。

6.3 传播模型

6.3.1 传播模型概述

在移动通信系统中，由于移动台不断运动，传播信道不仅受到多普勒效应的影响，而且还受地形、地物等相关因素的影响，另外，移动通信系统本身的干扰和外界干扰也不能被忽视。基于移动通信系统的上述特性，严格的理论分析很难实现，往往需对传播环境进行近似、简化，因此理论模型跟实际模型相比误差比较大。

传播模型是进行移动通信覆盖规划的基础。传播模型的准确与否关系到 5G 无线网络覆盖规划是否科学、合理。目前，多数无线传播模型是预测无线电波传播路径的损耗，所以传播环境对无线传播模型的建立起关键作用。

我国幅员非常辽阔，从南到北、从东到西，海拔高度、地形、地貌、建筑物、植被等都千差万别，因此造成了我国各省、自治区、直辖市的无线传播环境也各不相同，差异非常大。例如，处于山区或丘陵地区的城市与处于平原地区的城市、郊区和农村相比，其无线传播环境根本就不一样，两者在无线传播环境方面存在较大的差异。因此在规划无线网络时，就必须考虑不同地形、地貌、建筑物、植被等参数对无线信号传播带来的影响，否则必然会导致建成的无线网络出现方方面面的问题，例如存在覆盖、容量或质量方面的问题，存在基站过于密集造成投资和资源浪费的问题等。

利用无线传播模型可以计算无线电波传播路径上的最大路径损耗。因此无线传播环境对无线传播模型的建立起关键作用，影响某一特定区域的无线传播环境的主要因素有以下 5 个方面：

① 地形地貌（高山、丘陵、平原、水域等）；

② 地面建筑的密度、高度；

③ 目标区域植被；

④ 天气状况，如多雨、多雾会造成无线信号强度的减弱；

⑤ 自然和人为的电磁噪声情况。

另外，无线传播模型还受到系统工作频率和移动台运动状况等因素的影响。在相同区域，工作频率不同，接收到的无线信号强度也不同；另外，静止的移动台与高速移动的移动台的传播环境也大不相同。

无线传播模型一般分为室外传播模型和室内传播模型两种。业界常用的传统传播模型见表 6-1。

表6-1　业界常用的传统传播模型

模型名称	使用范围
Okumura-Hata	适用于 150MHz～1000MHz 宏蜂窝
Cost231-Hata	适用于 1500MHz～2000MHz 宏蜂窝
Cost231 Walfish-Ikegami	适用于 900MHz 和 1800MHz 微蜂窝
Keenan-Motley	适用于 900MHz 和 1800MHz 室内环境
射线跟踪模型	频段不受限制
3D UMa	适用于 0.5GHz～100GHz 宏蜂窝

6.3.2　Okumura-Hata 模型

Hata 模型是根据 Okumura 曲线图所做的经验公式，频率范围是 150MHz～1500MHz，基站有效天线高度为 30m～300m，移动台天线高度为 1m～10m。Hata 模型以市区传播损耗为标准，其他地区的传播损耗在此基础上进行修正。在发射机和接收机之间的距离超过 1km 的情况下，Hata 模型的预测结果与原始 Okumura 模型非常接近。该模型适用于大区制移动通信系统，但不适用于小区半径为 1km 左右的移动通信系统。

Okumura-Hata 模型做了以下 3 点限制以求简化：

① 适用于计算两个全向天线间的传播损耗；

② 适用于准平滑地形而不是不规则地形；

③ 以城市市区的传播损耗为标准，其他地区采用修正因子进行修正。

Okumura-Hata 模型的市区传播公式如下：

$$L=69.55+26.16\times\log_{10}f-13.82\times\log_{10}h_b-a(h_m)+(44.9-6.55\times\log_{10}h_b)\times(\log_{10}d)$$

其中：

· $a(h_m)$ 为移动台天线高度校正参数（dB）；

· h_b 和 h_m 分别为基站、移动台天线有效高度（m）；

· d 表示发射天线和接收天线之间的水平距离（km）；

· f 表示系统工作的中心频率（MHz）。

移动台天线高度的校正公式由下式计算。

在中小城市场景：

$$a(h_m)=(1.1\times\log_{10}(f)-0.7)\times h_m-(1.56\times\log_{10}(f)-0.8)$$

在大城市场景：

$$a(h_m)=8.29\times(\log_{10}(1.54\times h_m))^2-1.1 \qquad f\leqslant 200\text{MHz}$$

$$a(h_m)=3.2\times(\log_{10}(11.75\times h_m))^2-4.97 \qquad f\geqslant 400\text{MHz}$$

在郊区场景，Okumura-Hata 经验公式修正为：

$$L_m=L(\text{市区})-2\times(\log_{10}(f/28))^2-5.4$$

在农村场景，Okumura-Hata 经验公式修正为：

$$L_m=L(\text{市区})-4.78\times(\log_{10}f)^2-18.33\times\log_{10}f-40.98$$

6.3.3　COST231-Hata 模型

COST231-Hata 是 Hata 模型的扩展版本，以 Okumura 等人的测试数据为依据，通过分析较高频段的 Okumura 传播曲线，从而得到 COST231-Hata 模型。

COST231-Hata 模型的主要适用范围如下：

① 1500MHz～2000MHz 频率范围；

② 小区半径大于 1km 的宏蜂窝系统；

③ 有效发射天线高度在 30m～200m；

④ 有效接收天线高度在 1m～10m；

⑤ 通信距离为 1km～35km。

COST231-Hata 模型的传播损耗如下式所示：

$$L_b=46.3+33.9\times\log_{10}f-13.82\times\log_{10}h_b-a(h_m)+(44.9-6.55\times\log_{10}h_b)\times(\log_{10}d)+C_m$$

与 Okumura-Hata 模型相比，COST231-Hata 模型主要增加了一个校正因子 C_m：对于树木密度适中的中等城市和郊区的中心，C_m 为 0dB；对于大城市中心场景，C_m 为 3dB。

COST231-Hata 模型的移动台天线高度修正因子根据下式进行调整：

$$a(h_m)=\begin{cases} (1.11\times\log_{10}f-0.7)-(1.56\times\log_{10}f-0.08) & \text{中小城市} \\ 3.2\times(\log_{10}(11.75\times h_m))^2-4.9 & \text{大城市} \\ 0 & h_m=1.5m \end{cases}$$

COST231-Hata 模型的其他修正因子与 Okumura-Hata 模型一致。

6.3.4　SPM 模型

SPM 是从 COST231-Hata 模型演进而来的通用传播模型，传统的 2G、3G、4G 网络都是用 SPM 模型进行模型校正。

SPM 模型的传播损耗如下式所示：

$$L_{model} = K_1 + K_2 \log(d) + K_3 \log(H_{Txeff}) + K_4 \times Diffractionloss + K_5 \log(d) \times \log(H_{Txeff}) + K_6(H_{Rxeff}) + K_{clutter} f(cluter)$$

其中：

· K_1 为常数（dB），其值与频率有关；

· K_2 为 $\log(d)$ 的乘数因子（距离因子），该值表明了场强随距离变化而变化的快慢；

· D 为发射天线和接收天线之间的水平距离（m）；

· K_3 为 $\log(H_{Txeff})$ 的乘数因子，该值表明了场强随发射天线高度变化的情况；

· H_{Txeff} 为发射天线的有效高度（m）；

· K_4 为衍射衰耗的乘数因子，该值表明了衍射的强弱；

· $Diffraction\ loss$ 为经过有障碍路径引起的衍射损耗（dB）；

· K_5 为 $\log(H_{Txeff}) \log(d)$ 的乘数因子；

· K_6：H_{Rxeff} 的乘数因子，该值表明了场强随接收天线高度变化的情况；

· H_{Rxeff} 为接收天线的有效高度（m）；

· $K_{clutter}$ 为 $f(clutter)$ 的乘数因子，该值表示地物损耗的权重；

· $f(clutter)$ 为因地物所引起的平均加权损耗。

考虑到通用传播模型各参数校正的难易程度和实用性，并结合 CW 测试的实际情况，校正参数一般均定为：K_1、K_2、$f(clutter)$。

从工程角来度，传播模型校准应满足标准方差 <8dB，中值误差 <0。即便传播模型校正达到这个标准，也同样有传播预测值与实际值存在着差异，这个差异与位置、地貌和方差大小密切相关。模型校正后的方差越小，意味着该模型越能够准确描述实际采样的环境，但模型的通用性降低。如果模型校正的方差过大，那么模型的通用性虽好，但与实际环境的差异也很大。因此，模型校正中对误差值的要求为：误差均值 <2；标准方差 <8dB（市区）或 11dB（农村）。

6.3.5　射线跟踪模型

射线跟踪是一种被广泛用于移动通信和个人通信环境中的预测无线电波传播特性的

技术,可以用来分辨出多径信道中收发之间所有可能的射线路径。所有可能的射线被分辨出来后,可以根据电波传播理论计算每条射线的幅度、相位、延迟和极化,结合天线方向图和系统带宽可得到接收点的所有射线的相干合成结果。射线跟踪模型示意如图 6-2 所示。

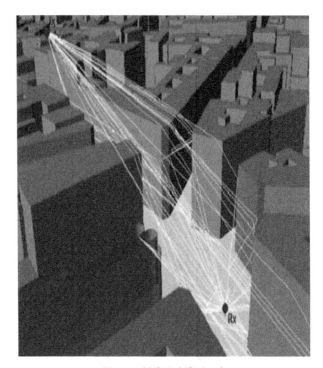

图6-2　射线跟踪模型示意

射线跟踪模型是一种确定性模型,其基本原理为标准衍射理论(Uniform Theory of Diffraction,UTD)。根据标准衍射理论,高频率的电磁波远场传播特性可简化为射线模型。因此,射线跟踪模型实际上是采用光学方法,考虑电波的反射、衍射和散射,结合高精度的包括建筑物矢量及建筑物高度信息在内的三维电子地图,准确预测传播损耗。

射线跟踪模型可以分为双射线模型和多射线模型。

1. 双射线模型

双射线模型只考虑视距传播和地面反射波的作用。该模型既适用于平坦地面的农村环境,还适合于具有低基站天线的微蜂窝小区,在这些场景下,收发天线之间具有视距传播路径。

双射线模型中，路径损耗是收发之间距离的函数，可用两根不同斜率的直线段近似。突变点把双射线模式的传播路径分成两个本质截然不同的区域：当离基站较近时，即在突变点前的近区，由于地面反射波的影响，接收信号电平按较小的斜率衰减，但变化剧烈；在突变点后的远区，无线电信号以较大的斜率衰减。

2. 多射线模型

多射线模型是在双射线模型的基础上产生的，如四射线模型的传播路径除了视距传播和地面反射路径外，还包括两条建筑物反射路径，六射线模型则包括了 4 条建筑物反射路径。显然，模型包括的反射路径越多，该模型就越精细，但是计算量也会随之大幅增加。

6.3.6　3D UMa 模型

目前无线网络规划仿真中常用的模型，如 COST231-Hata 和 SPM 模型等，COST231-Hata 只适用于 2GHz 以下频段，无法适用于 5G 新频段（如 3.5GHz）；SPM 是从 COST231-Hata 模型演进而来，形式上可以针对不同频段进行校正，但是否适用于 3.5GHz、4.9GHz 等 5G 频段未经实践检验。

5G 技术引入 mMIMO、UDN、高频段等技术，需要比 2G/3G/4G 更充分地考虑地形地貌对信号传播的影响以及提高仿真的精确度，而采用射线跟踪模型可以满足这些要求，但相比传统的统计模型，其计算量大，准确度更依赖于所用地图的精度、射线计算的精度和数量。传统的统计模型是否满足需求，射线跟踪模型的具体应用场景还有待进一步研究。

为提供适用于 5G 的传播模型，3GPP TR 36.873 提出了 3D UMa 模型，其适用频段为 2GHz～6GHz，经 3GPP TR 38.901 演变后扩展到 0.5GHz～100GHz。3GPP 对于大尺度的衰落模型针对不同场景提出了一系列经验模型，包括密集市区 / 市区微蜂窝 UMi、密集市区 / 市区 / 郊区宏蜂窝 UMa、农村宏蜂窝 RMa 等。但其主要应用于算法验证或设备性能验证的链路级仿真，缺乏对不同区域的地形地貌进行测试，在网络规划的系统级仿真中需要精确设置建筑高度、街道宽度等参数，人为因素影响较大，在实际工程中必须高度重视以减少误差。

由于 5G 主要部署在密集市区、市区等高数据流量区域，重点关注 UMa 模型。3GPP 3D UMa 传播模型见表 6-2，距离及高度参数定义如图 6-3 所示。

表6-2　3D UMa传播模型

场景	路径损耗(PL/dB、频率/GHz、距离/m)	阴影衰落标准差（dB）	说明
3D-UMa LOS（视距）	$PL_{3D\text{-}UMa\text{-}LOS}=22.01\log_{10}(d_{3D})+28.0+20\log_{10}(f_c)$	$\sigma_{SF}=4$	$10m<d_{2D}<d'_{BP}$
	$PL_{3D\text{-}UMa\text{-}LOS}=40\log_{10}(d_{3D})+28.0+20\log_{10}(f_c)-9\log_{10}((d'_{BP})^2+(h_{BS}-h_{UT})^2)$	$\sigma_{SF}=4$	$d'_{BP}<d_{2D}<5000m$ $h_{BS}=25m,\ 1.5m\leq h_{UT}\leq 22.5m$
3D-UMa O-to-I（室外覆盖室内）	$PL=$ 基本路径损耗 PL_b + 穿透损耗 PL_{tw} + 室内损耗 PL_{in} 蜂窝结构中： $PL_b=PL_{3D\text{-}UMa}(d_{3D\text{-}out}+d_{3D\text{-}in})$ $PL_{tw}=20$ $PL_{in}=0.5d_{2D\text{-}in}$	$\sigma_{SF}=7$	$10m<d_{2D\text{-}out}+d_{2D\text{-}in}<1000m$ $0m<d_{2D\text{-}in}<25m$ $h_{BS}=25m,\ h_{UT}=3(n_{fl}-1)+1.5,$ $n_{fl}=1,2,3,4,5,6,7,8$
3D-UMa NLOS（非视距）	$PL=max(PL_{3D\text{-}UMa\text{-}NLOS},PL_{3D\text{-}UMa\text{-}LOS})$, $PL_{3D\text{-}UMa\text{-}NLOS}=161.04-7.1\log_{10}(W)+7.5\log_{10}(h)-(24.37-3.7(h/h_{BS})^2)\log_{10}(h_{BS})+(43.42-3.1\log_{10}(h_{BS}))(\log_{10}(d_{3D})-3)+20\log_{10}(f_c)-(3.2(\log_{10}(17.625))^2-4.97)-0.6(h_{UT}-1.5)$	$\sigma_{SF}=6$	$10m<d_{2D}<5\,000m$ $h_{BS}=25m,1.5m\leq h_{UT}\leq 22.5m,$ $W=20m,\ h=20m$ 参数适用范围： $5\,m<h<50m$ $5\,m<W<50m$ $10\,m<h_{BS}<150m$ $1.5\,m\leq h_{UT}\leq 22.5m$

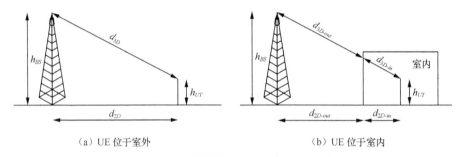

（a）UE 位于室外　　　　　　（b）UE 位于室内

图6-3　UMa传播模型相关距离及高度参数定义

其中：

· W 为街道宽度（m）；

· h 为建筑物高度（m）；

· h_{BS} 为基站天线有效高度（m）；

· h_{UT} 为移动台天线有效高度（m）；

· d'_{BP} 为突变点离基站的距离（m）。

UMa 模型主要依靠穿透损耗、街道宽度和建筑物高度来区分密集城区、城区、郊区等区域的。在 2.6GHz 频率下，Cost231-Hata 模型的路径损耗与 UMa 模型（街道宽度 10m，建筑物高度 30m）相当，高于 UMa 模型（街道宽度 20m，建筑物高度 20m），如图 6-4 所示。

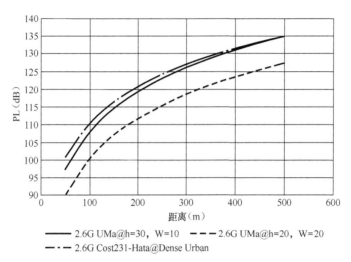

图6-4　Cost231-Hata模型与UMa模型的路径损耗对比示意（2.6GHz频率）

由于 5G 采用的频段较高，其穿透损耗也相应较大。3GPP TR 38.901 相关文献阐述了不同模型及不同材料下的穿透损耗，详见表 6-3 和表 6-4。

表6-3　不同材料对应的穿透损耗

材料	穿透损耗（L/dB、f/GHz）
标准多层玻璃	$L_{glass}=2+0.2f$
IRR 玻璃	$L_{IRR\ glass}=23+0.3f$
混泥土墙	$L_{concrete}=5+4f$
木质结构墙	$L_{wood}=4.85+0.12f$

表6-4　O2I建筑物穿透损耗

	穿透外墙的路径损耗 PL_{tw}（dB）	室内损耗 PL_{in}（dB）	标准差 σ_P（dB）
低损耗模型	$5-10\log_{10}\left(0.3\times10^{-\frac{L_{glass}}{10}}+0.7\times10^{-\frac{L_{concrete}}{10}}\right)$	$0.5\ d_{2D\text{-}in}$	4.4
高损耗模型	$5-10\log_{10}\left(0.3\times10^{-\frac{L_{IRR\ glass}}{10}}+0.7\times10^{-\frac{L_{concrete}}{10}}\right)$	$0.5\ d_{2D\text{-}in}$	6.5

而基于上述高损耗模型可以计算 3.5GHz 穿透损耗为：

$$5\text{-}10\log_{10}\left(0.7\times10^{-\frac{23+0.3\times3.5}{10}}+0.3\times10^{-\frac{5+4\times3.5}{10}}\right)=26.85\text{dB}$$

实际上，建筑组成的材质种类繁多，不同情况下穿透损耗差距较大，根据 3GPP R-REP-P.2346，部分情况下穿透损耗值如下：

· 10cm&20cm 厚混凝土板（concrete slab）的穿透损耗为 16dB～20dB；

· 1cm 镀膜玻璃（0 度入射角）的穿透损耗为 25dB；

· 外墙 + 单向透视镀膜玻璃的穿透损耗为 29dB；

· 外墙 + 1 堵内墙的穿透损耗为 44dB；

· 外墙 + 2 堵内墙的穿透损耗为 58dB；

· 外墙 + 电梯的穿透损耗为 47dB。

不同区域的穿透损耗根据实际情况千差万别，这里给出了不同地域情况下综合的穿透损耗的参考值，详见表 6-5。

表6-5 不同地域情况下综合的穿透损耗（单位：dB）

	频率（GHz）					
	0.8	1.8	2.1	2.6	3.5	4.5
密集市区	18	21	22	23	26	28
一般市区	14	17	18	19	22	24
郊区	10	13	14	15	18	20
农村	7	10	11	12	15	17

6.4 覆盖规划

6.4.1 覆盖规划的特点

5G 宏基站的覆盖规划具有以下特点。

（1）确定边缘用户的数据速率等目标是 5G 网络覆盖规划的基础

ITU 定义了 5G 应用场景的三大方向：eMBB、mMTC、uRLLC。不同业务的上 / 下行数据速率需求不同，其解调门限不同，导致覆盖半径也不同。因此要确定小区的有效覆盖范围，在覆盖规划时首先需要确定小区边缘用户的最低保障速率等性能要求。由于 5G 采用时域 / 频域的两维调度，因此既需要确定满足既定小区边缘最低保障速率下的小区覆盖半径，还需要确定不同类型业务在小区边缘区域占用的 RB 数和信号与干扰和噪声比

（Signal to Interference plus Noise Ratio，SINR）值要求。

（2）5G 资源调度更复杂，覆盖特性和资源分配紧密相关

在 5G 网络中，为应对不同的覆盖环境和规划需求，可以根据不同类型的业务需求灵活地选择 RB 和调制编码方式（Modulation and Coding Scheme，MCS）进行组合。在进行覆盖规划时，很难模拟实际网络，因为在实际网络中，单用户占用的 RB 数量、用户速率、MCS、SINR 值四者之间会相互影响，导致 5G 网络调度算法比较复杂。因此，如何合理确定 RB 资源、调制编码方式，使其选择更符合实际网络需求是 5G 覆盖规划的一个难点。

（3）小区间干扰影响 5G 的覆盖性能

由于在 5G 系统中引入了 F-OFDM 技术，不同用户间子载波频率正交，因此同一小区内不同用户间的干扰几乎可以被忽略，但 5G 系统小区间的同频干扰依然存在。随着网络负荷增加，小区间干扰水平也会增加，使得用户 SINR 值下降，传输速率也会相应降低，呈现一定的呼吸效应。另外，不同的干扰消除技术会产生不同的小区间业务信道干扰抑制效果，这也会影响 5G 的边缘覆盖效果。因此如何评估小区间干扰抬升水平，也是 5G 网络覆盖规划的一个难点。

5G 的链路预算流程包括业务速率需求和系统带宽、天线型号、mMIMO 配置、DL/UL 公共开销负荷、发送端功率增益和损耗计算、接收端功率增益和损耗计算，最后得到链路总预算。

5G 链路预算过程中，要特别注意以下影响覆盖的因素。

① 发送功率对覆盖的影响：由于存在 64T64R 等多端口天线，5G 的发射功率可达 200W，在 5G 基站发射功率增大的同时，增强覆盖能力，但其受到的干扰也会逐步增强，在一定功率值附近频谱效率达到平稳。对实际使用中设备的功率取值通常要在业务需求、覆盖能力、频谱效率、设备成本与体积方面进行平衡。不同信道的下行功率可以依据功率配置准则配置和调整功率，这种配置方式会影响到覆盖性能。

② 天线配置对覆盖的影响：5G 可采用 64T64R 等大规模阵子天线，可通过天线分集获得可观的分集收益，但是高配置天线的成本、体积、重量和功率均较高。实际工程中应根据业务需求、安装场景、建设成本等情况灵活选择天线配置。

③ 资源对覆盖的影响：在一定边缘业务速率性能的要求下，业务信道占用的 RB 资源、子帧数目越多，覆盖距离就越远。

6.4.2 室外覆盖

传统传播模型只适用于 2GHz 以下频段，无法适用于 5G 新频段（如 3.5GHz），但 SPM 是否适用于 3.5GHz、4.9GHz 等 5G 频段未经实践检验，射线跟踪模型计算量大，准确度依赖于所用地图的精度、射线计算的精度和数量。因此，5G 传播模型选用 3GPP TR 38.901 提出的 3D UMa 模型。

根据传播模型，可通过链路预算计算无线的路径损耗和覆盖距离。链路预算流程如图 6-5 所示。

由图 6-5 可见，链路预算的关键是计算路径损耗，路径损耗公式为：MAPL= 发射端 EIRP+ 增益 – 损耗 – 工程余量 – 接收端接收灵敏度。详细计算上下行路径损耗的过程如图 6-6 和图 6-7 所示。

根据协议规定，5G 采用 3D UMa 传播模型进行链路预算分析，其中：频率设置为 3.5GHz，设备参数暂按目前的设备情况设置，边缘速率目标暂按照目前业内推荐的下行 10Mbit/s 和上行 1Mbit/s 边缘速率估算，边缘覆盖率参考目前 4G 的边缘覆盖率要求，基站天线挂高根据场景不同分别取值，穿透损耗、街道宽度和建筑物高度根据不同地域给出典型参考值，详见表 6-6。

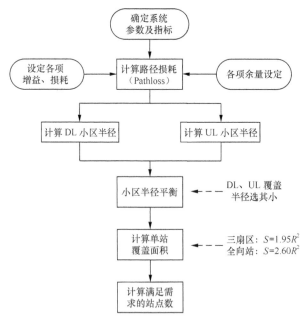

图6-5　5G链路预算示意

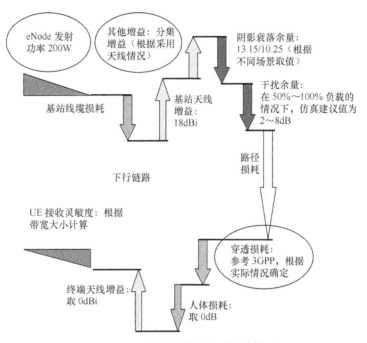

图6-6　5G下行链路路径损耗分析计算示意

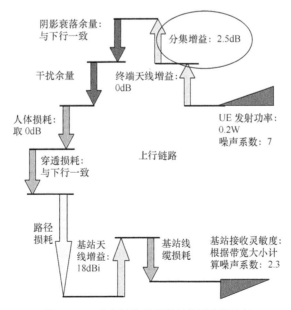

图6-7　5G上行链路路径损耗分析计算示意

表6-6　5G链路预算示例

项目		下行边缘速率 10Mbit/s		上行边缘速率 1Mbit/s	
		16T16R	64T64R	16T16R	64T64R
系统参数	频段（GHz）	3.5	3.5	3.5	3.5
	带宽（MHz）	100	100	100	100
	上行比率	20%	20%	20%	20%
	终端天线	2T4R	2T4R	2T4R	2T4R
	RB 总数（个）	272	272	272	272
	上下行分配	20%	20%	20%	20%
	需 RB 数（个）	108	108	36	36
	SINR 值门限（dB）	−16	−16	−16	−16
发射设备参数	最大发射功率（dBm）	49	49	26	26
	发射天线增益（dBi）	10	10	0	0
	发射分集增益（dB）	12.5	14.5	0	0
	EIRP（不含馈损）（dBm）	71.5	73.5	26	26
接收设备参数	接收天线增益（dBi）	0	0	10	10
	噪声系数（dB）	7	7	3.5	3.5
	热噪声（dB）	−174.00	−174.00	−174.00	−174.00
	接收机灵敏度（dBm/Hz）	−107.00	−107.00	−115.27	−115.27
	分集接收增益（dB）	2.5	2.5	12.5	14.5
附加损益	干扰余量（dB）	0	0	0	0
	负荷因子（dB）	6	6	3	3
	切换增益（dB）	0	0	0	0
场景参数—密集市区	基站天线高度（m）	30	30	30	30
	阴影衰落（95%）（dB）	11.6	11.6	11.6	11.6
	馈线接头损耗（dB）	0	0	0	0
	穿透损耗（dB）	25	25	25	25
场景参数——一般市区	基站天线高度（m）	30	30	30	30
	阴影衰落（95%）（dB）	9.4	9.4	9.4	9.4
	馈线接头损耗（dB）	0	0	0	0
	穿透损耗（dB）	22	22	22	22
场景参数—郊区	基站天线高度（m）	35	35	35	35
	阴影衰落（90%）（dB）	7.2	7.2	7.2	7.2
	馈线接头损耗（dB）	0	0	0	0
	穿透损耗（dB）	19	19	19	19

（续表）

项目		下行边缘速率 10Mbit/s		上行边缘速率 1Mbit/s	
		16T16R	64T64R	16T16R	64T64R
场景参数—农村	基站天线高度（m）	40	40	40	40
	阴影衰落（90%）（dB）	6.2	6.2	6.2	6.2
	馈线接头损耗（dB）	0	0	0	0
	穿透损耗（dB）	16	16	16	16
MAPL（dB）	密集市区	138.40	140.40	124.17	126.17
	一般市区	143.60	145.60	129.37	131.37
	郊区	148.80	150.80	134.57	136.57
	农村	152.80	154.80	138.57	140.57
街道宽度（m）	密集市区	15.00	15.00	15.00	15.00
	一般市区	20.00	20.00	20.00	20.00
	郊区	20.00	20.00	20.00	20.00
	农村	20.00	20.00	20.00	20.00
平均建筑物高度（m）	密集市区	40.00	40.00	40.00	40.00
	一般市区	20.00	20.00	20.00	20.00
	郊区	10.00	10.00	10.00	10.00
	农村	5.00	5.00	5.00	5.00
覆盖半径（m）	密集市区	523.84	589.78	225.35	253.72
	一般市区	1323.31	1489.89	569.28	640.94
	郊区	2560.86	2885.06	1096.69	1235.53
	农村	4163.91	4693.67	1776.14	2002.11
站间距（m）	密集市区	785.77	884.68	338.03	380.58
	一般市区	1984.96	2234.83	853.92	961.41
	郊区	3841.29	4327.59	1645.03	1853.29
	农村	6245.87	7040.50	2664.21	3003.16

备注：

现有的厂商设备均为试验网设备，解调能力有差异，暂取较低的 –16dB。在 5G 规模商用后，根据商用经验可进一步优化 SINR 值。以上仅为理论分析，实际情况还将根据具体的业务需求、基站天线高度、建筑物损耗等情况变化。

除了 3.5GHz、4.9GHz 等主要 5G 频段外，远期可能存在低频重耕和 6GHz 以上毫米波覆盖等情况，对于这些频段的覆盖规划，主要原则如下。

① 低频重耕：主要根据 5G 采用的天线、发射功率等调整链路预算。

② 6GHz 以上的毫米波频段：主要考虑视距传输，不适合规模部署。

规划 5G 其他频段覆盖示意如图 6-8 所示。

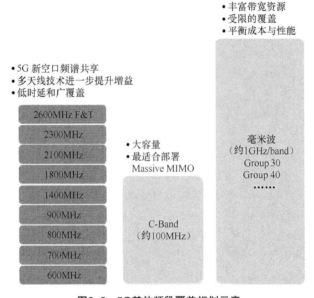

图6-8　5G其他频段覆盖规划示意

6.4.3　室内覆盖

1. 室外覆盖室内

在室内覆盖中，室外基站覆盖室内一直是一个重要的覆盖手段。在 5G 时代，由于采用 3.5GHz 等高频段，这一覆盖手段受到挑战。密集城区 3.5GHz 上行链路预算示例详见表 6-7。

表6-7　密集城区3.5GHz上行链路预算示例（考虑上行覆盖受限）

参数		取值
系统参数	信道类型	PUSCH
	带宽（MHz）	100
	时隙配比（DL：UL）	Sub-6G/28：10
	小区边缘速率（Mbit/s）	1
	MIMO 类型	64T64R/ 单流
	需 RB 数	59

（续表）

参数		取值
发射机参数	最大发射功率（dBm）	23
	发射天线增益（dB）	0
	发射分集增益（dBi）	0
	天馈损耗（dB）	0
	人体损耗（dB）	0
	每 RE EIRP（dBm）	−5.5
接收机参数	SINR 值要求（dB）	−16
	MCS 要求 / 格式	MCS：QPSK0.29
	噪声系数（dB）	3.5
	单子载波热噪声（dBm）	−132.24
	单子载波接收机灵敏度（dBm）	−144.74
	接收天线增益（dBi）	10
	天馈损耗（dB）	0
	干扰余量（dB）	2
	每 RE 最小接收功率（dBm）	−152.74
路径损耗及覆盖半径计算	穿透损耗（dB）	26
	阴影衰落	95%
	阴影衰落余量（dB）	9
	路径损耗（dB）	112.24
	传播模型	3GPP UMa
	街道宽度（m）	15
	平均建筑物高度（m）	40
	基站高度 /UE 高度（m）	35/1.5
	覆盖半径（m）	138

由表 6-7 可见，考虑穿透因素后，3.5GHz 64T64R NR 覆盖半径很小。5G 终端不局限于传统手机，部分增强型 5G 终端有 5dB 的发射分集增益，估算覆盖半径为 186m，覆盖半径仍然较小。表 6-7 各项参数取的是经验值，在实际工程中，覆盖距离因建筑物高度、街道宽度、基站高度等不同有所区别，但正常情况下差异不大。因此，3.5GHz 频段的空间损耗及穿透损耗较大，覆盖能力较弱，通过室外基站覆盖室内会导致基站密度增大，从而引起高干扰、频繁切换、建设成本较高等问题。

2. 室内覆盖系统

目前运营商解决室内覆盖的主要方案为建设室内 DAS，传统 DAS 方案应用广泛，成熟度高，在预留资源的条件下，后期可通过直接合路的方式部署新系统，具有良好的兼容性。但传统 DAS 方案存在以下缺点：

① 在大中型室分场景中，馈线、无源器件、天线数量多，施工安装难度大，实现快速覆盖和隐蔽覆盖难度大，发生问题或故障后的整改难度也较大；

② 多网共用分布系统时，多系统隔离需依赖无源器件完成，一旦使用不合格的无源器件，容易造成系统干扰；

③ 传统 DAS 难以保证多路信号的平衡；

④ 馈线、无源器件、天线都是哑设备，无法主动发现故障，且排查难度大；

⑤ 完成系统安装后，如果遇到搬迁或拆除等情况，拆除馈线及器件的工作量大，难以完全利旧复用；

⑥ 现有 DAS 无源器件支持最高频段为 2.7GHz 左右，无法支持 5G 网络的 3.5GHz 和 4.9GHz，且过高的频段在馈线中传输损耗太大。

有源室内分布系统由基带单元、扩展单元和远端单元组成，基带单元与扩展单元通过光纤连接，扩展单元与远端单元通过网线或光电复合缆连接，是一种新型室内覆盖解决方案。有源室内分布系统具有施工方便、速率高、用户体验好、可视可控、与 5G 兼容等优势，是运营商在 5G 时代的主要室分覆盖方案。

有源室内分布系统主要厂商设备情况见表 6-8。

表6-8　有源室内分布系统主要厂商设备情况

厂商	名称	系统架构	远端输出功率（mW）	输出功率（dBm）
华为	Lampsite 系统	BBU+rHub+pRRU	125	−10.8
中兴	Qcell 系统	BBU+P-Brige+Pico RRU	125	−10.8
爱立信	DOT	BBU+IRU+Dot	125	−10.8
诺基亚	FZC+FZAP	FZC+ 二层交换机 +FZAP	125	−10.8

以华为的 LampSite 为例，LampSite 系统由 BBU、RHub 和 pRRU 组成。如图 6-9 所示，通过光纤连接 BBU 和 RHub，实现对移动通信基带信号的室分主干层传递，在平层通过网线或光纤接入 pRRU，实现末端室分覆盖。RHub 和 pRRU 体积小，重量轻，支持多模演进、软件实现小区分裂、监控到末端天线等特性。RHub 可安装在机架和机箱（占

1U 空间），也可挂墙安装；pRRU 可安装在室内墙面、天花板、吊顶扣板上。

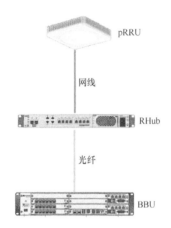

图6-9　LampSite解决方案组网示意

根据现网实际工程应用情况，有源室内分布系统具有以下特点：

① 新增系统方便，可利旧原系统，网络可平衡升级至 5G，兼容性强；

② 光纤/网线传输，设备美化，施工协调简单，可吊顶或挂墙安装；

③ 单台设备支持 MIMO，速率提升显著，用户话务贡献能力高（单用户话务贡献能力是无源室分系统的1.2倍～1.6倍，单位面积话务贡献业务是无源室分系统的1.16倍～18倍），用户体验好（下行速率是无源室分系统的 8 倍～13 倍，上行速率是无源室分系统的 3 倍～5 倍）；

④ 分布式皮基站可通过软件实现小区合并、分裂，灵活地应对容量变化；

⑤ 与宏站共网管，系统监控无盲区，可快速准确定位系统、设备故障，方便运维。

有源室内分布系统具有上述诸多优点，网络性能稳定，可以满足运营商的网络建设质量和容量的需求。国内运营商在已经或计划部署的室内覆盖中，大量采用有源分布系统。

此外，由于 5G 主要作为容量吸收层，会与 4G 长期共存，因此 4G 与 5G 的室内平滑升级和共点位覆盖显得尤为重要。

6.5　容量规划

6.5.1　容量规划的特点

决定 5G 系统容量的因素有很多，不仅与业务类型、信道配置、天线配置和参数配置有关，而且与小区间干扰协调算法、调度算法、链路质量和实际网络整体的信道环境等都有关系。

具体分析影响 5G 系统容量的主要因素如下。

（1）单频点带宽

现有 5G 的单频点带宽已达 100Mbit/s，带宽越大，网络可用资源越多，系统容量就会越大。需要注意 5G 的带宽引入 BWP，若采用 BWP 技术，如将部分带宽用于专网等情况，实际工程中需要综合考虑。后期采用更高频谱后，可能会进一步提高单频点带宽。

（2）5G 规划关注网络结构

5G 的用户吞吐量取决于用户所处环境的无线信道质量，小区吞吐量取决于小区整体的信道环境，而小区整体信道环境最关键的影响因素是网络结构及小区的覆盖半径，由于 5G 采用高密度组网，网络结构的合理性显得尤为重要。如果仿真模型采用合适站距以及接近理想蜂窝结构，用规划软件仿真分析的结果表明其小区吞吐量比其他方案有明显提升。因此，要严格按照站距原则选择站址，避免选择高站及偏离蜂窝结构较大的站点。

（3）小区间干扰消除技术的效果将会影响系统整体容量及边缘用户速率

5G 系统由于采用 F-OFDM 技术，系统内的干扰主要来自于同频的其他小区。这些同频干扰将降低用户的信噪比，从而影响用户的容量。

（4）5G 整体容量性能和资源调度算法的好坏密切相关

5G 采用的自适应调制编码方式使得网络能够根据信道的质量实时检测反馈，动态调整用户数据的编码方式以及占用的资源，从系统上做到性能最优。好的资源调度算法可以明显提升系统容量及用户速率。

（5）5G 整体容量性能和天线配置有关

5G 可采用 64T64R 等大规模阵子天线，可通过空间复用提高传输速率，但是高配置天线的成本、体积、重量和功率等均较高。实际工程中应根据业务需求、安装场景、建设成本等情况灵活选择天线配置。

5G 的业务信道均为共享信道，容量规划可通过系统仿真和实测统计数据相结合的方法，得到各种无线场景下网络和 UE 各种配置下的小区吞吐量以及小区边缘吞吐量。

6.5.2 5G 主要应用场景

ITU-R 发布的《IMT 愿景—2020 年及之后 IMT 未来发展的框架和总体目标》明确提

出 5G 应用场景主要可分为 eMBB、mMTC 和 uRLLC 三大类，如图 6-10 所示。

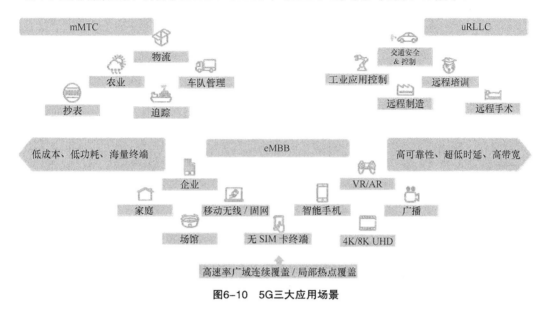

图6-10 5G三大应用场景

1. eMBB

该应用场景包括有着不同要求的广域覆盖和热点覆盖。就热点而言，用户密度大的区域需要极高的通信能力，数据速率要求高，但对移动性的要求低；就广域覆盖而言，致力于无缝用户体验，用户数据速率也要远高于现有用户数据速率。

2. mMTC

该应用场景的特点是连接设备数量庞大，这些设备通常传输相对少量的非延迟敏感数据，适合物联网应用。需要降低设备成本，大幅延长电池续航时间。

3. uRLLC

该应用场景对吞吐量、时延、可用性等性能的要求十分严格，应用领域包括工业制造或生产流程的无线控制、远程手术、智能电网配电自动化以及运输安全等。

6.5.3 业务需求分析

5G 应用场景中主要的典型应用都有其对网络的独特需求，详见表 6-9。

表6-9   5G典型应用业务需求分析

典型应用	基本假设	传输速率要求	时延要求	主要挑战
视频会话	支持上行 1080P 视频传输		50ms～100ms	15Mbit/s（UL&DL）
高清视频播放	不同场景支持能力不同，如静止场景支持8K 视频传输，中速场景支持 4K 视频传输，高速场景支持 1080P 视频传输（均为下行）	1080P：15Mbit/s 4K：约 60Mbit/s 8K：约 240Mbit/s 8K（3D）：约 960Mbit/s	50ms～100ms	1080P：15Mbit/s（DL） 4K：60Mbit/s（DL） 8K：240Mbit/s（DL）
增强现实	支持上下行 1080P 视频传输，用户对时延无感知		单向端到端时延为 5ms～10ms	15Mbit/s（UL&DL） 5ms～10ms
虚拟现实	支持下行 8K（3D）高清视频传输		50ms～100ms	960Mbit/s（DL）
实时视频分享	支持上行 4K 视频传输		50ms～100ms	60Mbit/s（UL）
视频监控	单位面积一个摄像头，支持上行 4K 视频传输		50ms～100ms	60Mbit/s（UL）
云桌面	上下行数据传输	上下行 20Mbit/s	单向端到端 10ms	20Mbit/s（DL&UL） 10ms
无线数据下载云存储	可比拟光纤传输	下行传输速率约为1Gbit/s，上行 0.5Gbit/s	无挑战	1Gbit/s（DL） 0.5Gbit/s（UL）
高清图片上传	上传 4000 万像素照片	文件大小约为 20MB，具体测算结合场景分析	无挑战	结合场景分析
智能家居	每户家庭的连接设备为 10 至 20 个，主要影响连接数密度	挑战不大	无挑战	设备连接数每户 15 个
车联网	满足车联网时延要求	挑战不大	5ms	考虑防碰撞所需要保障的单向端到端时延
在线游戏	主要考虑时延	挑战不大	15ms～40ms	动作、射击类游戏时延要求单向端到端 15ms～40ms

多个业务并发时的性能指标测算方法如图 6-11 所示。

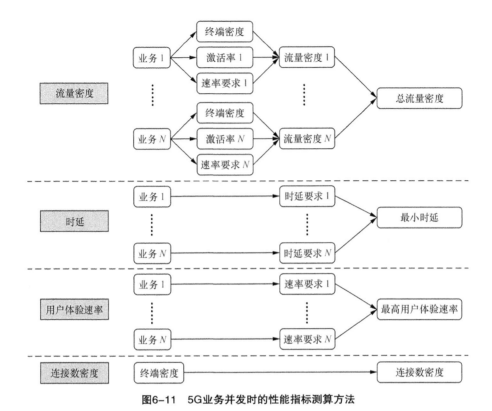

图6-11　5G业务并发时的性能指标测算方法

6.5.4　估算用户数

详细分析各类业务的综合容量需求后，就可以根据容量模型计算单用户容量需求，假定单用户下行速率要求为10Mbit/s。

确定单用户容量需求后，再计算出单载波峰值速率，可以得出单载波理论承载用户最大数量，如图6-12所示。

根据图6-12，计算5G在3.5GHz频段下100Mbit/s单载波的峰值速率：

① 频域 =272×12（子载波）×8bit（256 QAM）；

② 时域 =14×4 流 ×2000（每秒 2000 组符号）；

③ 峰值速率＝频域 × 时域；

④ 按照控制：上行：下行 =2∶3∶9来分析时，下行峰值速率计算得 1.75Gbit/s。

因此，根据上文设定，单用户下行速率要求为 10Mbit/s，可以计算得出单载波理论承载用户最大数量为 179 个。

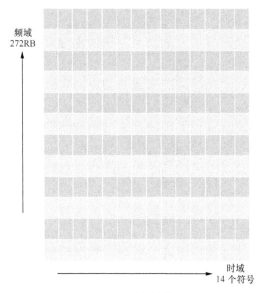

图6-12　5G容量计算示意

6.6　站址规划

　　站址规划的任务就是实地勘查业务区，进行站点的具体布置，确定基站类型（宏站、微站等）找出适合做基站站址的位置，初步确定基站的高度、扇区方向角及下倾角等参数。在站址规划时，要充分考虑到现有网络基站的利旧，需核实现有基站位置、高度是否适合新建网络，机房、天面是否有足够的位置布放新建系统的设备、天线等。如果和现有的网络基站共址建设还需考虑系统之间的干扰控制问题，可通过空间隔离或者加装滤波器等方式隔离不同系统的天线，使系统间干扰降低到不影响双方正常运作的程度。站址规划的流程如图 6-13 所示。

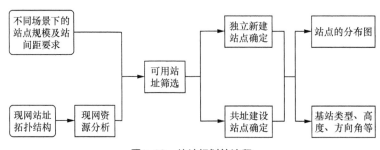

图6-13　站址规划的流程

站址规划是整个无线网络规划设计中很重要的环节，如果选择站址不合理，干扰将难以通过后期的优化调整被加以控制，有可能导致成片区域的信号质量恶化，收缩有效覆盖距离，使容量遭受一定程度的损失。因此，站点选址要充分考虑网络结构、站点高度、周围的无线环境等多方面的因素，所选出的站址要网络结构合理、高度适中，预计覆盖效果好，且不会对周边的基站造成较大的干扰。

6.7 邻区规划

6.7.1 邻区规划的思路

对新建网络或较大的扩容项目的邻区规划要以规划软件为主，结合人工细化处理：

① 使用规划软件进行初步规划（需要数字地图文件和详细工程参数，如基站经纬度、天线方位角、下倾角、海拔、挂高以及天线类型等）；

② 根据初步规划结果，结合各个基站的实际情况和勘测报告中的地形地物、覆盖目标以及相邻基站的距离、扇区目标等信息增删邻区和调整邻区的优先级别。

6.7.2 配置邻区的原则

配置邻区关系时，应尽量遵循以下原则。

① 一方面要考虑空间位置上的相邻关系，另一方面也要考虑位置上不相邻但在无线意义上的相邻关系，地理位置上直接相邻的小区一般要作为邻区。

② 邻区一般要求互为邻区，即 A 扇区把 B 作为邻区，B 也要把 A 作为邻区；但在一些特殊场合，可能要求配置单向邻区。

③ 对于密集城区和普通城区，由于站间距比较近，应该多做邻区，目前对于同频、异频和异系统邻区最大配置数量是有限的。所以在配置邻区时，需注意邻区的个数，把确实存在邻区关系的配进来，一定要去掉不相干的邻区，以避免用了邻区名额。在实际网络中，既要配置必要的邻区，又要避免过多的邻区。

④ 对于市郊和郊县的基站，虽然站间距很大，但一定要把位置上相邻的作为邻区，保证及时切换，避免掉话。

6.7.3 规划异系统邻区

在 5G 网络大规模投入使用后，一方面，5G 网络可以承担大部分的 2G/3G/4G 业务（尤其是数据业务方面），大大减轻 2G/3G/4G 网络的负荷；另一方面，也增加了网络系统的复杂度，特别是 5G 与异系统的切换方面，需要配置 5G 与现网的 2G/3G/4G 小区的合理邻区配置，以减小小区间由于切换而导致的掉话率，提高网络的服务质量。

6.8 规划仿真

仿真是使用项目模型将特定于某一具体层次的不确定性转化为它们对目标的影响评估，该影响是在项目整体的层次上表示的。项目仿真利用计算机模型和某一具体层次的风险估计，一般采用蒙特卡洛法进行仿真。

在网络规划中，利用无线网络仿真软件对网络性能进行模拟，根据预测得到的用户和业务量情况，以及获得的有关设备性能、业务量及需求等信息，模拟实际网络建成的情况，发现问题，同时起到指导网络规划和建设的作用。

6.8.1 无线仿真流程

无线网络仿真是通过无线网络规划模拟软件进行的，不同仿真软件在功能和实现上有所区别，但基本上都具有最基本和一般的仿真步骤。

1. 5G仿真步骤

在仿真操作中，建立一个 5G 网络工程并进行网络规划、仿真、生成报告的步骤如下：
① 新建一个工程；
② 导入三维地图；
③ 选择投影方式；
④ 选择、校正传播模型；
⑤ 导入网络数据（Site、Antennas、Transmitters、Cells）；
⑥ 设置参数（设置 MIMO、设置 5G Parameters、设置标准差与穿透损耗、预算传播损耗）；
⑦ 邻区规划；
⑧ 频率规划；

⑨ 建立话务地图；

⑩ Monte-Carlo 仿真；

⑪ 生成报告。

2. 仿真流程

5G 无线网络仿真流程如图 6-14 所示。

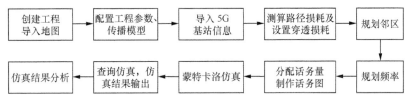

图6-14 5G网络仿真流程

6.8.2 设置仿真相关参数

1. 三维地图

三维地图包括一个地区的海拔、区域属性、地物高度等信息，对仿真的效果和准确性是至关重要的，有严格的时效性和精确度要求。根据不同区域和不同仿真精度的要求，建议采用 5m、20m 或 50m 精度的仿真地图，对于精度要求特别高的区域采用 5m 精度地图。在时效性要求上，国内大城市发展迅速，城市建筑变化快，一般来说须尽可能采用近期的三维地图，若时间太长，则许多区域的地物属性会与实际情况大相径庭。建议至少每两年更新一次。

在仿真网络时，要设置三维数字地图的坐标体系。首先需要知道由于地球形状为椭球体，需采用与地球表面相贴合的椭球体设置坐标体系，典型的有 WGS1984 椭球体，在局部区域可采用不同的椭球体贴合局部区域地球表面，我国西安 80 坐标系采用的椭球体就是我国自己实测的适合中国的椭球体。

根据不同椭球体可以设置坐标体系，我国有北京 54 和西安 80 两大坐标体系。国际上有例如 WGS1984 坐标体系，GPS 卫星采用的即为 WGS1984 坐标体系。

由于我们通常使用的地图都是二维平面地图，椭球体坐标系的三维地图转变为二维，需要进行投影。在投影方式上，常见的有高斯—克吕格投影，在中国 1∶1 万至 1∶50 万地形图全部采用高斯—克吕格投影 1∶2.5 万至 1∶50 万的地形图采用 6 度分带方案，全球 60 个投影带；1：1 万比例尺采用 3 度分带方案，全球 120 个投影带。常见的投影方式还有 UTM 投影，UTM 投影需注意比例因子设为 0.9996。

使用三维地图时必须根据地图信息正确设置坐标系、地图投影等参数，这样才能保证位置的正确性。

2. 网络信息

网络信息包括一些重要的工程参数信息，是网络仿真的基础，重要数据包括经纬度、天线方向角、下倾角、天线挂高等。基站的工程参数信息是网络仿真的重要输入项，是后续仿真进行的基础，极大地影响最终的仿真结果，输入时要特别注意参数的准确性。

3. 设置传播模型

传播模型是在某种特定环境或传播路径下的颠簸的传播损耗情况，主要研究对象是传播路径上障碍物阴影效应带来的慢衰落影响。传播模型是网络规划的基础数据，关系到小区规划的合理性，在仿真进行之前需通过 CW 测试或路测数据校正仿真模型，确定模型的各个参数值。在校正中可以采用不断地迭代处理，得到预测值与路测数据差异最小的校正后参数。

设置标准差和穿透损耗是设置传播模型的重要补充：标准差主要是考虑针对快衰落进行功率预留及覆盖补偿，满足大部分用户的需求；穿透损耗主要是模拟 70% 的室内用户人群，在传播损耗的同时，还具有信号由室外到室内的穿透损耗。设置穿透损耗既有一般的经验值，也可以进行实地的现场测试。不同类型的建筑具有不同的穿透损耗，一般来说，大型建筑的穿透损耗大，中小型建筑的穿透损耗小。

考虑实际进行模型校正所用的 CW 测试或者一般路测数据，都是在封闭的车内测得的，相对于室外信号已有一定的衰减。在选择测试场景时，部分衰耗极大的大型建筑，未来必然或已经建设室内分布系统。

在设置穿透损耗的参数时，对不同场景和密度的建筑设置不同的合理的值，可增加仿真的准确性。

4. 设置业务及参数

5G 主要包括 eMBB、eMTC、uRLLC 三大类场景，对应的业务千差万别，种类众多。在仿真过程中，还需要设置用户行为、终端、用户分布环境等参数，通过设置这些参数可以得到无线规划区域内的无线网络用户及业务分布情况，模拟无线网络承载的负荷，着重考虑网络建设的覆盖、容量和干扰三大问题。

用户数量、分布等数据需要专业的预测获得，可参考本地区人口数或现有 2G/3G/4G 网络用户数及业务量等作为参考和基础数据，预测 5G 网络的容量负荷。根据预测和相关参数可以生成仿真所需的话务地图，生成话务地图后可用于后续的仿真参数输入。

需要设置其余的一些仿真相关参数，例如 5G 的大规模天线等，也需要设置其使用模式，设置这些参数对仿真结果及网络规划均有重大影响。

5. 邻区规划

邻区规划对于动态仿真有重要意义，可以模拟用户在运动状态下的切换问题。

邻区规划的数据量较大，纯人工准备相关数据难度大，需工具辅助，常见仿真软件均已提供自动邻区规划辅助工具，可自动生成相关邻区，在仿真阶段基本可以满足要求，在优化阶段还需进行人为检查和修正数据。

6. 频率规划

频率规划时，可以直接输入已规划好的结果。如果前面没有规划，也可以利用仿真软件自带的自动频率规划来进行。频率规划影响无线网络规划中的干扰和容量问题，需重点把握。

需要充分考虑频率分组、频率复用方式，在干扰和容量之间寻找平衡点。由于 5G 技术通常使用大带宽载频的同频组网方式，规划相对简单，同 2G/3G 相比，频点数量及频点规划复杂度已极大降低。

6.8.3 仿真运行

当完成以上参数和相关操作以后，就可以进行蒙特卡洛仿真了，蒙特卡洛方法又称计算机随机模拟方法，是一种基于"随机数"的计算方法，以事件发生的频率来决定事件发生的概率。

仿真分为静态仿真和动态仿真：在静态仿真中，系统不考虑业务等多种因素的影响，较适宜仿真无线网络的覆盖及容量，适用于一般的网络规划；动态仿真则是对系统一段时间的连续模拟仿真，适用于一些变化的持续进行的状态仿真，例如切换算法、切换成功率等。动态仿真算法复杂度较高。

设置仿真次数、仿真精度、话务图、仿真区域等参数后即可进行仿真计算，仿真计算结果依赖于之前步骤中仿真相关参数的设置，待仿真计算完成后即可得到仿真结果。

仿真受各种参数的影响较大，在分析仿真结果之后常需要修改相应规划或参数，反复进行仿真操作。

6.8.4 仿真结果分析

1. 查看仿真统计性报表

在仿真输出中可以得到各项仿真数据和单项统计报表，例如手机发射功率、小区吞吐量、小区负载等。

对于整网的栅格分析，一般重点关注的有覆盖电平、信号干扰、数据业务速率。在 5G 的规划仿真中，要关注峰值速率的仿真情况，对于高数据业务需求区域，须尽可能满足用户高速率业务的需求。不同业务对于信号强度的需求有所区别，需分别考虑各业务有效覆盖范围，满足不同区域的不同业务需求。分析规划网络的各项性能，发现无线网络规划中存在的问题，指导规划工作的进行。

2. 生成仿真覆盖图

也可以可视化地显示仿真覆盖图层。

对于定义的栅格图层，可以设置显示区间范围以及显示颜色。

可视化的图层可较为直观地表现网络覆盖状况，例如信号强度、业务覆盖范围，可直观显示网络的有效覆盖区域，指导无线网络规划的修改和调整。

第7章 5G 承载网规划

7.1 5G 承载网总体架构

5G 承载网是为 5G 无线接入网和核心网提供网络连接的基础网络，不仅为这些网络连接提供灵活调度、组网保护和管理控制等功能，还要提供带宽、时延、同步和可靠性等方面的性能保障。

满足 5G 承载需求的 5G 承载网总体架构如图 7-1 所示，主要包括转发平面、协同管控、5G 同步网 3 个部分，在此架构下同时支持差异化的网络切片服务能力。5G 网络切片涉及无线网、承载网和核心网，需要实现端到端协同管控。通过转发平面的资源切片和管理控制平面的切片管控能力，可为 5G 三大主要应用场景、移动 CDN 网络互联、政企客户专线以及家庭宽带等业务提供所需 SLA 保障的差异化网络切片服务能力。

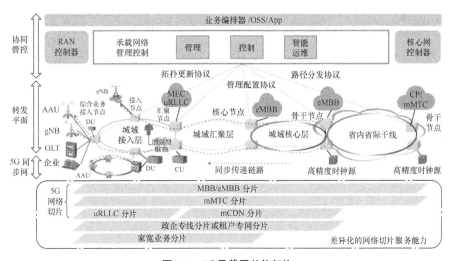

图7-1　5G承载网总体架构

1. 转发平面应具备分层组网架构和多业务统一承载能力

转发平面是 5G 承载架构的关键组成部分，其典型的功能特性包括以下 3 个方面。

（1）端到端分层组网架构

5G 承载组网架构包括城域与省内干线两个层面，其中城域内组网包括核心汇聚、接入三层架构。核心和汇聚层根据光纤资源情况，可分为环形组网与双上联组网两种类型，接入层通常为环形组网。

（2）差异化网络切片服务

在一张承载网中，通过网络资源的软、硬管道隔离技术，为不同服务质量需求的客户业务提供所需网络资源的连接服务和性能保障，为 5G 三大主要应用场景、政企专线等业务提供差异化的网络切片服务能力。

（3）多业务统一承载能力

5G 承载可以基于新技术方案进行建设，也可以基于 4G 承载网进行升级演进。除了承载 4G/5G 无线业务之外，政企专线业务、家庭宽带的光线路终端（Optical Line Terminal，OLT）回传、移动 CDN 以及边缘 DC 之间互联等，也可统一承载，兼具 L0～L3 技术方案优势，充分发挥基础承载网的价值。

2. 管理控制平面需支持统一管理、协同控制和智能运维能力

5G 承载的管理控制平面应具备面向 SDN 架构的管理控制能力，提供业务和网络资源的灵活配置能力，并具备自动化和智能化的网络运维能力，具体功能特性包括以下 3 个方面。

（1）统一管理能力

采用统一的多层多域管理信息模型，实现不同域的多层网络统一管理。

（2）协同控制能力

基于 Restful 的统一北向接口实现多层多域的协同控制，实现业务自动化和切片管控的协同服务能力。

（3）智能运维能力

提供业务和网络的监测分析能力，如流量测量、时延测量、告警分析等，实现智能化运维网络。

3. 5G同步网应满足基本业务和协同业务同步需求

同步网作为 5G 承载网的关键构成部分，其典型的功能特性包括以下 3 个方面。

（1）支持基本业务同步需求

在城域核心节点（优选与省内骨干交汇节点）部署高精度时钟源（PRTC/ePRTC），承载网具备基于 IEEE1588v2 的高精度时间同步传送能力，实现端到端 ±1.5μs 时间同步，满足 5G 基本业务同步需求。

（2）满足协同业务高精度同步需求

对于具有高精度时间同步需求的协同业务场景，考虑在局部区域下沉部署小型化增强型大楼综合定时供给设备（Building Integrated Timing Supply，BITS），通过跳数控制满足 5G 协同业务百纳秒量级的高精度同步需求。

（3）按需实现高精度同步组网

对于新建的 5G 承载网，可按照端到端 300ns 量级目标进行高精度时间同步地面组网。一方面，提升时间源头设备精度，并遵循扁平化思路，将时间源头下沉，实现端到端性能控制；另一方面，提升承载设备的同步传送能力，采用能有效减少时间误差的链路或接口技术。

7.2　5G 前传承载方案

7.2.1　5G 前传典型组网场景

5G 前传主要有分布式无线接入网（Distributed Radio Access Network，DRAN）和云无线接入网（Cloud Rodio Access Nerwork，CRAN）两种场景，其中 CRAN 又可细分为 CRAN 小集中和 CRAN 大集中两种部署模式，CRAN 大集中一般需要集中部署 CU 云化和 DU 池化，如图 7-2 所示。

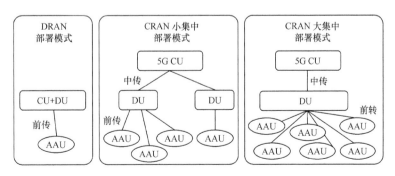

图7-2　5G前传部署场景

DRAN 场景相对简单，AAU 和 DU 一般分别部署在塔上和塔下；CRAN 场景对应的拉远距离通常在 10km 以内。考虑成本和维护便利性等因素，5G 前传将以光纤直连为主，局部光纤资源不足的地区，可通过设备承载方案作为补充。

7.2.2　光纤直连方案

光纤直连方案如图 7-3 所示，即 DU 与每个 AAU 的端口全部采用光纤点到点直连组网。

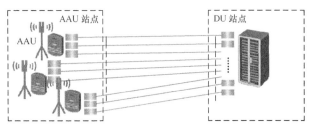

图7-3　光纤直连方案架构

光纤直连方案实现简单，但最大的问题就是光纤资源占用很多。在 5G 时代，随着前传带宽和基站数量、载频数量的急剧增加，光纤直连方案对光纤的占用量不容忽视。因此，光纤直连方案适用于光纤资源非常丰富的区域，在光纤资源紧张的地区，可以采用设备承载方案克服光纤资源紧缺的问题。

7.2.3　无源 WDM 方案

无源波分方案采用 WDM 技术，将彩光模块安装在无线设备（AAU 和 DU）上，通过无源的合、分波板卡或设备完成 WDM 功能，利用一对甚至一根光纤可以提供多个 AAU 到 DU 之间的连接，如图 7-4 所示。根据采用的波长属性，无源波分方案可以进一步分为粗波分复用（Coarse Wavelength Division Multiplexing，CWDM）方案和密集波分复用（Dense Wavelength Division Multiplexing，DWDM）方案。

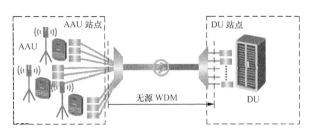

图7-4　无源WDM方案架构

与光纤直连方案相比，无源波分方案显而易见的好处是节省了光纤，但是也存在一定的局限性，包括以下4个方面。

（1）波长通道数受限

虽然CWDM技术标准定义了16个通道，但考虑到色散问题，用于5G前传的无源CWDM方案只能利用前几个通道（通常为1271nm～1371nm），波长数量有限，可扩展性较差。

（2）规划波长复杂

WDM方案需要每个AAU使用不同波长，因此前期需要做好波长的规划和管理。可调谐彩光模块成本较高，但若采用固定波长的彩光模块，则对波长规划、光模块的管理、备品备件等带来一系列工作量。

（3）运维困难，不易管理

彩光模块的使用可能导致安装和维护界面不够清晰，缺少OAM机制和保护机制。由于无法监测误码，无法在线路性能劣化时执行倒换。

（4）故障定位困难

无源WDM方案出了故障后，难以具体定界出问题的责任方。图7-5为无源波分方案的故障定位示意，可见其故障定位的复杂度。

无线维护：①、⑩
传输维护：②、③、④、⑤、⑥、⑦、⑧、⑨

图7-5　无源WDM方案故障定位示意

与无源CWDM方案相比，无源DWDM方案显然可以提供更多的波长。但是更多的波长也意味着更高的波长规划和管控复杂度，通常需要可调激光器，带来更高的成本。目前支持25Gbit/s速率的无源DWDM光模块还有待成熟。

为了适应5G承载的需求，基于可调谐波长的无源DWDM方案是一种可行方案。另外，基于远端集中光源的新型无源DWDM方案也成为业界研究的一个热点，其原理如图7-6所示。该方案在降低成本特别是接入侧成本、提高性能和维护便利性方面具有一定的优势。

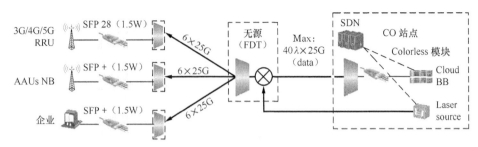

图7-6 光源集中无源DWDM方案示意

（1）AAU/RRU 侧光模块无源化

AAU/RRU 侧插入的光模块不含光源，因此所有光模块完全一样，不区分波长，称之为无色化或无源化，极大降低了成本，提高了可靠性和维护便利性。

（2）光源集中部署

在 CO 节点设置集中光源，并向各个无源模块节点输送直流光信号（不带调制），无源光模块通过接收来自集中光源的连续光波并加以调制成为信号光后返回 CO 节点实现上行。

因此，基于集中光源的下一代无源方案，不但继承了传统无源方案节省光纤、成本低、方便插入无线设备的优势，还补齐了其可靠性和运维管理上的短板，成为在 5G 前传承载领域具有竞争力的一种方案。

对于无源 WDM 方案，同样建议线路侧采用 OTN 封装，基于 OTN 的 OAM 能实现有效的维护管理和故障定位。

7.2.4 有源 WDM/OTN 方案

有源波分方案在 AAU 站点和 DU 机房配置城域接入型 WDM/OTN 设备，多个前传信号通过 WDM 技术共享光纤资源，通过 OTN 开销实现管理和保护，提供质量保证。

接入型 WDM/OTN 设备与无线设备采用标准灰光接口对接，WDM/OTN 设备内部完成 OTN 承载、端口汇聚、彩光拉远等功能。与无源波分方案相比，有源波分 /OTN 方案有更加自由的组网方式，可以支持点到点及环网两种场景。

有源 WDM 方案点到点组网架构如图 7-7 所示，同样可以支持单纤单向、单纤双向等传输模式，与无源波分方案相比，其光纤资源消耗相同。

有源 WDM 方案环网架构如图 7-8 所示。除了节约光纤以外，有源 WDM/OTN 方案可以进一步提供环网保护等功能，提高网络可靠性和资源利用率。此外，基于有源波分方案的 OTN 特性，还可以提供以下功能。

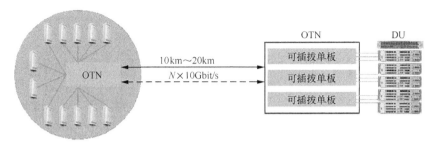

图7-7　有源WDM方案点到点架构

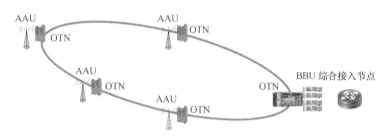

图7-8　有源WDM方案环网架构

① 通过有源设备天然的汇聚功能，满足大量 AAU 的汇聚组网需求。

② 拥有高效完善的 OAM 管理，保障性能监控、告警上报和设备管理等网络功能，且维护界面清晰，提高前传网络的可管理性和可运维性。

③ 提供保护和自动倒换机制，实现方式包括光层保护和电层保护，如光线路保护（Optical Line Protection，OLP）和 ODUk 子网连接保护（Subnetwork Connection Protection，SNCP）等，通过不同管道的主备光纤路由，实现前传链路的实时备份、容错容灾。

④ 具有灵活的设备形态，适配 DU 集中部署后 AAU 设备形态和安装方式的多样化，包括室内型和室外型。对于室外型，如典型的全室外（Full Outdoor，FO）解决方案能够实现挂塔、抱杆和挂墙等多种安装方式，且能满足室外防护（防水、防尘、防雷等）和工作环境（更宽的工作温度范围等）要求。

⑤ 支持固网移动融合承载，具备综合业务接入能力，包括固定宽带和专线业务。

当前有源 WDM/OTN 方案成本相对较高，未来可以通过采用非相干超频技术或低成本可插拔光模块降低成本。同时，为了满足 5G 前传低成本和低时延的需求，还需要简化 OTN 技术。

7.3 5G 中传/回传承载方案

7.3.1 5G 中传/回传承载需求

5G 中回传承载网方案的核心功能要满足多层级承载网、灵活化连接调度、层次化网络切片、4G/5G 混合承载以及低成本高速组网等承载需求，支持 L0～L3 层的综合传送能力，可通过 L0 层波长、L1 层 TDM 通道、L2 和 L3 层分组隧道实现层次化网络切片。

（1）L0 层光层大带宽技术

5G 和专线等大带宽业务需要 5G 承载网具备 L0 的单通路高速光接口和多波长的光层传输、组网和调度能力。

（2）L1 层 TDM 通道层技术

TDM 通道技术不仅可以为 5G 三大主要应用场景提供支持硬管道隔离、OAM、保护和低时延的网络切片服务，并且为高品质的政企和金融等专线提供高安全和低时延的服务能力。

（3）L2/L3 层分组转发层技术

为 5G 提供灵活连接调度和统计复用功能，主要通过 L2 和 L3 的分组转发技术来实现，主要包括以太网、MPLS-TP 和新兴的 SR 等技术。

为更好适应 5G 和专线等业务综合承载的需求，国内运营商提出了多种 5G 承载技术方案，主要包括 SPN、面向移动承载优化的 OTN（M-OTN）、IP RAN 增强 + 光层 3 种技术方案，其技术融合发展趋势和共性技术占比越来越高，在 L2 和 L3 层均需支持以太网、MPLS（-TP）等技术，在 L0 层均需要低成本高速灰光接口、WDM 彩光接口和光波长组网调度等能力，差异主要体现在 L1 层是基于 OIF 的 FlexE 技术、IEEE 802.3 的以太网物理层还是 ITU-T G.709 规范的 OTN 技术，L1 层 TDM 通道是基于切片以太网还是基于 OTN 的 ODUflex，具体技术方案比较见表 7-1。

表7-1 5G典型承载技术方案分析

网络分层	主要功能	SPN	M-OTN	IP-RAN 增强 + 光层
业务适配层	支持多业务映射和适配	L1 专线、L2VPN、L3VPN、CBR 业务	L1 专线、L2VPN、L3VPN、CBR 业务	L2VPN、L3VPN
L2 和 L3 分组转发层	为 5G 提供灵活连接调度、OAM、保护、统计复用和 QoS 保障能力	Ethernet VLAN MPLS-TP SRTP/SR-BE	Ethernet VLAN MPLS（-TP） SR-TE/SR-BE	Ethernet VLAN MPLS（-TP） SR-TE/SR-BE

网络分层	主要功能	SPN	M-OTN	IP-RAN 增强 + 光层
L1 TDM 通道层	为 5G 三大类业务及专线提供 TDM 通道隔离、调度、复用、OAM 和保护能力	切片以太网通道	ODUk（k=0/2/4/flex）	待研究
L1 数据链路层	提供 L1 通道到光层的适配	FlexE 或 Ethernet PHY	OTUk 或 OTUCn	FlexE 或 Ethernet PHY
L0 光波长传送层	提供高速光接口或多波长传输、调度和组网	灰光或 DWDM 彩光	灰光或 DWDM 彩光	灰光或 DWDM 彩光

7.3.2 IP RAN 演进方案

基于 IP RAN& 光层的 5G 承载组网架构如图 7-9 所示，包括核心、汇聚和接入的分层结构，具体方案特点如下。

① 核心汇聚层由核心节点和汇聚节点组成，采用 IP RAN 系统承载，核心汇聚节点之间采用"口"字形对接结构。

② 接入层由综合业务接入节点和末端接入节点组成：综合业务接入节点主要进行基站和宽带业务的综合接入，包括 DU/CU 集中部署、OLT 等；末端接入节点主要接入独立的基站等。接入节点之间的组网结构主要为环形或链形，接入节点以双节点方式连接至一对汇聚节点。接入层可选用 IP RAN 或分组增强型 OTN（Packet enhance OTN，PeOTN）系统来承载。

③ 前传以光纤直连方式为主（含单纤双向），当光缆纤芯容量不足时，可采用城域接入型 WDM 系统方案（G.metro）。

④ 中传和回传部分包括两种组网方式：端到端 IP RAN 组网和 IP RAN+PeOTN 组网。

1. 端到端IP RAN方案

IP RAN 方案可分为基础承载方案和功能增强方案。

基础承载方案采用较为成熟的 HoVPN 方案承载 5G 业务，如图 7-10 所示。目前各厂商较新平台设备均支持三层到边缘；L2 专线业务采用分段虚拟专线服务（Virtual Private Wire Service，VPWS）/虚拟专用局域网服务（Virtual Private LAN Service，VPLS）方式承载、采用 VPN+ 差分服务代码点（Differentiated Services Code Point，DSCP）满足业务差异化承载需求。IGP 采用 ISIS 协议，并将核心汇聚层和接入层分成不同的进程，核心汇聚层配置为 Level-2，每个接入环一个独立的 ISIS 区域 / 进程，与核心汇聚实现路由隔离，核心设备兼做路由反射器（Router Reflector，RR）。BGP 配置 FRR，核心和汇聚设备路由形成 VPN FRR。

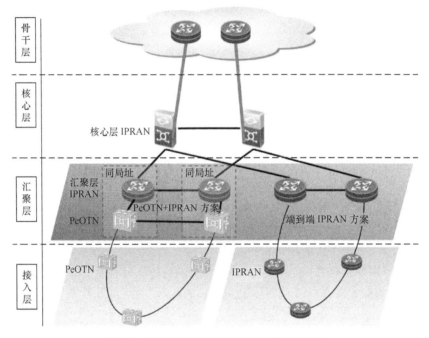

图7-9　基于光层&IP RAN的5G承载组网架构

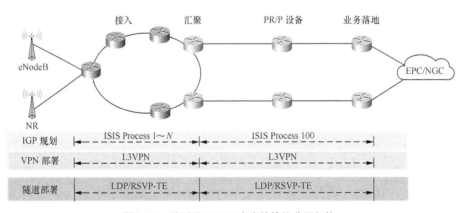

图7-10　端到端IP RAN方案的协议分层架构

功能增强方案如图 7-11 所示。采用 EVPN L3VPN 业务替代 HoVPN 方式承载 5G 业务；采用 EVPN L2VPN 业务替代 VPWS/VPLS 方式承载 L2 专线业务；采用 SR 协议替代 LDP/RSVP 作为隧道层协议；采用 Flex-E 技术实现网络切片；采用 SDN 技术实现网络的智能运维与管控。

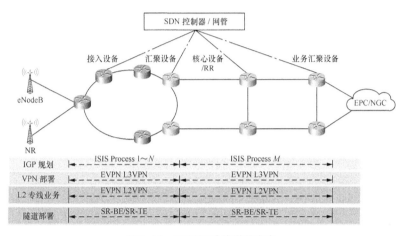

图7-11　IP RAN功能增强方案

基于 IP 的 SR 转发技术规范大多数还处于草稿阶段，兼容性和互通性需要进一步研究。SR 可与传统 MPLS 技术共存，对硬件的要求与 MPLS 基本相同，多数设备可通过软件升级支持，可以在合适的阶段引入。

2. IP RAN+PeOTN方案

在该组网模式中，核心汇聚层 IP RAN 的相关配置与基于端到端 IP RAN 组网方案中保持一致，在汇聚接入层配置 PeOTN 设备，通过用户网络侧接口（User Networks Interface，UNI）与 IP RAN 设备对接，如图 7-12 所示。

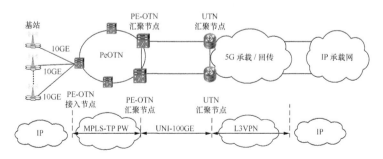

图7-12　IP RAN+PeOTN方案的网络分层架构

7.3.3 L3 OTN 方案

综合考虑 5G 承载和云专线等业务需求，面向移动承载优化的 OTN（M-OTN）技术方案被提出，其组网架构如图 7-13 所示。

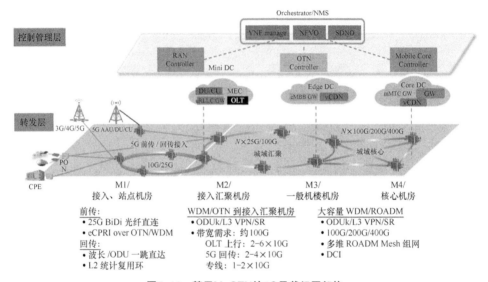

图7-13　基于M-OTN的5G承载组网架构

在数据转发层，基于分组增强型 OTN 设备，进一步增强 L3 路由转发功能，并简化传统 OTN 映射复用结构、开销和管理控制的复杂度，降低设备成本和时延，实现带宽和灵活配置，支持 ODUflex+FlexO 提供灵活带宽能力，满足 5G 承载的灵活组网需求。

在控制管理层引入基于 SDN 的网络架构，提供 L1 硬切片和 L2/L3 软切片，按需承载特定功能和性能需求的 5G 业务。在业务层面，各种 L2VPN、L3VPN 统一到 BGP，通过 EVPN 实现业务控制面的统一和简化。隧道层面通过向 SR 技术演进，实现隧道技术的统一和简化。

为支持 5G 网络端到端切片管理需求，M-OTN 传送平面支持在波长、ODU、VC 这些硬管道上切片，也支持在以太网和 MPLS-TP 分组的软管道上进行切片，并且与 5G 网络实现管控协同、按需配置和调整。

M-OTN 的关键技术主要包括以下 3 种。

1. L2和L3分组转发技术

OTN 支持 L3 协议的原则是按需选用，并尽量采用已有的标准协议，包括开放式最短路径优先（Open Shortest Path First，OSPF）、IS-IS、MP-BGP、L3VPN、双向转发检测（Bidirectional Forwarding Detection，BFD）等。M-OTN 在单域应用时优先采用 ODU 单级复用结构，即客户层信号映射到 ODUflex，ODUflex 映射至 FlexO 或 OTU。M-OTN 使用标准的信令和路由协议，根据实际业务需要在业务建立、OAM 和保护方面按需选择不同的协议组合，如图 7-14 所示。

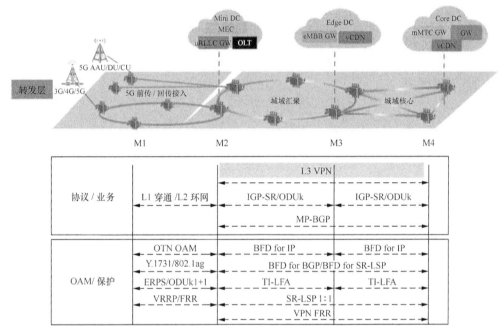

图7-14　M-OTN网络协议分层架构

2. L1通道转发技术

采用成熟的 ODU 交叉技术，通过采用 ODUflex 提供 $n \times 1.25$Gbit/s 灵活带宽的 ODU 通道。为了实现低成本、低时延、低功耗的目标，M-OTN 是面向移动承载优化的 OTN 技术，主要特征包括采用单级复用、更灵活的时隙结构、简化的开销等。同时，为了满足 5G 承载的组网需求，现有的 OTN 体系架构中需引入 25Gbit/s 和 50Gbit/s 等接口。

3. L0光层组网技术

由于城域网的传输距离较短，因此 M-OTN 在 L0 光层组网的主要目标是降低成本，以满足 WDM/OTN 部署到网络接入层的需求：在核心层，考虑引入低成本的 $N \times 100$Gbit/s/

200Gbit/s/400Gbit/s 的 WDM 技术；在汇聚层，考虑引入低成本的 $N \times 25$Gbit/s/100Gbit/s 的 WDM 技术。

7.3.4 SPN 技术方案

综合考虑面向 5G 和政企专线等业务的承载需求，在承载 3G/4G 回传的 PTN 技术基础上，新一代切片分组网络技术方案 SPN 被提出。SPN 具备前传、中传和回传的端到端组网能力，通过 FlexE 接口和切片以太网（Slicing Ethernet，SE）通道支持端到端网络硬切片，并下沉 L3 功能至汇聚层甚至综合业务接入节点来满足动态灵活连接需求。

1. SPN理念

SPN 采用高效以太网内核，提供低成本大带宽承载管道；通过多层网络技术的高效融合，实现灵活的软硬管道切片，提供从 L0～L3 的多层业务承载能力；通过 SDN 集中管控，实现开放、敏捷、高效的网络新运营体系。SPN 理念包括以下 6 个方面。

（1）高效以太网内核

以泛以太网技术（IEEE 802.3 以太网、OIF 灵活以太网、创新的切片以太网）为基础，提供低成本、大带宽承载管道。

（2）多层网络技术融合

利用 IP、以太网、光的高效融合，实现从 L0～L3 的多层次组网，构建多种类型的管道提供能力。通过以太分组包调度，支持分组业务的灵活连接调度。通过创新分片以太网码流调度，支持业务的硬管道隔离和带宽保障，提供极低时延的业务承载管道。通过光层波长调度能力，支持大带宽平滑扩容和大颗粒业务调度。

（3）高效软硬分片

同时提供"高可靠硬隔离的硬分片"和"弹性可扩展的软分片"能力，具备在一张物理网络进行资源切片隔离，形成多个虚拟网络，为多种业务提供基于差异化 SLA 的承载服务。

（4）SDN 集中管控

基于 SDN 理念，实现开放、敏捷、高效的网络运营和运维体系，支持业务部署和运维的自动化能力以及感知网络状态并进行实时优化的网络自优化能力。同时，基于 SDN 的管控融合架构提供简化网络协议、开放网络、跨网络域 / 技术域业务协同等能力。

（5）电信级可靠性

具备网络级的分层 OAM 和保护能力，支持对网络中各逻辑层次、各类网络连接、各类业务通过 OAM 进行监控，实现全方位网络可靠性，支持高可靠的承载服务。

（6）高精度同步

具备带内同步传输能力，实现高可靠、高精度、高效率的时钟和时间同步传输能力。

2. 网络架构

SPN 网络架构如图 7-15 所示。

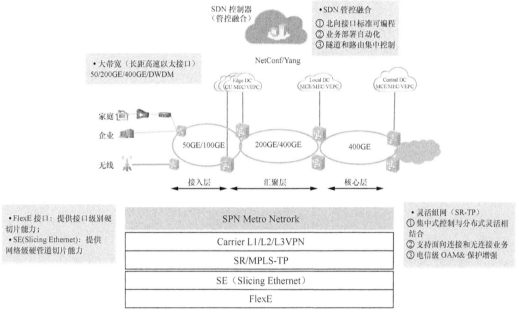

图7-15　SPN网络架构

SPN 承载网包括 SDN 集中管控、高效以太组网、软硬网络切片、灵活连接等几大要素的长期可扩展架构。

（1）SDN 集中管控

SPN 基于集中管控的网络架构，通过 SDN 使能的网络 IT 化和自动化转型，提供网络的敏捷化和开放性能力，实现灵活可编程的柔性网络。在 SPN 承载网中，SDN 是 E2E SDN/NFV 架构下的重要组成部分，上层由网络协同层实现无线网、承载网、核心网、数据中心多网络域协同，提供无缝的 E2E 资源管理呈现、业务发放能力。SDN 控制器对承载网能力进行抽象，屏蔽下层网络实现技术，实现跨域跨厂商的协同组网。通过网络资源监控，对网络的资源实时闭环调度，最大化资源利用率。

（2）高效以太组网

基于以太网产业链，构筑最低成本的大带宽组网能力，实现接入层 50/100GE、核心汇聚层 100/200/400GE 的高速率端口。具备通过 FlexE 和 DWDM 技术进行多端口绑定能力，实现灵活的带宽扩展能力，使单纤、单端口传输容量达到数 T 级别。

（3）软硬网络切片

承载网切片是实现 E2E 网络切片的重要基础，承载网的切片是 SDN 技术和转发设备能力相结合的产物，将网络设施和应用网络解耦，呈现细粒度可打包的差异化的承载网能力，匹配垂直行业对不同服务质量的诉求，支持多业务运营和云网协同。SDN 控制器抽象和调度物理网络资源，针对切片网络的带宽时延等业务需求，利于 Flex ETH、SE 等管道切片技术，将业务调度到合适的资源上，从而保证业务的承载诉求。创新性引入切片以太网技术，实现硬隔离和透明承载，构筑承载网硬切片能力。

（4）灵活业务调度

SPN 通过灵活的隧道和寻址转发技术，实现对点到点、点到多点、多点到多点业务的灵活匹配；通过 SE 寻址转发，实现基于 L1 的业务调度；通过 MAC/MPLS 寻址转发，实现基于 L2 的业务调度；通过 IP 寻址转发，实现基于 L3 的业务调度。

3. 技术架构

SPN 采用 ITU-T 网络分层模型，以以太网为基础技术，支持对 IP、以太、CBR 业务的综合承载。SPN 技术架构分层包括切片分组层（Slicing Packet Layer，SPL）、切片通道层（Slicing Channel Layer，SCL）、切片传送层（Slicing Transport Layer，STL）以及时间 / 时钟同步功能模块和管理 / 控制功能模块组成，如图 7-16 所示。

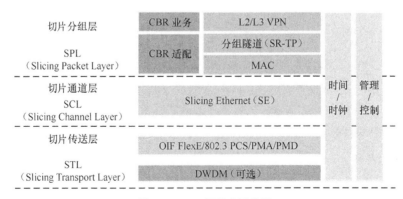

图7-16　SPN网络分层模型

（1）SPL

实现对 IP、以太、CBR 业务的寻址转发和承载管道封装，提供 L2VPN、L3VPN、CBR 透传等多种业务类型。SPL 基于 IP/MPLS/802.1Q/ 物理端口等多种寻址机制进行业务映射，提供对业务的识别、分流、QoS 保障处理。对分组业务，SPL 层提供基于源路由增强的 SRTP 隧道，同时提供面向连接和无连接的多类型承载管道。源路由技术可在隧道源节点通过一系列表征拓扑路径的段信息（MPLS 标签）来指示隧道转发路径。与传统隧道技术相比，源路由隧道不需要在中间节点上维护隧道路径状态信息，提升隧道路径调整的灵活性和网络可编程能力。SRTP 隧道技术是在源路由隧道的基础上增强运维能力，扩展支持双向隧道、端到端业务级 OAM 检测等功能。

（2）SCL

为网络业务和分片提供端到端通道化组通道，通过创新的切片以太网技术，对以太网物理接口、FLexE 绑定组实现时隙化处理，提供端到端基于以太网的虚拟网络连接能力，为多业务承载提供基于 L1 的低时延、硬隔离切片通道。基于 SE 通道的 OAM 和保护功能，可实现端到端的切片通道层的性能检测和故障恢复能力。

（3）STL

基于 IEEE802.3 以太网物理层技术和 OIF FlexE 技术，实现高效的大带宽传送能力。OIF FlexE 技术通过以太网物理层包括 50GE、100GE、200GE、400GE 等新型高速率以太网接口，利用广泛的以太网产业链，支持低成本、大带宽建网，实现单跳 80km 的主流组网应用。对于带宽扩展性和传输距离存在更高要求的应用，SPN 采用以太网 +DWDM 技术，实现 10Tbit/s 级别容量和数百千米的大容量、长距离组网应用。

7.4 5G 承载网转发面发展演进建议

5G 承载网的转发面主要实现前传和中回传的承载，其中 5G 前传除了光纤直连方案之外，还存在多种基于多样化承载设备的组网方案。不同中回传 5G 承载技术方案在 L1 层的差异分别代表了不同传送网络背景运营商的演进思路，基于 SPN 和 IP RAN 增强功能方案的分组化承载技术是基于 IP/MPLS 和电信级以太网增强轻量级 TDM 技术的演进思路，M-OTN 方案是基于传统 OTN 增强分组技术并简化 OTN 的演进思路，都具有典型的多技术融合发展的趋势，最终能否规模化推广应用主要依赖于市场需求、产业链的健壮性和网络综合成本等。

综合分析 CRAN 和 5G 核心网云化、数据中心化部署方案和全面支持 IPv6 等发展趋势，5G 承载网转发面技术及应用的未来发展演进建议如下。

（1）5G 前传方案按需选择

在光纤资源丰富的区域，建议以低成本的光纤直连方案为主；对于光纤资源紧缺且敷设成本高的区域，可综合考虑网络成本、运维管理需求等因素来选择合适的前传技术方案。

（2）5G 中回传方案新建和演进并重

面向 5G 和专线业务承载的新技术发展趋势包括 L2 和 L3 的 SR、L1 的 FlexE 接口和切片以太网通道、L1 的 ODUflex 通道、L0 的低成本高速光接口等转发面技术，5G 中回传可基于新的 5G 承载技术方案建设，也可基于 4G 承载网升级演进。

（3）支持 IPv6 方案

5G 承载网可采用 L2VPN+L3VPN 或 L3VPN 到边缘的应用部署方案，其中 L3VPN 负责感知基站和核心网的三层 IP 地址，考虑到 4G/5G 统一承载需求，因此需要 5G 承载网设备支持 IPv4/IPv6 双栈和 6vPE 转发技术。

设计篇

第8章 5G核心网设计

8.1 核心网设计概述

核心网设计分为前期准备、机房查勘、设计编制3个阶段。

8.1.1 前期准备

在该阶段，需要充分理解、分析、澄清设计委托书的内容和要求，包括项目名称、阶段、建设目标、深度要求、进度要求等，并做好各项准备工作。

（1）安排日程：成立小组，制定计划，确定时间。

（2）准备材料：了解项目背景，查阅相关体制规范。

（3）准备工具。

（4）熟悉工程建设方案。

① 本期工程的建设规模、投资情况、网络所能提供的服务能力、工程满足期。

② 建设思路、策略。

③ 网络建设原则、各网元设置方案。

④ 技术方案、所支持的业务或功能、设备配置。

（5）收集勘察的相关资料。

① 网络组织图。

② 新增设备配置清单，包括厂商、机型、数量。

③ 安装的要求，包括设备尺寸、电源要求、承重要求、机房环境要求等。

④ 对传输电路的需求。

⑤ 对电源的需求。

⑥ 机房平面图（注意可扩容空间）。

8.1.2 机房查勘

设计工作前需做机房勘察，机房勘察主要包括以下步骤：

① 获取网络数据，查勘设备平面；

② 整理资料，处理问题，形成方案；

③ 汇报成果；

④ 商榷会签纪要。

整体勘察流程如图 8-1 所示。

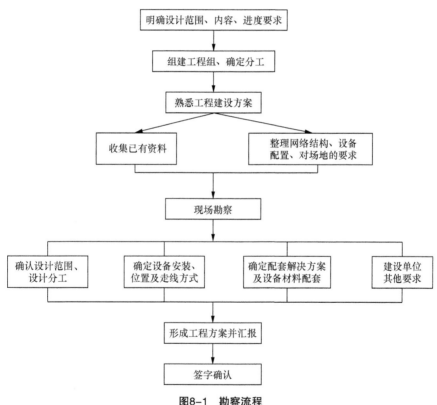

图8-1　勘察流程

8.1.3 设计编制

核心网设计包括说明、概预算、附表及图纸等内容：

① 说明中主要包含网络现状、业务预测与建设需求、工程建设方案、网路组织、带宽需求及计算、网管和计费、设备配置及布置等；

② 概预算主要包含主设备费用、配套设备费用、建设和安装工日及费用等；

③ 附表主要包含设备清单、各类型端子占用情况；

④ 图纸包含网络图、平面图、路由图等。

整体设计流程如图 8-2 所示。

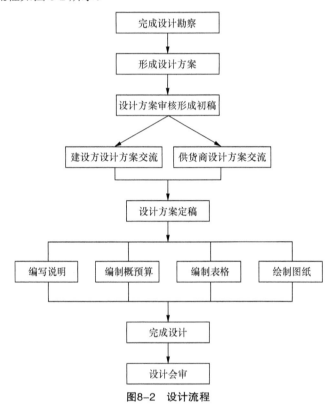

图8-2　设计流程

8.2　核心网设计要求

8.2.1　工程总体概况

描述工程项目总体情况，涉及项目背景、满足年限、用户规模、简要建设方案和规模等。

同时，对工程项目的设计范围及分工界面进行阐述。在通常情况下，核心网设计范围应包括：工程建设方案、网络组织、路由计划、与其他系统的接口（网管、计费、承载网等)、IP 地址分配方案、设备配置、机房平面布置、走线路由、相应配套设备的安装设计及概算编制等。

分工界面有以下内容需要说明。

① 本工程的投资主体及各方投资比例,如本工程应包括的投资建设内容范围,明确与本工程相关的其他配套或周边系统建设及改造投资是否包括在本工程投资范围内。

② 各专业之间的分工,如说明核心网专业与数据专业、无线专业、电源专业、传输专业等其他专业的分工界面。

③ 工程各责任方责任,如各相关单位(建设方、设计单位、施工单位、设备提供商、监理单位等)的责任。

8.2.2　网络现状

(1)分组域网络现状

描述分组域组网情况,包括网络拓扑、网络组织、路由方式、主要网元的设置情况、覆盖范围、现网存在的问题等。分组域主要是指 4G 核心网 EPC,如果现网还存在 2G/3G 分组域核心网,也应进行相应描述。

4G 核心网主要设备包括 MME、HSS、SGW、PGW 等,2G/3G 分组域核心网主要设备包括服务 GPRS 支持节点(Serving GPRS Support Node,SGSN)、网关 GPRS 支持节点(Gateway GPRS Support Node,GGSN)、分组数据服务节点(Packet Data Serving Node,PDSN)、AAA 等的配置情况,说明网元的设备机型、数量、容量、覆盖范围、放置地区、容量使用情况。

(2)PCC 网络现状

描述策略与计费控制(Policy and Charging Control,PCC)组网情况,包括网络拓扑、网络组织、路由方式、主要网元的设置情况、现网存在的问题等。

PCC 设备包括 PCRF、策略与计费执行功能(Policy and Charging Enforcement Function,PCEF)等的配置情况,说明网元的设备机型、数量、容量、覆盖范围、放置地区、容量使用情况。

(3)话路网网络现状

话路网网络主要包括 VoLTE IMS 网络、移动电路域网络。

分别从国际长途、省际长途、省内长途和本地 4 个层面来说明话路网的网络组织、话务疏通情况等。

(4)信令网现状

信令网主要包括 No.7 信令网、IP 信令网(Diameter 信令网),从信令网的网络结构、路由方式以及寻址方式等方面进行描述。

8.2.3 建设需求与业务预测

结合相应的规划及可行性研究报告，简述业务预测结果、工程满足期限等，明确本期工程需满足的用户容量，对于全国或全省性的建设项目，应具体到本地网。若设计与规划及可行性研究报告有较大变动，应详细说明业务预测的过程。

常见的用户预测包括人口普及法、趋势外推法、曲线拟合法、瑞利分布多因素法等方法，可参考第 5 章的相应内容。

8.2.4 工程建设方案

从以下方面详细阐述工程建设方案。

（1）功能结构及网络参考模型

简述 5GC 网元组成及各网元功能、接口名称、接口协议等。

（2）业务简介

简单介绍业务种类，说明现网和本期工程的业务开展情况。

（3）建设原则及策略

阐述 5GC 网络建设的总体原则及建设策略，明确网络定位和网络近期、中期及远期目标。

结合 5G 业务需求及 5G 核心网的特点，建设 5GC 网络应考虑以下 4 个方面：

① 4G 与 5G 网络将长期并存、有效协同，5GC 部分网元应具备 EPC 网元的相应功能；

② 5G 核心网采用全新 SBA 架构，网元及接口数量显著增加、标准成熟时间也不一致；为此，5GC 网元需要基于业务需求、规范及设备的成熟度分阶段部署；

③ 5G 核心网采用云化架构，实现资源的统一编排、灵活共享；

④ 5G 核心网实现了彻底的 C/U 分离，控制面、用户面网元将独立按需建设。

（4）总体网络架构

基于 5GC 网络建设原则，描述 5G 核心网整体网络架构，包括国际局、骨干网、省网等网络组织。

（5）5GC 网元（VNF）建设方案

描述 5GC 网元包括 AMF、SMF、UDM、UPF、NRF、NSSF、AUSF、BSF、NEF 等设置原则、网元容量门限、容灾方式等，并阐述具体建设方案包括网元设置、组网方案、容量配置等。采用图和表的形式，进一步阐述 5GC 网元（VNF）的组网情况。

（6）NFVI 建设方案

描述 5GC 网络 NFVI 资源池的建设原则，阐述资源池具体的组网方案，并结合网元规模及容量测算资源池软硬件配置方案。采用图和表的形式，进一步阐述 5GC 资源池的组网及设备配置情况。

（7）网络安全建设方案

着重描述确保网络安全的各种措施，从以下 3 个方面进行阐述。

① 机房及配套安全性

从局址选择、承载网组网、供电、动力及环境监控系统建设等方面阐述采取的网络安全措施。

② NFVI 基础可靠性

从硬件设备（x86 服务器、存储设备、交换机等）、资源池组网、虚拟化软件、VIM 部署等所采取的可靠性措施，阐述网络的安全性。

③ 5GC 容灾备份机制

5GC 网络采用网元备份、VNF 组件备份（类似于传统设备的板卡备份）和资源池备份三级容灾备份机制。

类似于传统设备的板卡级备份，5GC 网元（VNF）内部模块或组件采用 Pool、1+1 或 $N+M$ 等备份方式，提升网元组件的可靠性。

5GC 各网元备份方式包括：AMF、SMF/GW-C、UPF/GW-U 采用 Pool 备份；UDM/AUSF/HSS-FE、PCF 采用 $N+1$ 备份；UDR、NRF、BSF、NSSF 采用 1+1 备份。

同时，5GC 网络设备部署在核心节点城市的两个及以上 DC 机楼，实现了异址容灾。

除了上述内容之外，对于重大工程建设项目，其设计方案还应从技术经济角度分析，进行多方案比选，并说明采用方案的选定理由。

8.2.5 网络组织

（1）本期工程网络节点设置情况

描述 5GC 网元 AMF、SMF、UDM、UPF、NRF、NSSF、AUSF、BSF、NEF 等设备的局址、容量、制式、软件版本号等，特别要强调本期工程网元设置的变化情况。

（2）本期工程网络组织

描述本期工程完成后 4G、5G 核心网网络组织，包括组网拓扑、网元的设置情况、覆盖范围等。相关设备的配置情况说明包括网元的设备机型、数量、容量、覆盖范围、放置地区、容量使用情况。

（3）本期话路网网络组织

话路网网络主要包括 VoLTE IMS 网络、移动电路域网络。

分别从国际长途、省际长途、省内长途和本地 4 个层面描述本期工程完成后话路网的网络组织。

（4）本期信令网网络结构

信令网主要包括 No.7 信令网、IP 信令网（Diameter 信令网、HTTP Proxy 信令网），描述本期工程后信令网的网络结构、路由方式以及寻址方式等内容。

8.2.6　路由计划

描述本期工程业务及信令路由原则。

（1）数据业务路由选择

描述数据业务路由原则、现状及本期路由改变的内容。

对于 5G 网络业务路由，原则上以拜访地路由方式为主，其他有回归属地需求的业务采用归属地路由。

（2）话务路由选择

描述话务路由原则、现状及本期路由改变的内容。

（3）信令路由选择

描述信令链路设置原则以及信令路由选择原则、现状及本期路由改变的内容。

8.2.7　编号计划

描述新增的网络标识的编号原则、分配方法、号码分配及 IP 地址分配的具体内容：

① 用户相关标识主要包括 SUPI、SUCI、5G-GUTI、PEI、GPSI 等；

② 网络相关标识主要包括 GUAMI、DNN、其他网元标识等；

③ 切片标识包括 S-NSSAI；

④ IP 地址分配应包括 5GC 网元、网管、计费等对 IP 地址的需求，涵盖 IP 地址规划与分配原则、虚拟局域网（Virtual Local Area Network，VLAN）划分原则、IP 地址使用原则、主设备 IP 地址需求、站点 IP 地址需求等内容。

8.2.8 带宽计算

基于业务模型，计算 5GC 网络控制面和用户面的带宽需求，控制面主要涉及 N1、N2、N4 接口以及 5GC 网络内部各种 SBI 接口带宽的测算，用户面主要涉及 N3、N9 接口以及外部网络 N6 接口带宽的测算。

计算出各种接口带宽需求后，需转化为具体的物理端口需求，包括核心网设备自身的端口需求、对上联交换机、路由器的端口需求等。

8.2.9 网管和计费

（1）网管

详细阐述网管系统体系结构、各级网管的功能、网管建设方案及接入方案。

EMS 是 VNF 业务网络管理系统，提供网元管理功能。EMS 与 VNF 一般由同一厂商提供。网管 EMS 应按北向接口接入上级综合网管系统。

（2）MANO

描述 MANO 建设方案，应包括 VIM、VNFM 及 NFVO 建设原则及方案。VNFM 部署通常采用与 5GC 网元同一厂商的设备。

（3）业务开通与计费

描述本期工程业务开通原则、接口要求、开通方案。

描述各种业务的计费原则、计费方式、接口要求、计费对象、计费内容和计费信息的采集和处理。

8.2.10 同步方式

描述 5GC 网元及网管、网络设备的同步方案及要求。

8.2.11 设备平面布置及安装连接

详细阐述工程建设所涉及的机房分布（包括传输、电源等）、设备安装说明、走线架/走线槽说明、走线路由，设计图纸包含平面布置图、走线架布置示意图、走线路由示意图、机架加固图等。

对于设备平面布置，在进行机房勘察及设计时，应遵循以下原则：

① 各种机架设备占用的机房面积应根据预测的规模容量、所安装设备的品种及技术

设备的更新换代、新业务新技术的发展等因素确定；

② 安排各类设备楼层时，应考虑所安装设备之间的功能关系及合理的工艺流程和走线路由，使其便利、顺畅，便于使用和维护管理；

③ 机房平面布置应紧凑，结构合理，并最大限度提高设备安装量；各楼层的机房安排应有通用性，并根据需要进行分隔；

④ 机房设计应贯彻集中维护的原则，按无人或少人值守的要求安排机房，以扩大机房的有效使用面积。

对于设备安装连接，应符合以下工程安装设计要求：

① 用吊垂测量，机架安装垂直度偏差应不大于 3mm；

② 必须拧紧各种螺栓，同类螺丝露出螺帽的长度应一致；

③ 机架上的各种零件不得脱落或碰坏，漆面如有脱落应予补漆，各种文字和符号标志应正确、清晰、齐全；

④ 设备安装必须按施工图的抗震要求加固，并且符合 YD5059—2005《电信设备安装抗震设计规范》的有关规定；

⑤ 告警显示单元安装位置端正合理，告警标识清楚；

⑥ 设备连接宜采用尾缆、6 类网线，设备布线宜采用上走线方式；

⑦ 机房内电源线和信号电缆、尾缆应分开布放，在同一槽道或走线架上布放时，应留有足够的距离，线缆转弯、下线曲率半径符合要求；

⑧ 布放电缆时，注意按照实际距离布放一条裁剪一条，合理使用电缆；

⑨ 主槽道和列间槽道应采用立体交叉，一般主槽道应比列间槽道高出 280mm；

⑩ 通信设备顶部应与列架上梁加固，通信设备底部应与地面加固；

⑪ 主槽道加固通常采用地面支撑或吊挂方式，吊挂应尽量利用房梁，无房梁时与预制天花板加固，加固距离一般不应超过 2000mm，当主槽道宽度大于 650mm 时，其加固距离不应大于 1600mm；

⑫ 列主走道侧必须对齐成直线，误差不得大于 5mm。相邻机架应紧密靠拢，整列机面应在同一平面上，无凹凸现象。

8.2.12 系统选型及设备介绍

详细说明所采用的 5GC 设备的相关情况，应涵盖系统功能、性能指标、设备配置原则、物理参数等，同时对主设备配置情况包括机架、容量、端口、链路等进行说明。目前业内主流的 5GC 设备厂商包括华为、中兴、爱立信、诺基亚等公司。

8.2.13　割接方案

若存在工程割接，需制定割接方案，主要包括割接原则、割接前的准备工作、割接步骤、应急及安全措施、割接后的工作及割接其他说明。

8.2.14　其他

（1）网络接入方案

描述 5GC 网络接入 IP 承载网的方案，以及对承载网的资源需求。

（2）对周边相关网络及系统的影响

描述本工程对周边网络的影响及需求，例如 4G 与 5G 网络互操作需要 EPC 网络升级改造，5G 用户语音业务需要 VoLTE IMS 网络升级支持，HTTP Proxy 信令网可能涉及现网 DRA 升级改造等。

5GC 的引入还涉及对周边相关支撑系统（如综合网管、信令监测系统、安全系统等）的影响，需制定合理的系统升级改造方案。

（3）环保与节能

对工程中所采用设备及材料的节能环保指标提出要求。说明所采用设备的能耗情况是否符合国家节能政策，电磁波辐射和电磁兼容性是否满足国家相关标准要求。

（4）工程进度安排

简要论述各阶段的进度安排，包括工程设计、设计批复、采购谈判、设备到货、设备安装、设备调测、初验、试运行、竣工验收等阶段的安排。

（5）工程成果及遗漏问题

说明工程所解决的网络问题和建设成效，并分析工程完成后网络还存在的问题，对后续工程建设提出建议。

（6）概预算编制

应依据国家相关规范、概预算编制和费用定额的相关文件、行业相关规定，说明费用项目、费率及价格的取定和计算方法，并分析工程技术经济指标。

（7）图纸

应包括网络组织图、各系统构成图、各系统原理图、设备布置平面图、各系统连接图等。

8.3 配套设计要求

8.3.1 机房

核心机房启用前要做好机房的总体规划，包括：生产机房的使用定位；楼层走线洞的用途；机房平面区域划分及布局规划、设备安装位置及安装顺序；机房走线架及走线路由规划；电源设备的安装位置及分配；以及机房专用空调的位置、送风方式、供电等。

（1）机房选址

5GC 机房局址应为通信枢纽机楼，且处于能提供优质传输电路以及多路传输通道的传输节点上，最好能与 IP 承载网骨干节点在同一机楼；根据容灾备份需要，核心网设备应分布在两个及以上有相当距离的通信枢纽楼内；除上述要求外，核心网局址选择还应综合考虑机房空间、电源、空调、网络环境等因素。

（2）平面布局

机房平面布置应紧凑，最大限度地提高面积利用率和设备安装量，除机房设有操控室和备品备件室外，机房内一般不做隔断。机房上层不应布置易产生积水的房间，如不得已布置时，上层房间的地面应做防水处理。标准机房楼内有较大噪声的房间，应采用隔震和隔声措施，降低噪声对周围生产用房的干扰，以符合环保要求。标准机房楼每层应严格控制走道、楼梯、厕所等非生产用房的面积，增加生产用房的面积，以提高建筑面积的有效利用率。

（3）荷载和层高

主机房净高应根据机架高度、管线安装及通风要求确定，主机房净高不宜小于 4.0m，楼面均布活荷载按机架摆放密度确定。

（4）管道和孔洞

为保证通信安全和机房内电缆布放方便，核心机房设备区域上方不得敷设各种给排水管道。通过楼板的孔洞，根据不同的情况应采取防水、防火、防潮、防虫等措施。为安装设备时布放缆、线的需要，设置电缆上线井用作垂直走线。水平走线需要在核心机房内开穿墙洞，墙洞位置待设备安装时根据设备的具体排列位置再行确定。

（5）机架布置

主机房内通道与设备间的距离应符合下列规定：

① 用于搬运设备的通道净宽不应小于 1.5m；

② 面对面布置的机架正面之间的距离不宜小于 1.2m；

③ 背对背布置的机架背面之间的距离不宜小于 0.8m；

④ 当需要在机架侧面和后面维修测试时，机架与机架、机架与墙之间的距离不宜小于 1.0m；

⑤ 成行排列的机架，其长度超过 6m 时，两端应设有通道；当两个通道之间的距离超过 15m 时，在两个通道之间还应增加通道。通道的宽度不宜小于 1m，局部可为 0.8m。

（6）走线架

在一般情况下，主走线架整体规划、一次安装到位，列走线架可与通信设备同期建设，分步实施。列走线架要避开回风口，以避免阻碍回风效果。机房内主走线架应当采用双层走线架（宽 800mm），列走线架采用双层走线架（宽 600mm）。走线架上下层间距 300mm，上层走线架用于敷设电力线缆，下层走线架用于敷设通信线缆。下层走线架的侧方单独设置可封闭的光纤走线槽道，用以保护光纤尾缆及跳线。不同电压等级的线缆不宜布放在同一走线架，若线缆数量较少需布放在同一走线架内时，要充分考虑两种线缆的间隔距离。机房走线架应选择敞开式线架，电力电缆走线架与机架顶端间距应不小于 300mm。

（7）设备

① 机架排吸风方式：应选择采用正面吸风、背面或顶面排风结构的工艺设备。

② 机架内部结构：机架内尽可能采用竖插板件的结构，机架内的风扇应具有自动分级调速的功能，机架内采用防热风回流等技术，防止机架内部出现冷热气流混合。

③ 机架开门方式：宽度小于等于 600mm 的机架，推荐采用单开门方式；宽度大于 600mm 的机架，推荐采用双开门方式。

④ 机架门开孔率：采用正面吸风、背面排风的机架，其正面门和背面门开孔率应不低于 50%，以便获得良好的吸排风效果。

⑤ 机架安装：核心机房内部应选择进排风结构相同的机架，特殊进排风方式的设备，应单独按列安装。对于高功率设备机架，为防止机房出现局部过热现象，机架尽可能安装在专用空调的近端，并应采取分散布置方式；当机架内有某个设备耗能特别大时，可将其置于机架的中下部。当机架采用前进风 / 后出风冷却方式，且机架自身结构未采用封闭冷风通道或封闭热风通道方式时，机架的布置宜采用面对面或背对背方式。

（8）布线

布线系统的原则为"线路整洁、布局合理、预留充足、扩展方便、配置简单、管理方便、易于维护、美观实用"。

电源线布放需由列头柜引至各设备机架内部。

电力电缆全部采用阻燃系列的电缆。所有插座采用优质产品。交、直流电源电缆必须分开布放；电源电缆和信号线缆应分开布放。电源线必须采用整段线料，中间无接头。电源线和信号线应分开引入，若分开敷设确有困难的，电源线与信号线必须做适当隔离。活动地板下禁止设电源接线板和用电终端设备。敷设电源线应平直并拢、整齐，不得有急剧弯曲或凹凸不平的现象；在电缆走道或走线架上敷设电源线的绑扎间隔应符合设计规定，绑扎线扣整齐、松紧合适。绑扎电源线时不得损伤电缆外皮，每条均应做永久性标记。施工期间布放线缆，拆除竖井、巷道防火封堵物，布放线缆完毕后，应立即重新封堵。布放电缆时，应按照实际需要裁剪电缆，应根据具体设备接头类型制作相应的接头。

（9）机房环境要求

① 温度：20℃～25℃，最佳 22℃。

② 湿度：40%～60%，最佳 55%。

③ 机房避免阳光直接照射。

④ 空气含尘量：在静态或动态条件下测试，每立方米空气中粒径大于或等于 0.5μm 的悬浮粒子数应少于 1760 万粒。

⑤ 机房地板等效均布活荷载不小于 $10kN/m^2$。

⑥ 在电子信息设备停机的条件下，主机房地板表面垂直及水平方向的振动加速度不应大于 $500mm/s^2$。

⑦ 主机房和辅助区内的无线电骚扰环境场强在 80MHz～1000MHz 和 1400MHz～2000MHz 频段范围内不应大于 130dB（μV/m）；工频磁场场强不应大于 30A/m。

（10）机房抗震要求

在我国抗震设防烈度 7 度以上（含 7 度）地区公用电信网中使用的交换、传输、通信电源、移动基站等主要设备，应当经过电信设备抗震性能质量监督检验机构的抗震性能检测，未获得工业和信息化部颁发的通信设备抗震性能合格证的不得在工程中使用。

架式设备顶部安装应采取由上梁、立柱、连固铁、列间撑铁、旁侧撑铁和斜撑组成的加固联结架。构件之间应按有关规定联结牢固，使之成为一个整体。通信设备顶部应与列架上梁加固，对于 8 度及 8 度以上的抗震设防，必须用抗震夹板或螺栓加固。通信设备底部应与地面加固，对于 8 度及 8 度以上的抗震设防，设备应与楼板可靠联结。

列架应通过连固铁及旁侧撑铁与柱进行加固，其加固件应加固在柱上。列间撑铁的数量应根据抗震设防烈度及列长而定。列长在 5000mm 以下时设一根列间撑铁，列长在 5000mm～7000mm 时设两根列间撑铁，列长大于 7000mm 时每隔 2500mm 左右设一根列间撑铁。当设防烈度在 7 度或 7 度以下时，可取消斜撑。

列架应终止在柱或承重墙上。走线架应终止在承重墙或终端在与柱拉接的支架上。

8.3.2 节能与环保

机房建设是一个系统工程，综合体现在节能环保、高可靠可用性和合理性 3 个方面。

节能环保体现在环保材料的选择、节能设备的应用、运维系统优化。机房的密封、绝热、配风、气流组织这些方面如果设计合理将会降低空调的使用成本。进一步考虑系统的可用性、可扩展性、各系统的均衡性、结构体系的标准化以及智能人性化管理，能降低整体成本。

节能措施如下：

① 机房最好在大楼的二、三层；

② 机房尽量避免设在建筑物用水楼层的下方；

③ 机房选在建筑物的背阴面，以减少太阳光的辐射所产生的热量；

④ 排烟口设在机房的上方，排废气口设在机房的下方；

⑤ 主机房区域的主体结构应采用大开间、大跨度的柱网；

⑥ 采用高效节能型设备，选用国内外先进的网络设备和软件，要求能耗低、可靠性高，办公设备也选用优质节能产品；

⑦ 设计中选用的各类配套设备，均选用优质节能系列产品；

⑧ 电网上配置无功补偿装置，提高用电设备的功率因数；

⑨ 空调、电源等设置自动监控系统，根据要求自动调节，节约能源；

⑩ 加强节能管理和教育工作，水、电、气等设置流量计，便于及时了解能源消耗情况，并要定期检查和维护设备和管线，确保设备正常运行并减少能源浪费；

⑪ 各种管道采用优质、保温、密封的装修材料，减少能源消耗；

⑫ 建筑墙面、吊顶层做保温层，减少能量损耗；

⑬ 主机房不宜设置外窗。当主机房设有外窗时，外窗的气密性不应低于 GB/T 7106《建筑外门窗气密、水密、抗风压性能分级及检测方法》规定的 8 级要求或采用双层固定式玻璃窗，外窗应设置外部遮阳，遮阳系数按 GB 50189《公共建筑节能设计标准》确定。不间断电源系统的电池室设有外窗时，应避免阳光直射。

8.3.3 电源

（1）电源设备配置原则

① 交流配电设备：根据目前设备的具体情况，按所需容量配置并适当留有余量。

② 柴油发电机组的容量应按同时满足机房已有设备和本期工程的设备负荷、机房专用空调、机房照明等必须保障交流容量配置。

③ 直流配电屏：根据目前本期工程的具体情况，按所需容量配置并适当留有余量。

④ 开关电源的容量应按满足本期工程的负荷容量配置。

⑤ 阀控式密封电池的容量应按系统配置的开关电源的机架容量并结合通信系统耗电量配置。

（2）核心机房电源交流部分

核心机房的市电供电必须为一类市电或二类市电供电。其市电的引入应考虑到引入双路电源的可能性，宜采用单独高压引入的方式，一般采用 10kV 的高压市电引入。移动核心机房的交流供电要求应尽可能达到双路市电供电的标准，一台自备柴油发动机组作为市电停电的备用交流电源，双路市电在配电屏上互为机械与电气联锁，油机备用电源可根据不同的需求，考虑自启动、自动投入供电等供电方式。通信设备要求的交流不间断电源由配置的 UPS 提供。

① 市电引入：由于核心机房是整个通信网络的核心，在通信系统中具有举足轻重的位置，这要求与之配套的通信电源必须稳定、可靠，同样要求市电的供电必须安全、可靠、稳定。

② 柴油发电机组：柴油发电机组是重要的交流后备电源，它主要确保重要负载的供电（通信设备的供电、机房保证空调的供电、机房保证照明的供电及其他必须保证供电的设备）。

后备柴油发电机组的性能等级不应低于 G3 级。柴油发电机应设置现场储油装置，在储存期间，应检测柴油品质，当柴油品质不能满足使用要求时，应更换和补充柴油。柴油发电机周围应设置检修用照明和维修电源，电源宜由不间断电源系统供电。

③ UPS：交流不间断电源的配置按满足工程建设容量配置，确保核心机房的主设备和其他不允许交流间断的设备的不间断供电。

（3）核心机房电源直流部分

① 直流供电系统的组成：核心机房的直流供电系统由直流配电屏、开关电源、蓄电

池组成，正常工作时由开关电源将交流电转换成直流电送至直流配电屏，然后由直流配电屏分配至各通信设备，同时对蓄电池进行浮充电。当市电或油机供电不正常时，开关电源不工作，蓄电池放电来维持通信设备的正常运行。当供电正常后再由开关电源转换的直流电供电，同时对蓄电池补充电。

② 设备的配置：直流配电屏的配置应按该直流供电系统的容量配置，输出分路的数量和容量应按照负荷的实际需要配置。

8.3.4　防雷与接地

（1）总体要求

通信局（站）应采用系统的综合防雷措施，包括直击雷防护、联合接地、等电位连接、电磁屏蔽、雷电分流和雷电过电压保护等，应满足 YD5098《通信局（站）防雷与接地工程设计规范》要求，涉及建筑、构筑物的防雷接地部分，还应符合 GB50057《建筑物防雷设计规范》。

（2）地网

综合通信大楼应采用联合接地的方式，应将围绕建筑物的环形接地体、建筑物基础地网及变压器地网相互连通，共同组成联合地网。局内设有地面铁塔时，铁塔地网必须与联合地网在地下多点连通。局（站）内有多个建筑物时，应使用水平接地体将机房地网与其他建筑物地网相互连通，形成封闭的环形结构。距离较远或相互连接有困难时，可作为相互独立的局（站）分别处理。

一般综合机楼的地网系统在机楼投入使用前应已建设完成，新建或扩容局（站）可以利用机楼现有地网，如果地网不能满足要求，应对原有地网进行改造或新建地网。建设单位运维部门应定期测试综合楼地网的接地地阻，考察地阻的变化情况，了解地网的运行状况是否变坏。

（3）室内接地

室内等电位接地可采用网状、星形、网状星形混合型接地结构。室内的走线架及各类金属构件必须接地，各段走线架之间必须电气连通。严禁在接地线中加装开关或熔断器。布放接地线时应尽量短直，多余的线缆应截断，严禁盘绕。严禁使用中性线作为交流接地保护线。

（4）线缆保护

各类线缆应埋地引入，避免架空方式入局（站）。具有金属护套的电缆入局（站）时，应将金属护套接地。无金属外护套的电缆宜穿钢管埋地引入,钢管两端做好接地处理。光缆金属加强芯和金属护层应在分线盒或 ODF 架内可靠连通,并与机架绝缘后使用截面积不小于 16mm² 的多股铜线引到本机房内第一级接地汇流排上。楼顶用电设备电源线应采用金属外皮的电缆,楼顶水平方向布放的电缆,其金属外护套或金属管应与避雷带或接地线就近连通;竖直方向布放的电缆,其金属外护套应至少在上下两端各就近接地一次。馈线严禁系挂在避雷带或避雷网上敷设。

8.3.5 承载网

承载网应根据核心网业务发展的需求建设,同时应注重上层核心业务对承载网络安全性的要求,通过合理的路由规划进一步提升网络的健壮性,确保业务承载的安全与可靠性。承载网的建设应能满足核心业务多路由、大容量的传送要求,同时提升容量,完善结构,提升安全性。

8.3.6 空调

目前,核心机房环境所遵循的标准为 GB50174《数据中心设计规范》。标准规定了核心机房不同区域的温湿度要求,主机房和辅助区采用标准规定的温湿度要求。根据设备对工作环境的要求,为确保设备在正常情况和极限情况下都能稳定、可靠工作,室内空调设计参数见表 8-1。

表8-1 室内空调设计参数

序号	项目	技术要求	备注
1	冷通道或机架进风区域的温度	18℃~27℃	
2	冷通道或机架进风区域的相对湿度和露点温度	露点温度 5.5℃~15℃,同时相对湿度不大于 60%	
3	主机房环境温度和相对湿度(停机时)	5℃~45℃,8%~80%,同时露点温度不大于 27℃	不得结露
4	主机房和辅助区域温度变化率	使用磁带驱动时 <5℃/h 使用磁盘驱动时 <20℃/h	
5	辅助区温度、相对湿度(开机时)	18℃~28℃,35%~75%	
6	辅助区温度、相对湿度(停机时)	5℃~35℃,20%~80%	
7	不间断电源系统电池室温度	20℃~30℃	

机房洁净度要求:每立方米空气中粒径大于或等于 0.5μm 的悬浮粒子数应少于 1760 万粒。

8.3.7 消防

通信建筑的消防要求应满足现行国家标准 GB50016《建筑设计防火规范》及行业标准 YD5002《邮电建筑防火设计标准》的规定。

建筑内的管道井、电缆井应在每层楼板处采用不低于楼板耐火极限的不燃烧体或防火封堵材料封堵，楼板或墙上的预留孔洞应用不燃烧材料临时封堵。

通信建筑的内部装修材料应采用不燃烧材料，机房不应吊顶。

通信建筑内的配电线路除敷设在金属桥架、金属线槽、电缆沟及电缆井等处外，其余线路均应穿金属保护管敷设。通信建筑内的动力、照明、控制等线路应采用阻燃型铜芯电线（缆）。通信建筑内的消防配电线路，应采用耐火型或矿物绝缘类等具有耐火、抗过载和抗机械破坏性能的不燃型铜芯电线（缆）。消防报警等线路穿钢管时，可采用阻燃型铜芯电线（缆）。

应分开设置电源线与信号线的孔洞、管道，机房内的走线除设备的特殊要求外，一律采用不封闭走线架。

应分开布放交、直流电源的电力电缆；应分开布放电力电缆与信号线缆；光纤尾纤加套管或走光纤专用线槽。必须同槽、同孔敷设的或交叉的应采取可靠的隔离措施。电源线、信号线不得穿越或穿入空调通风管道。

主机房的耐火等级不应低于二级。

建筑面积大于 120m² 的主机房，疏散门不应少于两个，且应分散布置；建筑面积不大于 120m² 的主机房，或位于袋形走道尽端、建筑面积不大于 200m² 的主机房，且机房内任一点至疏散门的直线距离不大于15m，可设置一个疏散门，疏散门的净宽度不小于1.4m。主机房的疏散门应向疏散方向开启，且应自动关闭，并应保证在任何情况下均能从机房内开启。走廊、楼梯间应畅通，并应有明显的疏散指示标志。

主机房的顶棚、壁板（包括夹芯材料）和隔断应为不燃烧体，且不得采用有机复合材料。地面及其他装修应采用不低于 B1 级的装修材料。

第9章 5G无线网设计

9.1 室外宏站勘察设计特点

室外覆盖网络应满足网络覆盖、质量和容量的要求，同时，综合考虑工程在技术方案和投资效益两方面的合理性。

5G 目标是实现大带宽、高体验、低成本的网络。与 2G、3G 网络相比，5G 与 4G 类似，采用了扁平化的网络结构，应用了 OFDM、MIMO 等关键技术，带来了全新的室外覆盖效果。

5G 室外宏站勘察设计的特点如下。

① 网络结构简单，BBU 设备体积较小，与 4G 的 BBU 设备类似，安装灵活，机房空间和环境要求低。

② 由于 mMIMO 技术的应用，AAU 的尺寸和重量进一步加大，尤其是 64T64R 多天线的应用，5G 天馈系统的安装比 2G、3G、4G 更复杂。

③ 组网灵活，由于 mMIMO 设备的多样性，可以根据应用场景，灵活地进行设备选择，从而实现对各种场景针对性地覆盖。

针对室外宏站，本章节从站址勘察、宏基站设计、机房工艺、天馈系统设计与安装、基站配套设计、防雷与接地、节能与环保、消防安全等各方面详细阐述了 5G 室外基站的覆盖设计。

另外，考虑到未来，室内覆盖将是 5G 覆盖的重点，但是由于目前 5G 室分设备成熟度相对较低，建设方案还不明确，因此在本章最后仅简要介绍 5G 室分设备选型和覆盖方案。

9.2 站址勘察

无线基站站址勘察流程如图 9-1 所示。

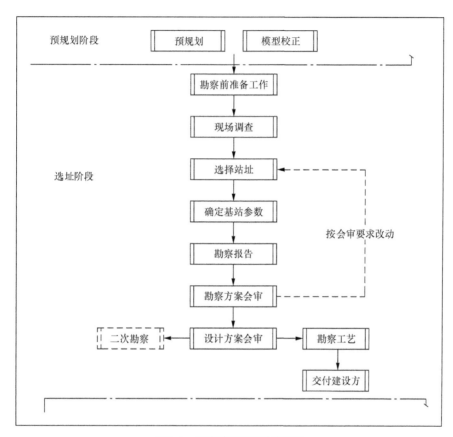

图9-1 无线基站站址勘察流程

9.2.1 预规划阶段

预规划阶段工作的内容主要包括用户调研和数据分析。

（1）用户调研

调研范围最好包括建设单位的市场、建设、优化部门，以便掌握市场需求和用户需求。
用户调研应该包括以下 3 个方面。

① 收集用户投诉

用户投诉是网络质量的直接反映，以用户投诉单的形式保留在建设单位，收集足够多的投诉单使设计人员清楚地认识网络存在的问题，也有助于现场勘察时的站址定位。在 5G 网络建设初期，由于没有投诉数据，因此可以不收集用户投诉数据；5G 网络成熟后，用户投诉信息将成为 5G 网络规划重要的输入信息。

② 市场需求

社会经济的不断发展，市场环境的改变，现有的无线网络布局可能会无法适应，需要做相应的调整，这将产生新建、扩容或者搬迁基站。

对于 5G 网络建设，业务市场主要分为个人市场和行业市场，选择站址时需要结合个人业务和行业业务的分布范围选择。

具体操作时，只有在深入了解网络现状以后，才能做出有效的站址选择，因此在勘察工作之前，设计人员应与建设单位尽可能多的部门、人员广泛交流。

通过这一阶段的调研，设计人员应能定性地认识目前的网络质量、业务热点、市场特征、覆盖薄弱区、信号盲区。

③ 工程、设计兼容性调研

现场勘察时，设计人员需要确定基站工艺参数，诸如机房类型、机房空间、塔桅类型、高度、天线抱杆位置等，这些都需要建设单位工程部门的后续支持，因此有必要事先了解相应的工程支持程度，从而避免勘察工艺制订的盲目性，保证设计方案具有工程可行性。

（2）数据收集及分析

主要收集近期的月话统报表和路测报告，分析结果主要是业务流量分布、通信网络现状，形成有效文档。

（3）了解基站设备

主要目的在于掌握可选设备的性能，特别是设备无线覆盖能力、设备物理尺寸、重量、供电情况。掌握设备情况有利于设计人员在现场对基站站址、建站方式、设备、天线选型做出正确判断。

（4）覆盖模型校正

覆盖预测需要专业软件，选择合适的电子地图，通过电子模拟结果判断所选站址是否满足需求。

（5）落实勘察行程

明确时间安排及建设单位、相关厂商的配合人员；同时明确勘察人员安排。

（6）准备勘察资料

包括用户咨询报告、网络现状及话务分析结果文档、勘察信息填注表、空白纸张、地图。

（7）准备勘察工具

包括 GPS、数码相机、卷尺、指南针、扫频仪、望远镜、绘图册、笔等。

注：可选配置包括测距仪、测试手机。

如果还需要现场路测，需要准备相应的测试设备。

9.2.2　现场勘察

选址阶段的工作主要包含以下内容。

①　了解预覆盖区域的人口、经济状况及其分布。需要对这类地区的建站经济效益进行评估，一般来讲，通过对人口、经济的调查，结合当地消费习惯预估可发展的用户规模、用户消费指数，从而得出预计收益，判断投入产出比，确定建站条件；市内及热点业务区需要了解人口流动情况、通信热点分布特点。

②　了解周边基站的分布、覆盖现状。如果有前期路测分析报告，现场仅需核实数据，可以借助勘察工具尤其是测试手机，特别仔细核实周边基站边界覆盖情况，因为这将确定选址基站的覆盖范围，从而直接影响基站选址的位置和参数设定。

③　调查基站环境。基站所在地周围开阔程度、平坦程度、地形地貌情况、主要业务区与天线之间的落差，尤其需要描述基站周围的阻挡物。

④　调查基站环境结果应该绘制草图，配合文字说明。

⑤　调查建设条件。包括可选站址的土质、场地、环保、电源引入、传输方式等。

⑥　如果是外租或外购机房，还必须采集相关建筑物的资料。主要包括建筑结构、主梁分布、建筑承重等因素，另外如果需要对建筑物本身施工（加固、开孔等），需要与业主协商施工的可行性，并做记录。

⑦　调查天线安装条件。对于自建塔桅，需要确认场地是否具备安装条件，同时确认安装天线的位置，观察周围可能对天线辐射方向产生影响的障碍物。

⑧　调查干扰情况。定位可能对系统信号产生干扰的信号源，了解干扰源的性质诸如寻呼台、雷达站、其他通信系统站等，确认隔离距离。

⑨　调查社会环境及环保。需要事先了解当地居民对建站的意见，是否能实施，特别是学校、居民小区，避免以后出现大量住户投诉带来的负面影响。

⑩　建设单位工程意见。

⑪　各施工单位意见。

9.3 宏基站设计

9.3.1 设备选择

1. BBU+AAU功能要求

5G 基站架构主要采用 BBU+AAU 方式。

BBU 是基带控制单元，其主要功能包括：集中管理整个基站系统，包括操作维护、信令处理和系统时钟；提供基站与传输网络的物理接口，完成信息交互；提供与操作维护中心（Operation and Maintenance Center，OMC）连接的维护通道；完成上、下行数据基带处理功能，并提供与射频模块通信的 ECPRI/CPRI 接口；提供和环境监控设备的通信接口，接收和转发来自环境监控设备的信号。

AAU 设备的主要功能包括：负责传送和处理 BBU 和天馈系统之间的射频信号；通过天馈接收射频信号，将接收信号下变频至中频信号，并进行放大处理、模数转换、数字下变频、匹配滤波、数字自动增益控制（Digital Automatic Gain Control，DAGC）后发送给 BBU 或宏基站进行处理；接收上级设备（BBU 或宏基站）送来的下行基带数据，并转发级联 AAU 的数据，将下行扩频信号成形滤波、模数转换、射频信号上变频至发射频段的处理；提供射频通道接收信号和发射信号复用功能，可使接收信号与发射信号共用一个天线通道，并对接收信号和发射信号提供滤波功能。

2. 选取AAU设备的原则

5G 系统选取 AAU 设备的原则如下：满足系统的覆盖和容量需求；射频处理能力，需要满足未来不断提升的扩容需求，保证长期的平滑扩容；需要有足够的发射功率以支持 AAU 天线的应用需求；应有大的覆盖范围以降低系统的复杂度；应尽量减小对功率控制的影响。

目前 5G 的 AAU，主要有 64T64R、32T32R 和 16T16R 3 种，其中覆盖和容量性能最优的是 64T64R。在实际中，不同类型的 AAU 设备可以按照如下原则选用：在业务量大、无线环境复杂的密集市区，建议采用 64T64R 的高配置设备；在中高建筑较多的一般城区 / 县城，建议采用 32T32R 等中配置设备；在用户稀疏的农村区域，如考虑未来容量和覆盖需求等因素，考虑采用 16T16R 等低成本设备。

3. 5G设备演进方案

4G网络经过多年的建设，已覆盖全国所有城市，投资超千亿元。为保护现有网络的投资，降低5G网络的建设成本，有必要研究设备演进。实现5G设备的演进，节约土建和配套设备成本，节约站址租赁和网络维护费用，从而有效简化网络的整体结构，提高网络的运营效率。

5G设备演进方案主要有5G单模和4G/5G双模两种选择。

单模演进方式是指4G和5G两个系统单独运行，BBU主控板卡、接口板卡仅需软件升级支持，基带板卡硬件升级支持5G；AAU工作在同频段时仅需软件升级，工作在异频段时需要更换天线滤波器。

双模演进方式是指4G和5G两个系统协同运行，支持混插，BBU需使用两套板卡分别运行两种制式；AAU工作在同频段，可以支持两种制式同时运行。

9.3.2 设备设置

1. 设置站点的基本原则

原则上应采用三扇区配置，站型配置为S111，载波带宽典型值为100MHz，同时5G支持灵活配置系统频率带宽，包括5MHz、10MHz、15MHz、20MHz、25MHz、30MHz、40MHz、50MHz、60MHz、80MHz和100MHz；子载波支持15kHz、30kHz和60kHz等。

2. 频率规划

对于5G频率划分，在2018年12月10日，工业和信息化部向中国电信、中国移动、中国联通发放了5G系统中低频段试验频率使用许可。其中，中国电信和中国联通获得3500MHz频段试验频率使用许可，中国移动获得2600MHz和4900MHz频段试验频率使用许可。上述频段可用于目前国内5G试验网建设，后期5G商用网的频段，以国家相关部门规定的为准。

9.3.3 设计覆盖区

1. 覆盖原则

5G网络主要包含三大业务场景，根据业务场景分析，涉及个人和行业两大用户群，因此为了精准建网，满足用户业务发展的需求，需要根据用户群的业务特点，分别制定网络覆盖策略。

对于个人用户，基于建设成本的考虑，需要区分业务的承载需求，4G 可以承载的继续由 4G 承载，否则由 5G 来承载。由于 5G 时代初期，基于个人业务量不大，5G 网络不需要建设良好的连续覆盖，后期随着业务的发展，可以适当增加站点，提升 5G 网络覆盖和容量。

对于行业用户，需要区分业务承载需求，原有的 mMTC 类业务，可以考虑暂时继续由 4G 网络来承载，而对于 eMBB 类及 uRLLC 类行业业务，可以考虑由 5G 来承载。由于目前 5G 行业业务发展还不明晰，因此现阶段不建议扩大 5G 行业业务的覆盖范围，网络建设以满足 5G 初期业务培育及应用示范的目的，后期随着行业业务的成熟，可以进一步扩大 5G 的覆盖范围和覆盖质量。

2. 规划天线的下倾角

在设计天线倾角时必须考虑的因素有天线的高度、方位角、增益、垂直半功率角，以及期望小区覆盖的范围。

假设所需覆盖半径为 $D(\mathrm{m})$，天线高度为 $H(\mathrm{m})$，倾角为 α，垂直半功率角为 θ，则天线主瓣波束与地平面的关系如图 9-2 所示。

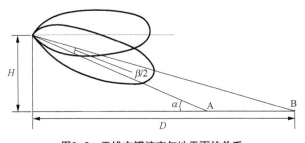

图9-2　天线主瓣波束与地平面的关系

可以看出，当天线倾角为 0 度时，天线波束主瓣即主要能量沿水平方向辐射；当天线下倾 α 度时，主瓣方向的延长线最终必将与地面一点（A 点）相交。由于天线在垂直方向有一定的波束宽度，因此在 A 点到 B 点方向，仍会有较强的能量辐射。根据天线的技术性能，在半功率角内，天线增益下降缓慢；超过半功率角后，天线增益（特别是上波瓣）迅速下降。因此，在考虑天线倾角大小时，可以认为半功率角延长线到地平面交点（B 点）内为该天线的实际覆盖范围。

根据上述分析以及三角几何原理，可以推导出天线高度、下倾角、覆盖距离三者之间的关系为：$\alpha = \arctan(H/D) + \beta/2$。

上述分析为常规移动通信系统的下倾角规划，但是对于 5G 系统，目前主流的 mMIMO 有 64T64R、32T32R、16T16R 等多种通道数天线可选，其区别在于垂直面上分别支持 4 层、2 层和 1 层波束，利用 mMIMO 天线具有多个垂直波束的特点，可扩展网络的覆盖范围，5G 64T64R 天线对覆盖范围的影响如图 9-3 所示。

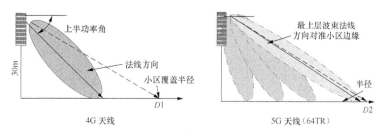

图9-3　多天线覆盖性能对比示意

3. 覆盖指标要求

① 在覆盖区域内，目前各运营商还没有确定 5G 无线网覆盖标准，因此 5G 初期建的网标准，可以参照 4G 的无线网络覆盖率要求，满足 RSRP ≥ −110dBm 的概率大于 90％，后期可以依据国家、行业及企业规范，确定 5G 无线网络覆盖指标要求。

② 在小区的覆盖范围外有用户需求但建站不经济时，可采用微站解决问题；在覆盖范围内但信号较弱或存在盲区时，视情况决定是否能采用微站解决。

③ 相邻小区覆盖范围不重叠部分较大时，应考虑增高天线挂高或按照小区分裂原则增加基站。

④ 小区的覆盖不满足同邻频干扰指标时，可以调整站址或其他设计参数（包括天线型号、挂高、方位角、下倾角、发射功率），这需要考虑基站相互间的影响。

⑤ 5G 系统室外覆盖能力与 5G 的工作频段、多天线的性能密切相关，对于目前的 3.5GHz 系统，采用 64T64R 天线，5G 初期站址间距可以按密集市区 300m～400m、一般城区 400m～500m、郊区 500m 以上考虑，后期可以依据 5G 组网性能的测试结果调整站间距规划。

4. 选择初期覆盖场景

5G 典型场景涉及未来人们居住、工作、休闲和交通等各种区域，特别是密集住宅区、办公室、体育场、露天集会、地铁、快速路、高铁和广域覆盖等场景。这些场景具有超高流量密度、超高连接数密度、超高移动性等特征，可能对 5G 系统形成挑战。5G 覆盖场景需求见表 9-1。

表9-1　5G覆盖场景需求

分类	场景	需求
超高流量密度	办公室	数十 Tbit/s/km² 的流量密度
	密集住宅区	Gbit/s 用户体验速率
超高移动性	快速路	毫秒级端到端时延
	高铁	500km/h 以上的移动速度
超高连接数密度	体育场	100 万 /km² 连接数
	露天集会	100 万 /km² 连接数
	地铁	6 人 /m² 的超高用户密度
广域覆盖	市区覆盖	100Mbit/s 的用户体验速率

5. 宏基站链路预算及典型站距

目前，5G 的商用频段还没有确定，在这里以 5G 的主流试验频段 3.5GHz 预算链路和估算站间距，根据协议规定，采用 3D UMa 传播模型进行链路预算分析，其中：设备参数暂按目前的设备情况设置，边缘速率目标暂按照目前业内推荐下行 10Mbit/s/ 上行 1Mbit/s 边缘速率估算，边缘覆盖率参考目前 4G 的边缘覆盖率要求，基站天线挂高根据场景不同分别取值，穿透损耗、街道宽度和建筑物高度根据不同地域给出典型参考值，详见表 9-2。

表9-2　5G链路预算

项目		下行 10Mbit/s	上行 1Mbit/s
系统参数	频段（GHz）	3.5	3.5
	小区边缘速率（Mbit/s）	10	1
	带宽（MHz）	100	100
	上行比率	30%	30%
	基站天线	64T64R	64T64R
	终端天线	2T4R	2T4R
	RB 总数（个）	273	273
	需 RB 数（个）	108	32
	SINR 值门限（dB）	−1	−4

（续表）

	项目	下行 10Mbit/s	上行 1Mbit/s
发射设备参数	最大发射功率（dBm）	49	26
	发射天线增益（dBi）	10	0
	赋形增益（dB）	14.5	0
	EIRP（不含馈损）（dBm）	73.5	26
接收设备参数	接收天线增益（dBi）	0	10
	噪声系数（dB）	7	3.5
	热噪声（dBm/Hz）	−174.00	−174.00
	接收机灵敏度（dBm）	−92.00	−103.78
	分集接收增益（dB）	4	14.5
附加损益	干扰余量（dB）	0	0
	负荷因子（dB）	6	3
	切换增益（dB）	0	0
场景参数—密集市区	基站天线高度（m）	26.5	26.5
	UE 天线高度（m）	1.5	1.5
	阴影衰落（95%）（dB）	11.6	11.6
	馈线接头损耗（dB）	0	0
	穿透损耗（dB）	15	15
MAPL	密集市区（dB）	136.90	124.68
街道宽度	密集市区（m）	18.00	18.00
平均建筑物高度	密集市区（m）	35.00	35.00
覆盖半径	密集市区（m）	486.91	236.73
站间距	密集市区（m）	730.36	355.09

备注：

（1）上表中业务类型、基站天线高度、穿透损耗、街道宽度、平均建筑物高度根据当地实际情况调整，上表值仅供参考；

（2）该传播模型是根据穿透损耗、街道宽度、平均建筑物来区分密集城区、城区、郊区等区域；

（3）考虑室内浅层覆盖，根据 3GPP 协议，外墙穿透低损耗约为 12.5dB，高损耗约为 18dB，取 15dB。

以上仅为理论分析，实际情况还将根据具体的业务需求、基站天线高度、建筑物损耗等情况变化。

9.4 机房工艺

9.4.1 机房工艺要求

1. 机房改造要求

① 机房内不能做装饰性装修（如安装吊顶和活动地板等）。

② 机房门在一般情况下，其宽度不应小于 1m，以便于在工程期间搬运设备。机房门应向外开，应具有防火、防盗能力。

③ 机房的地面要求采用水磨石或耐磨砖，不能采用水泥地面（如果承重方面不满足要求，可以适当放宽要求）。墙身要求涂墙漆。墙身、天花要求结实、坚固。

④ 建议机房门口应有门槛，以防水、防鼠。

⑤ 机房内应安装带有接地保护的电源插座，其电源不应与照明电源同一回路，若不能单独成一回路时，应选择带有保险丝的插座。

2. 机房照明

机房的主要光源应采用日光灯。照明要求：离地 0.8m，水平面上 ≥ 200lx。

① 机房内应安装带有接地保护的电源插座，其电源不应与照明电源同一 AC 输出端子输出。

② 机房内配置应急灯，安装位置在离地 1.4m～1.8m 的墙上，应急灯前方尽量不能有设备、走线架等遮挡光源，应急灯有手动开关和测试按钮。当正常照明系统发生故障时，应急灯能提供应急照明。

③ 不允许有太阳光直射进机房，所有窗户必须进行避光处理。

④ 接地（PE）或接零（PEN）支线必须单独与接地（PE）或接零（PEN）干线相连接。

3. 机房环境

① 要求机房整洁干净，没有灰尘及杂物。

② 工程剩余材料要堆放整齐，并附有余料清单。

4. 机房防火

① 对机房进行改造时，只可进行为满足机房电气要求的修缮，而且需采用不透光、

不燃或阻燃的满足防火要求的材料。

② 电力线、传输线、接地线、空调管、馈线等进线口，须用防火泥密封，如用套管时可用水泥密封，要求密封处平整、无缝隙。

③ 要求机房内安装烟雾告警设备，并且在室内靠门处配置灭火器。机房内不得放置易燃物品。

5. 机房防水

① 要求机房所有的门、窗和馈线进出口能防止雨水渗入，机房的墙壁、天花板和地面不能有渗水、浸水的现象。

② 机房内不能有水管穿越。

③ 不能用洒水式消防器材。

④ 如机房地处低洼地区，门槛高度应不低于 0.5m。

6. 机房密封

要求机房有良好的密封性，既能防止灰尘及害虫从外界进入机房，又方便控制机房温度和湿度。

7. 机房温度

① 要求机房室内温度不超过 28℃。

② 机房应配有温度计和温度告警设备。

8. 机房湿度

① 要求机房保持干燥，机房湿度 H 在 15%～80%。

② 配有湿度计和湿度调节设备（如空调、抽湿机）。

9. 机房空调

① 基站机房独立房间原则上应配装柜式分体空调，其制冷容量按面积的大小和远期的设备散热量进行配置。

② 独立的电池房，应配装柜式空调，房间温度保持在（25±3）℃。

③ 室内空调机的温度设定为 26℃，并贴标识以防止其他施工人员操作。

④ 空调设备必须采用具备断电来电自启动功能。

⑤ 机房空调应安装牢固，在固定底座的同时，若条件具备，应与墙体固定。

9.4.2 设备安装

① 安装绝缘底座时，必须保证膨胀螺栓与机架之间绝缘。

② 机架或底座（支架）与地面固定膨胀螺栓安装正确牢固，各种绝缘垫、平垫、弹垫和螺栓螺母安装顺序正确，无垫反现象。

③ 螺栓连接处有防松处理。

④ 设备的垂直度偏差不大于 3mm。

⑤ 同一排机架的设备面应在同一水平面，偏差不大于 5mm；每列设备的列头柜应在同一水平面上，偏差不大于 5mm。

⑥ 室内安装相邻机架时，要求相邻机架紧密靠拢，架间缝隙应小于等于 3mm。

⑦ 不同排的机架在主走道一侧应对齐，误差不大于 5mm。

⑧ 同类机架相邻，高低偏差小于 2mm。

⑨ 同规格紧固件外露部分的长度差异小于 3mm。

⑩ 抗震加固应符合设计文件要求，要求做抗震加固处理的机架（设备）应有抗震加固处理。

⑪ 机架和底座连接牢固可靠。

⑫ 应有钢质底座，非镀层底座应涂防锈漆，做防腐防锈处理。

⑬ 各机架裙板安装到位齐全。

⑭ 安装设备完毕，设备周边防静电地板 / 地砖安装平整、牢固，底座应与地板 / 地砖紧密相贴。

⑮ 机架上各种零件不得脱落或损坏，漆涂层应无剥落、碰伤，如有则应补同色漆涂。

⑯ 无线设备的母地线应采用截面积不小于 $35mm^2$ 多股铜缆；无线机架应用截面积不小于 $25mm^2$ 多股铜缆作为接地线与母地线连接，并用绝缘盒将连接点盖上。AAU 的接地方案以厂商产品指引为准。

⑰ 保护地线应用整段线料，多余长度应裁剪，不得盘绕。

⑱ 机架间保护地线不得串接，设备间有意设计的等电位连接线除外。

⑲ 室内接地排上接地，一个接地螺栓只能接一根保护地线。

⑳ 设备金属外壳、前后门板应可靠接地；设备的外壳除了有意连接的保护地之外，不存在另外的接地路径。

㉑ 保护地线上没有接头，没有加装熔断器或开关。

㉒ 同一套设备的相邻机架间应做等电位互连。

㉓ 数字通信设备和模拟通信设备共存的机房，两种设备的保护地应分开，并防止通过走线架或钢梁在电气上连通。

㉔ 接地铜排和建筑物的金属物采用绝缘安装，即采用绝缘瓷壶方式隔离。

㉕ 所有基站支架采用热镀锌处理、不锈钢螺栓连接，避免因阻抗增大而影响雷击防护性能。

㉖ 交流电源端口有不小于 20kA 的电源防雷器。

㉗ 由室外引入室内的所有带有金属材料的信号线（如天馈口）有不小于 5kA 的防雷器。

9.5 天馈系统设计

9.5.1 安装天线的要求

1. 系统隔离度要求

建设 5G 网络，一般会采用与原有 2G、3G、4G 基站采用共站的方式，因此必须要考虑与原有 2G、3G、4G 系统天线的隔离度要求。

2. 对周围阻挡要求

由于天线安装环境对 5G 系统网络覆盖效果有着极其重要的影响，因此在安装天线时对周围阻挡的要求也应更严格，应注意天线辐射方向无阻挡。

3. 避雷要求

防雷要求应按照现行国家标准 YD5068《移动通信基站防雷与接地设计规范》执行。

4. GNSS天线的位置要求

① 全球导航卫星系统（Global Navigation Satellite System，GNSS）天线可安装在走线架、铁塔或女儿墙上，天空可视性较好，且便于安装的位置；装在铁塔上的 GNSS 天线，抱杆应安装在铁塔南面，且伸出塔身至少 1m；最坏阻挡条件为水平仰角 50°～210° 无阻挡。

② GNSS 天线在安装中必须保持竖直（北半球安装可向南倾斜 2°～3°）。

③ GNSS 天线不应是区域内最高点，并一定要在避雷针的 45°防雷保护范围内。

④ 安装 GNSS 天线时应远离如电梯、空调电子设备或其他电器；天线位置应当至少远离金属物体 4m；两个 GNSS 天线间距大于 1m，避免产生反射干扰。

⑤ GNSS 天线距离其他的发射天线（背向）水平距离大于 5m；与基站天线垂直安装时，在天线底部垂直距离大于 3m；严禁将 GNSS 天线安装在基站等系统的辐射天线主瓣面内。

⑥ 在位置满足要求的情况下，GNSS 接收机馈线尽量短，以降低中间线路的衰减。

⑦ GNSS 馈线需要接地，一般馈线长度不超过 45m 时，上下两端接地；超过 60m 时，中间增加一次接地；GNSS 馈线入室后接到 GNSS 避雷器上，避雷器须可靠接地。

⑧ 一般的 GNSS 馈线应使用馈线卡子固定在走线架上。馈线铺设完成后应单独测试馈线通道的驻波比和插损，驻波比不应大于 1.3，插损应小于 20dB。

⑨ GNSS 天线抱杆要求应为 $\phi 30 \times 800mm$（直径 × 长度）的不锈钢管。

9.5.2　布放室外线缆的要求

支撑杆、铁塔上的 AAU 或其他设备的电源线等室外电缆应采用铠装电缆或套金属波纹管，具有防水、防潮、防鼠、防紫外线功能。电缆经过的孔洞要进行密封。

布放基站室外光缆需加装 PVC 套管或螺纹管保护。

9.5.3　室外天馈系统接地

室外馈线接地应先去除接地点氧化层，每根接地端子单独压接牢固，并使用防锈漆或黄油对焊接点做防腐防锈处理。馈线接地线不够长时，严禁续接，接地端子应有防腐处理。

9.5.4　无线基站天面配套

需安装天线的抱杆安装稳固，接地良好，要求所有天线抱杆垂直于地面，保持垂直误差应小于 2°。铁塔上的天线横担与铁塔连接可靠牢固。

所有天线支撑杆必须牢固安装，不可摇动，满足抗风要求。屋顶安装的抱杆必须接地并在避雷针的 45°保护范围之内。

天线实际挂高位置与网络规划一致，保证安装天线的时位置与设计相符。

抱杆需保证在屋顶上安装天线（包括 GNSS 天线）时，应在避雷针 45° 保护范围之内，并保证安装全向天线后与避雷针之间的水平间距不小于 1.5m。

需安装 GNSS 天线的抱杆，其位置需满足安装 GNSS 天线后上方 ±60° 范围内没有遮挡物（天线和避雷针除外）。

GNSS 天线牢固安装在支架上，且天线底部高出抱杆顶部 20cm。

GNSS 天馈线缆与抱杆固定（采用黑色防紫外线扎带），并留有余量（不小于 10cm）。防水保护要求同射频电缆的防水标准。

为避免反射波的影响，建议 GNSS 天线应避免附近存在较大的反射面。

不要将 GNSS 天线安装在其他发射和接收设备附近，不要安装在微波天线和高压线缆下方的附近，避免其他发射天线的辐射方向正对 GNSS 天线。

9.6 基站配套设计

9.6.1 电源

1. 新建基站配套电源

新建基站配套电源的查勘内容如下。

① 外电引入位置、引入开关的容量需要注明为高压引入还是低压引入，引入点距机房的距离。绘制机房平面图（长、宽，窗的位置，门的位置、方向，位于几层），需注意蓄电池的摆放方向和位置会对机房承重要求影响较大。对于不在一层的民用建筑做机房时，应询问地面的结构及承重（现浇或楼板），并在图纸上标注。

② 接地勘察。

③ 基本判断及现场决定。

④ 填写勘察表格。

⑤ 整理和移交勘察资料。

（1）市电引入

新建基站要求引入一路不小于三类的市电电源。站内交流负荷不小于 20kW～25kW（特大城市密集市区建议按 25kW 考虑，其他城市和区域建议按 20kW 考虑），交流市电引入采用不小于 4×25mm² 截面积的铜芯电力电缆。

通信用交流电源宜利用市电作为主用电源。

根据通信局（站）所在地区的供电条件、线路引入方式及运行状态，将市电供电分为 4 类，其划分条件应符合表 9-3 要求。

表9-3　市电划分条件

市电类别	供电路由	平均月故障次数	平均每次故障时间	年不可用率
一类	二路独立电源	不大于 1	不大于 0.5h	小于 6.8×10^{-4}
二类	从环网或一路独立电源引入一路电源	不大于 3.5	不大于 6.0h	小于 3.0×10^{-2}
三类	一路电源	不大于 4.5	不大于 8.0h	小于 5.0×10^{-2}
四类	一路电源	供电无保证	经常停电	小于 5.0×10^{-2}

通信局（站）宜采用专用变压器。

通信局（站）内低压供电线路不宜采用架空线路。

市电引入线路过长或无市电的通信局（站），当年日照时数大于 2000h、负荷小于 1kW 时，宜采用太阳能电源供电；负荷小于 50kW、年平均风速大于 4m/s 时，宜采用风力发电电源供电。

（2）交、直流系统

新建 5G 独立宏蜂窝基站均配置 1 套、交直流供电系统，分别由 1 台交流配电箱、1 套高频开关组合电源（含交流配电单元、高频开关整流模块、监控模块、直流配电单元）和 2 组（或 1 组）阀控式铅酸蓄电池组组成。

交流供电系统由市电和自备发电机组电源组成，宜采用集中供电方式供电。低压交流供电系统应采用三相五线或单相三线制供电。

（3）交流配电箱

交流配电箱采用壁挂式配电箱，容量按远期负荷考虑，站内的电力计量表根据当地供电部门的要求安装。

（4）设备负荷

5G 宏蜂窝基站目前还没有商用，因此具体设备负荷值后期以商用设备为准。

（5）蓄电池

蓄电池是一种储能设备，它能将充电得到的电能转变为化学能储蓄并保存起来，需要电能时，又能及时把化学能转变成电能释放出来，供用电设备使用，这样的转换能循环多次，保证通信设备供电的不间断，其化学反应方程式如下：

$$\text{放电}$$
$$PbO_2(+) + 2H_2SO_4 + Pb(-) \rightleftharpoons PbSO_4(+) + 2H_2O + PbSO_4(-)$$
$$\text{充电}$$

直流供电系统的后备时间应根据目前各城市市电供电情况、公司的维护能力、基站所处的区域及基站的重要性级别确定；基站蓄电池组的容量还应综合考虑基站的近期发展、机房可承受的荷载和机房面积等因素来确定。

（6）高频开关组合电源

高频开关组合电源机架容量应不小于300A，整流模块容量按本期负荷配置，整流模块数按 $n+1$ 冗余方式配置。

（7）防雷器

可视实际情况选择是否安装。一般基站在交流配电箱处设置一级标称放电电流为80kA的防雷器，雷电多发的郊区和山区设置一级标称放电电流为120kA的防雷器。

2. 旧址共用基站配套电源

旧址共用基站配套电源的查勘内容如下。

① 外电引入电缆截面、引入开关的容量。开关电源的容量（总架容量，现有安装容量模块数，现有负荷量）。现有蓄电池容量、组数。绘制目前的设备平面布置图及走线架布置图（应量出现有设备的定位尺寸及设备的尺寸）。

② 接地勘察。

③ 基本判断及现场决定。

④ 填写勘察表格。

⑤ 整理和移交勘察资料。

（1）市电引入

对共址基站市电引入电缆相线截面积小于 $16mm^2$（铜线）或 $25mm^2$（铝线）的基站，应改造更换为不小于 $4 \times 25mm^2$ 截面积的铜芯电力电缆，进线开关容量小于等于50A的交流配电箱同时更换为100A的进线开关。对原市电容量不够的基站，应向相关单位申请增容。

（2）交、直流系统

共址基站尽可能共用原交、直流系统。

（3）交流配电箱

共址基站尽可能共用原交流配电箱。

9.6.2 蓄电池

蓄电池保证移动通信基站在停电状态下能够保持一段时间供电。勘察时需要记录蓄电池厂商、容量、摆放方式、开始运行时间等。蓄电池组应根据各基站后备时间要求、机房可承受的荷载、机房面积等因素来确定是否需要更换和更换后的容量，更换后的蓄电池宜采用两组。

（1）对于原设备采用 −48V 电源的基站

5G 设备建议与现有 2G/3G/4G 设备采用同一套直流系统供电。如现有电源机架容量能满足 2G/3G/4G 和 5G 设备需要，则只需增加整流模块对原开关电源进行扩容；如现有电源机架容量不能满足需要，则建议采用更换开关电源的办法解决。

（2）对于原设备采用 +24V 电源的基站

在基站机房面积、楼板荷载等条件许可的情况下，建议为 5G 设备独立配置一套 −48V 直流电源系统，按两组 200Ah 配置蓄电池组。

在机房条件不允许为 5G 设备独立配置一套 −48V 直流电源系统时，建议采用与原有设备共用一套直流供电系统并配置 1 个 + 24V/−48V 的直流变换器为 5G 设备供电的方案。

9.7 防雷与接地

据统计，在造成移动通信基站的事故中，被损坏的设备基本上是感应雷引起的电力线、电源设备、与外界有线缆联系的信号电路及接口设备。针对此类情况，除设立较为完善的建筑物防雷地网之外，还应在联合接地的基础上，按照整体防护原则，做到全方位防护、综合治理、层层设防，做好基站内外的过电压保护和接地。

防雷与接地系统的设计应按现行国家标准 GB50689《通信局（站）防雷接地设计规范》、现行行业标准 YD 5098《通信局（站）防雷与接地工程设计规范》的有关规定执行。

9.7.1 移动基站地网的组成

移动基站地网应由机房地网、铁塔地网或者由机房地网、铁塔地网和变压器地网组成，其接地电阻值不宜大于 10Ω，应采用联合接地的方式设计。基站地网应充分利用机房建筑基础（含地桩）、铁塔基础内的主钢筋和地下其他金属设施作为接地体的一部分。

9.7.2　地网形式

① 铁塔建在机房顶时，铁塔四脚应与楼（房）顶避雷带就近不少于两处焊接连通，除铁塔避雷针外，还应利用建筑物框架结构建筑四角的柱内钢筋作为雷电引下线。接地系统除利用建筑物自身的基础还应外设环形地网作为其接地装置，同时还应在机房地网四角设置 20m 左右的水平接地体作为辐射式接地体。

② 铁塔四角包含机房时，接地系统应利用建筑物基础和铁塔四角外设的环形地网作为其接地装置，接地网面积应大于 15m×15m。

③ 铁塔建在机房旁边的地网时，应将机房、铁塔、变压器地网相互连通组成一个联合地网。在土壤电阻率较高的地区，应在铁塔地网远离机房一侧的铁塔两角加辐射型接地体。

④ 自立式铁塔、抱杆或杆塔的地网应采用塔基基础内的金属作为接地体的一部分，应符合下列要求。

·建在建筑物上的自立式铁塔接地系统，应和建筑物的接地预留端子或避雷带相连，且宜围绕建筑物做一个地网。

·当使用抱杆或杆塔时，宜围绕杆塔 3m 范围设置封闭环形（矩形）接地体，并与杆塔地基钢板四角可靠焊接连通。杆塔地网应与机房地网每隔 3m～5m 相互焊接连通一次。没有机房时，杆塔地网四角应设置 20m 左右的水平接地体作为辐射式接地体。

⑤ 利用办公楼、大型建筑作为机房地网，应充分利用建筑物自身各类与地构成回路的金属管道，并应与大楼顶避雷带或与大楼顶预留的接地端多个点焊接连通。在条件允许时，还应敲开数根柱钢筋与大楼顶部的避雷带、避雷网、预留接地端相互连接。

9.7.3　接地体及接地引入线

接地体材料应采用热镀锌钢材，垂直接地体可采用 50mm×50mm×5mm 的热镀锌角钢或直径不小于 50mm、壁厚不小于 3.5mm 的热镀锌钢管。水平接地体和接地引入线可采用 40mm×4mm 的热镀锌扁钢。

垂直接地体宜采用长度不小于 2.5m 的热镀锌钢材、铜材、铜包钢等接地体，也可根据埋设地网的土质及地理情况确定。垂直接地体间距不宜小于 5m，具体数量可根据地网大小、地理环境情况确定。地网四角的连接处应埋设垂直接地体。

接地体上端距地面宜不小于 0.7m。在寒冷地区，接地体应埋设在冻土层以下。在土壤较薄的石山或碎石多岩地区，应根据具体情况确定接地体的埋深。

接地引入线应做防腐蚀处理，宜采用 40mm×4mm 或 50mm×5mm 热镀锌扁钢或截面积不小于 95mm^2 的多股铜线，且长度不宜超过 30m。

9.7.4 供电系统的防雷与接地

1. 供电系统及交流电源引入要求

当基站采用 TN 交流配电系统时，配电线路和分支线路必须采用 TN—S 系统的接地方式。当使用公用市电系统供电或使用专用电力变压器但离基站较远时，基站交流配电系统应采用 TT 系统的接地方式。

局（站）机房内配电设备的正常不带电部分均应接地，严禁做接零保护。

高压或 380V 交流电出入局（站）时，应选用具有金属铠装层的电力电缆，并将电缆埋入地下，其金属护套两端应就近接地。埋地长度不宜小于 50m（对于少雷区和雷暴强度较弱的地区可酌情减少，当变压器高压侧已采用电力电缆时，低压侧电力电缆长度不限）。当变压器或电力线路终端杆离机房较近时，可将电缆环绕机房或空旷区域迂回埋设。

2. 电源系统雷电过电压保护

交流电源供电系统第一级浪涌保护器（Surge Protective Device，SPD）的最大通流容量，应根据通信局（站）性质、地理环境和当地雷暴日数量确定。

9.7.5 直击雷保护

① 移动通信基站天线、机房、馈线、走线架等设施均应在避雷针的保护范围内，保护范围宜按滚球法计算。

② 移动通信基站天线安装在建筑物顶时，天线应设在抱杆避雷针的保护范围内，移动通信基站可不另设避雷针。

③ 铁塔避雷针应采用 40mm×4mm 的热镀锌扁钢作为引下线，若确认铁塔金属构件电气连接可靠，可不设置专门的引下线。

9.7.6 天馈线系统的防雷与接地

① 铁塔上架设的馈线及同轴电缆金属外护层应分别在塔顶、离塔处及机房入口处外

侧就近接地；当馈线及同轴电缆长度大于 60m 时，则宜在塔的中间部位增加一个接地点。室外走线架始末两端均应接地，接地连接线应采用截面积不小于 10mm² 的多股铜线。

② 馈线及同轴电缆应在机房馈线窗处设一个接地排作为馈线的接地点，接地排应直接与地网相连。

③ 接地排严禁连接到铁塔塔角。

④ 安装在建筑物顶的天线、抱杆及室外走线架，其接地线宜就近与楼顶避雷带或预留接地端子连接。

⑤ 建在城市内孤立的高大建筑物或建在郊区及山区地处中雷区以上的基站，当馈线较长时，应在机房入口处安装馈线 SPD，也可在设备中内置 SPD，馈线 SPD 的接地线应连接到馈线窗接地排。

⑥ 基站设在办公大楼、大型宾馆、高层建筑和居民楼内时，其天馈线接地，应充分利用楼顶避雷带、避雷网、预留的接地端子以及建筑物楼顶的各类可能与地构成回路的金属管道。

9.7.7　直流远供系统的防雷与接地

① 直流远供馈电线应采用具有对雷电电磁场有屏蔽功能的电缆，电缆屏蔽层应在电缆两端接地，机房侧的屏蔽层接地应在馈线窗附近。

② 直流配电防雷箱安装位置应符合接地线短、直的原则。

③ 射频拉远单元、天线和室外直流防雷箱可直接利用桅杆或抱杆的杆体接地，可不单独设置接地线。桅杆或抱杆应直接与避雷带、楼顶接地端子焊接连通。

④ 当直流馈电线水平长度大于 60m 时，应在直流馈电线中部增加一个接地点。

⑤ 室外防雷箱与射频拉远单元固定在墙体或女儿墙上时，应引入接地线与防雷箱和射频拉远单元的外壳连接。

9.7.8　GNSS 天馈线的防雷与接地

① GNSS 天馈线应在避雷针的有效保护范围之内。

② 铁塔位于机房旁边时，GNSS 天线宜设计在机房顶部。

③ GNSS 天线安装在铁塔顶部时，GNSS 馈线应分别在塔顶、机房入口处就近接地；当在机房入口处已安装同轴防雷器时，可通过防雷器实现馈线接地；当馈线长度大于 60m 时，则宜在塔的中间部位增加一个接地点。

④ GNSS 天线设在楼顶时，GNSS 馈线在楼顶布线严禁与避雷带缠绕。

⑤ GNSS 室内馈线应加装同轴防雷器保护，同轴防雷器独立安装时，其接地线应接到馈窗接地汇流排。当馈线室外绝缘安装时，同轴防雷器的接地线也可接到室内接地汇集线或总接地汇流排。

⑥ 当通信设备内 GNSS 馈线输入、输出端已内置防雷器时，不应增加外置的同轴馈线防雷器。

9.7.9　基站内接地排的布置要求

移动通信基站的室内等电位连接有以下两种。

① 采用网状连接时，应在机房内沿走线架或墙壁设置环形接地汇集线，材料应采用 30mm×3mm 铜排（或 40mm×4mm 镀锌扁钢），环形接地汇集线靠近墙壁时可用安装挂卡等方法将其固定在墙壁上，靠近走线架时可将挂卡固定在走线架上。环形接地汇集线与地网应采用 40mm×4mm 镀锌扁钢或截面积不小于 $95mm^2$ 的多股铜线相连，并应在机房四边进行多点连接，所有需要接地的设备均应就近接地。

② 采用星形连接时，基站的总接地排应设在配电箱和第一级电源 SPD 附近，开关电源、收发信机以及其他设备的接地线均应由总接地排引接。如设备机架与总接地排相距较远时可采用两级接地排：第一级电源 SPD、交流配电箱及光纤加强芯和金属护层的接地线应连接至总接地排；站内其他设备的接地线应接至第二级接地排。两个接地排之间应用截面积不小于 $70mm^2$ 的多股铜缆相连。

9.7.10　信号线的防雷与接地

进出入机房的各类信号线应由地下入局（站），其信号线金属屏蔽层以及光缆内金属结构均应在成端处就近做保护接地。金属芯信号线在进入设备端口处应安装符合相应传输指标的防雷器。在通信局（站）范围内，室外严禁采用架空走线，缆线严禁系挂在避雷网或避雷带上。

① 出入基站的传输中继线应尽可能采用直埋方式，或者至少在入基站前直埋。埋地光（电）缆的金属屏蔽层或金属管道在两端接地，光缆金属加强芯也要接地。

② 进入机房的其他信号线路，应选用铠装电缆或屏蔽电缆，电缆金属铠装层或屏蔽层两端应就近可靠接地，空线对应做接地处理。进入基站的脉冲编码调制（Pulse Code Modulation，PCM）电缆的屏蔽层入室处应就近可靠接地，其空线对应就近接地。

③ 无金属外护套的电缆宜穿钢管引入，且钢管两端应做接地处理。

④ 各类缆线金属护层和金属构件的接地点应避免在作为雷电引下线的柱子附近设立或引入。

⑤ 地埋电力电缆与地埋通信电缆平行间距不小于 0.5m。

⑥ 光缆线路对机房设备造成的雷害通常是由通信光缆的金属体引起的。光缆的金属体包括金属中心加强件（如钢丝）和金属护层（如双面涂塑轧纹钢带、双面涂塑铝带等）。

通信光缆进入机房可选用以下方式处理。

·使用无金属光缆。光缆线路中从末端接头盒至引入机房内的段落改用无金属光缆，但鼠害严重的地区慎用。

·光缆以地埋方式进入机房。采用直埋光缆或普通光缆穿钢管埋地进入机房，埋地长度宜不小于 50m（对于少雷区和雷暴强度较弱的地区可减小），一般可从线路终端杆开始埋设，直埋光缆的金属屏蔽层或钢管两端应就近可靠接地。

·光缆架空进入机房。光数混合架或光纤终端盒（分线盒）宜设置在光缆进口处。

9.7.11　其他设施的防雷与接地

① 室内的走线架及各类金属构件必须接地，各段走线架之间必须采用电气连接。

② 楼顶的各种金属设施必须分别与楼顶避雷带或接地预留端子就近连通。

③ 基站的建筑物航空障碍灯、彩灯、监控设备及其他室外设备的电源线，应采用具有金属护层的电力电缆或穿钢管布放，其电缆金属外护层或钢管应在两端和进入机房处分别就近接地。

④ 室内设备宜选用截面积不小于 16mm² 黄绿色多股铜线接地线与母地线连接。接地汇流铜条 / 接地排的每个接地点只能接一个设备。不同类型的设备要单独接入地线排（如无线架、电源架、天馈线、交流配电屏等），并在地线排处标明。

⑤ 数据服务器、环境监控系统、数据采集器、小型光传输设备等小型设备的接地线，可采用截面积不小于 4mm² 多股铜线；接地线较长时应加大其截面积，也可增加一个局部接地排，并应用截面积不小于 16mm² 的多股铜线连接到接地排上。当安装在开放式机架内时，应采用截面积不小于 2.5mm² 的多股铜线接到机架的接地排上，机架接地排应通过 16mm² 的多股铜线连接到接地汇集线上。

9.7.12　防雷接地工艺要求

① 敷设接地扁铁前应调直，敷设时应立放，不得平放；焊接长度应为扁铁宽度的 2 倍，并 3 面施焊，焊好后清除药皮，素土内敷设的扁铁必须刷沥青做防腐处理。

② 扁钢与扁钢搭接为扁钢宽度的 2 倍，不少于三面施焊；圆钢与圆钢搭接为圆钢直径的 6 倍，双面施焊；圆钢与扁钢搭接为圆钢直径的 6 倍，双面施焊；扁钢与钢管、扁钢与角钢焊接，紧贴角钢外侧两面，或紧贴 3/4 钢管表面，上下双侧施焊。焊接平滑，无加渣、咬肉、虚焊。

③ 利用底板钢筋网作接地连接线时，接地跨接钢筋应采用不小于 φ12 的热镀锌圆钢；焊缝应饱满并有足够的机械强度，不得有夹渣、咬肉、裂纹、虚焊、气孔等缺陷，要敲净焊接处的药皮。

④ 利用结构柱主钢筋（直径不小于 φ12mm）作防雷引下线时，当主钢筋采用螺纹连接时，螺纹连接的两端应作跨接处理。在每层绑扎钢筋时，按设计图纸要求，找出全部所需主钢筋的位置，用油漆做好标记。

⑤ 避雷线弯曲处不得小于 90°，弯曲半径不得小于圆钢直径的 10 倍，转弯部分支架应不大于 0.3m。焊缝应饱满并有足够的机械强度，要敲净焊接处的药皮，焊接后必刷两道防锈漆和两道面漆（银粉漆）。焊接不得有夹渣、咬肉、裂纹、虚焊、气孔等缺陷。

⑥ 安装避雷针时，先将支座钢板的底板固定在预埋的地脚螺栓上，焊上一块肋板，将避雷针立起、找直、找正后进行点焊，然后加以校正，焊上其他三块肋板，最后将防雷引下线焊在底板钢板上，清除药皮刷防锈漆和银粉漆各两道。

⑦ 接闪器采用热镀锌圆钢时，搭接长度为圆钢直径的 6 倍，并应双面焊接；如果采用热镀锌扁钢做接闪器时，搭接长度应不小于其宽度的 2 倍，至少 3 个棱边施焊，放置时与埋地敷设相反，必须平放；焊接处焊缝应饱满并有足够的机械强度，不得有夹渣、咬肉、裂纹、虚焊、气孔等缺陷，要敲净焊接处的药皮，焊接后必须刷两道防锈漆和两道面漆（银粉漆）。

⑧ 馈线的防雷接地线必须顺着雷电泄流的方向单独直接接地，接电线禁止回弯、打折。接地处必须用胶泥、胶带缠绕密封，缠绕采用三层，首先缠绕一层黑色胶带，再缠绕一层防水胶泥，然后再用胶带缠绕三层：第一层先从下向上半重叠连续缠绕，第二层应从上向下半重叠连续缠绕，第三层再从下向上半重叠连续缠绕，缠绕时应充分拉伸胶带。

9.8 节能与环保

9.8.1 节能减排

根据统计，移动基站机房是所有机房中耗电量最大的，占比超过一半。在基站机房中，主设备和空调的耗电量是最大的，超过基站总耗电量的 90%，因此基站的节能减排工作将以节电为重点。节能减排主要参考的是现行国家标准 GB/T 51216《移动通信基站工程节能技术标准》、现行行业标准 YD 5184《通信局（站）节能设计规范》。

1. 节能减排的基本原则

（1）系统可靠性

节能绝不能以牺牲通信系统的安全作为代价。

（2）技术可行性

节能降耗实现途径多种多样，各有其优缺点和适用范围。在实施过程中，要因地制宜，综合考虑设备要求、机房布局和地理位置等诸多因素，合理选择可行的节能技术，以实现节能效率的最大化。

（3）经济合理性

节能应兼顾经济效益增长，实施前期要做好试点工作，关注节能方案的投资回收期。

2. 节能减排的主要措施

（1）主设备节能

① 分布式基站：由于 BBU 和 AAU 分离，减少了机房内设备的空间、重量、功耗和发热量，具有明显的节能效果。

② 基站智能节电：通过采用硬件或软件控制的动态功率控制技术，实时评估基站小区载频上的话务量水平，关断或调整空闲资源（主要指载频单元中功放模块 PA），实现动态节电的目的。

（2）智能通风系统

在确保基站运行环境要求的前提下，在基站安装智能通风控制系统，根据基站室内外温、湿度的监测和逻辑判别去控制基站智能通风设备，在满足一定条件下直接引入室外冷空气对基站进行自然冷却，并可联动控制基站原有空调设备的启停，有效降低基站空调的运行时间或替代基站空调设备，从而达到基站通风散热、降低基站电能消耗的目的。

由于智能通风系统对空气洁净度有一定要求，并且系统本身产生一定的噪声，因此在选取站点的时候要注意尽量选择空气质量较好且避开民居的基站。

（3）智能通风窗

对安装在活动机房的基站，根据空气流体学"冷空气向下运动、热空气向上运动"的原理，机房内、外部存在温差时将形成气流压力差，因此，在机房每面墙的上部开孔装出风窗、墙体下面装进风窗，使得内、外空气形成对流，以实现自然散热。同时，系统可以在室内温度、室外湿度、室内外温差、风力达到设定值时，控制窗体的活动叶片关闭或开启状态，并可与空调进行联动，达到节能的目的。

（4）节能型开关电源

节能型开关电源通过监控模块控制冗余模块轮换休眠，通过预测开关电源负荷耗能趋势，在负荷低时，将不需工作的电源模块进入休眠状态，高负荷来临前再将电源模块激活，从而使电源系统接近最佳效率点运行，同时模块处于休眠状态将损耗降到最低，达到节能的目的。

（5）节能型空调

通信基站节能型空调机是一种向通信基站等直接提供经过处理的空气的设备，它主要包括制冷和除湿用的制冷系统以及空气循环和净化装置。通信基站节能型空调机是在改进以往普通空调机在通信基站使用过程中存在的问题，根据通信基站实际要求而研制的空调机。通过对电子膨胀阀、控制精度、送风方式等多方面的优化设计，达到节能的目的。

（6）开关电源休眠技术

开关电源整流模块休眠技术是根据负载电流的大小，与系统的实配模块数量和容量相比，通过智能"软开关"技术自动调整工作整流模块的数量，使部分模块处于休眠状态，把整流模块调整到最佳负载率下工作，从而降低系统的带载损耗和空载损耗，实现节能降耗。

（7）开关电源高效模块

高效开关电源整流模块具有如下技术特点：

① 功率因数校正采用无整流桥技术，提高效率，功率因数大于0.99，交流输入电流谐波失真小于5%；

② DC/DC转换电路采用先进的拓扑电路，宽负载范围内实现软开关技术，转换效率高；

③ 直流输出整流采用同步整流技术，降低损耗，提高效率；

④ 在 20%～80% 负载率范围，模块效率高达 96% 以上；

⑤ 功率因数 0.99，THDi ≤ 5%。

目前，主要开关电源厂商高效模块效率能达到 96% 以上。高效模块节能效果主要考虑的指标有节电效果、投资回收期和模块自身功耗，综合考虑以上 3 个指标，通过合理配置可达到良好的节能效果。

（8）蓄电池节能技术

基站蓄电池技术主要包括新型电池技术和蓄电池组恒温箱。其中新型电池技术的应用是指通过采用新型蓄电池，使基站环境温度在满足主设备要求的条件下可从 28℃ 提高到 30℃ 或 35℃，从而减少或部分取消站点空调等温控设备的配置，降低基站能耗。

① 磷酸铁锂电池。相对于传统的铅酸电池，磷酸铁锂电池具有循环使用寿命长、耐高温、体积小、重量轻、无污染等优点，对建筑空间、承重等安装条件要求较低。可采用智能间歇式充放电管理模式，大大降低了耗电成本；铁锂电池具有较好的耐高温性能，因此可以提高基站工作温度或在部分地区降低或取消基站空调的配置，大大减少设备购置成本和耗电成本。此外，一体化的系统设计，确保系统的稳定性且实现远程监控，大大降低日常维护的工作量，降低了日常运行的成本。

② 蓄电池恒温箱。当基站采用阀控式铅酸蓄电池时，可采用安全可靠、能耗低的蓄电池组恒温箱，即将蓄电池安装在恒温箱的独立空间内，对蓄电池的独立空间进行单独的温度控制，可提高基站环境的温度，减少空调运行的时间。目前，蓄电池局部温度调节的措施主要有压缩机恒温箱、地埋恒温箱和半导体恒温箱。

③ 压缩机恒温箱。制冷效率高，适用于需要长期制冷和需要使用大制冷量的场合。

④ 地埋恒温箱。将蓄电池密封后埋入地下，使蓄电池保持在恒温的环境下工作。恒温箱本身不耗电，但技术本身对施工要求高，施工成本高。

⑤ 半导体恒温箱。使用半导体材料局部控制电池仓的温度，半导体制冷器件制冷效率低于压缩机空调，不适用于长期需要使用大制冷量的场合，但半导体制冷器件体积小，价格低，安装施工简便，制冷量较小和场地受限时有一定优势。

（9）可再生能源

可再生能源是指消耗后可得到恢复补充，不产生或极少产生污染物的能源。在地域广阔的区域，可使用的可再生能源主要是风光互补。

可再生能源的初期建设成本高，风险大，但具有低排放与可循环利用等优势。其受自然条件的影响较大，需要有较丰富的水力、风力、太阳能资源，而且最主要的是投资成本和后期维护费用较高，效率低，所以发电成本较高。

（10）热反射隔热涂料

热反射隔热涂料主要施涂于基站外表面，利用自身较高的太阳反射比和红外反射率来减少室外建筑屋面、墙体等部位吸收太阳辐射热，降低屋顶和墙体的外表面温度，减少基站围护结构传热热量，降低基站内部空调冷负荷，达到节能的目的。

（11）基站节地、节材

基站的节地、节材主要通过基站建设的标准化来实现。通过科学测算、现场测试，积极推进基站的建筑标准化、铁塔标准化和设计标准化，重新拟定基站配套设备的建设标准，在确保网络安全和网络质量的前提下，对配套建设合理"瘦身"，实现节地、节材、节能，通过标准化建设降低网络的建设成本。

9.8.2 环境保护

1. 电磁兼容分析

现行国家标准 GB/T 9254《信息技术设备的无线电骚扰限值和测量方法》、GB/T 17618《信息技术设备抗扰度限值和测量方法》、GB 8702《电磁环境控制限值》为制订信息技术设备产品标准提供了技术依据。

信息设备在工作时会向空间辐射电磁波，这构成对其他设备的干扰，因此以上标准对设备辐射的电磁波强度提出了限制。信息技术设备分为 A 级和 B 级，它们分别必须满足 A 级电磁兼容标准和 B 级电磁兼容标准。

2. 电磁辐射防护

根据现行国家标准 GB 8702《电磁环境控制限值》中的规定：频率 30MHz～3000MHz 为控制电场、磁场、电磁场所致的公众曝露，环境中电场、磁场、电磁场场量参数任意连续 6 分钟内的方均根值应满足表 9-4 的要求。

表9-4　公众曝露控制限值

频率范围	电场强度 E（V/m）	磁场强度 H（A/m）	磁感应强度 B（μT）	等效平面波功率密度 Seq（W/m²）
30MHz～3000MHz	12	0.032	0.04	0.4

当公众曝露在多个频率的电场、磁场、电磁场中时，应综合考虑多个频率的电场、磁场、电磁场所导致的曝露，为使公众受到总照射剂量小于规定的限值，现行行业标准 HJ/T10.3《辐射环境保护管理导则 电磁辐射环境影响评价方法与标准》和 YD 5039《通信工程建设环境保护技术暂行规定》对单个项目（单项无线通信系统）通过天线发射电磁波的电磁辐射评估限值做以下规定。

① 对于国家环境保护局负责审批的大型项目，可取场强防护限值的 $1/\sqrt{2}$ 或功率密度防护限值的 1/2。

② 对于其他项目，可取场强防护限值的 $1/\sqrt{5}$ 或功率密度防护限值的 1/5。

根据上述标准，对于单个基站电磁辐射等效平面波功率密度限值应小于 $0.4\text{W/m}^2 \times 1/5 = 0.08\text{W/m}^2$。

因此，在通信工程运行过程中，必须控制其周围的电磁环境对公众的曝露符合现行国家标准 GB 8702《电磁环境控制限值》中的限值 0.4W/m^2 和单个项目贡献管理限值 0.08W/m^2 的规定。

3. 废旧蓄电池污染的防护

基站运行中产生的废旧蓄电池属于《国家危险废物名录》中编号 HW49 中的其他废物，不得随意处置。按照固体废物减量化、无害化、资源化的原则，不定期更换下来的废旧蓄电池须由有资质的危险废物处理单位进行回收处置。

4. 废水、废气及噪声污染的防护

根据现行国家标准 GB 16297《大气污染物综合排放标准》，无组织排放下废气的硫酸雾控制为 1.2 毫克/立方米。移动基站机房内的电池组现均已采用免维护密封蓄电池，使用时不散发硫酸雾，无漏液现象。不需要水洗机房地面，不产生废水。使用低噪声设备，避免空调外机朝向周边学校、医院、居民点等敏感建筑物，工作噪声符合国家相关标准。

5. 基站施工期对环境保护的要求

环境保护应符合现行行业标准 YD 5039《通信工程建设环境保护技术暂行规定》相关要求。

对于产生环境污染的通信工程建设项目，建设单位必须把环境保护工作纳入建设计划，并执行"三同时制度"，即与主体工程同时设计、同时施工、同时投产使用。

严禁在崩塌滑坡危险区、泥石流易发区和易导致自然景观破坏的区域采石、采砂、

取土。

工程建设中废弃的沙、石、土必须运至规定的专门存放地堆放，不得向江河、湖泊、水库和专门存放地以外的沟渠倾倒；工程竣工后，取土场、开挖面和废弃的砂、石、土存放地的裸露土地，应植树种草，防止水土流失。

通信工程建设中不得砍伐或危害国家重点保护的野生植物。未经主管部门批准，严禁砍伐名胜古迹和革命纪念地的林木。

必须保持防治环境噪声污染的设施能正常使用；拆除或闲置环境噪声污染防治设施应报环境保护行政主管部门批准。

严禁向江河、湖泊、运河、渠道、水库及其最高水位线以下的滩地和岸坡倾倒、堆放固体废弃物。

9.9 消防安全

各级通信机房建筑的消防安全要求必须符合现行国家标准 GB 50016《建筑设计防火规范》和现行行业标准 YD/T 2199《通信机房防火封堵安全技术要求》的有关规定。

① 电信建筑内的管道井、电缆井应在每层楼板处用相当于楼板耐火极限的不燃烧体做防火分隔，楼板或墙上的预留孔洞应用相当于该处楼板或墙体耐火极限的不燃烧材料临时封堵，电信电缆与动力电缆不应在同一井道内布放。

② 电信机房的内墙及顶棚装修材料的燃烧性能等级应为 A 级，地面装修材料的燃烧性能等级不应低于 B1 级。

③ 电信建筑内的配电线路暗敷设时，应穿管并应敷设在不燃烧体结构内且保护层厚度不应小于 30mm；明敷设时，应穿有防火保护的金属管或有防火保护的封闭式金属线槽；当采用阻燃或耐火电缆时，敷设在电缆井、电缆沟内可不采取防火保护措施；当采用矿物绝缘类不燃性电缆时可直接敷设。电信建筑内的动力、照明、监控等线路应采用阻燃铜芯电线（缆）。电信建筑内的消防配电线路，应采用耐火型或矿物绝缘类不燃性铜芯电线（缆）。消防报警等线路穿金属管时，可采用阻燃铜芯电线（缆）。

④ 各局、站应按消防安全要求设置火灾自动报警装置及灭火设备。在选择局、站址时应选择符合防火等级的建筑作通信机房。消防配电线路除敷设在金属梯架、金属线槽、电缆沟及电缆井等处外，其余线路亦应采用金属管穿绝缘导线敷设，穿越通信机房的管线应暗设。

⑤ 机房装修应符合以下要求：材料应采用非燃烧材料，机房不设吊顶，通信机楼不得使用易燃材料进行装修，楼内不得堆放易燃易爆物品，机房内严禁存放易燃、易爆等危险物品。对机房进行改造时，只可进行为满足机房电气要求的修缮（如对窗户进行处理，以防雨天渗水或泄漏冷气、机房门改为向外开等），不得作装饰性的装修，而且需采用不透光、不燃或阻燃的满足防火要求的材料。施工中的设备包装材料和打印纸等易燃物品要随用随清运，不得堆放在机房内或安全通道上。

⑥ 对于机房预留孔洞及导线管和电（光）缆贯穿孔口，在每一工程项目贯穿布线完毕后，应及时封堵，所有进线孔洞必须用防火材料堵塞。

9.10 室分系统设计

随着城市化进程的不断加快，高层建筑物越来越密集，造成超大流量需求，逐渐由 2D 走向 3D，高层楼宇覆盖将会是 5G 覆盖的一个重点；另外，在 5G 时代，室内移动业务需求越来越强烈，如实时游戏、高清视频、VR/AR、远程医疗等。在这一背景下，相关机构预测在 5G 时代，流量发生在室内的概率将超过 90%，因此室内覆盖是 5G 网络建设的重要关注点。由于 5G 网络 3.5GHz 频段的特性，很难实现主要依靠室外宏站解决室分覆盖的问题。

在 5G 发展不断深入的过程中，室内覆盖不足，不利于运营商开展新业务的运营，将影响其市场拓展能力和竞争力。因此，解决建筑物室内场所的覆盖问题是必要的。并且，为应对 5G 网络制式的特性，化解传统室分系统所存在的难点和压力，有必要探索、研究多手段 5G 室分覆盖解决方案。

9.10.1 信号源

室内分布系统与室外宏基站的组成结构相似，都是由信号源和天馈系统两部分组成的。信号源是室内分布系统中无线信号的来源，无线通信系统中的基站、直放站或其他设备都可以成为室内分布系统的信号源。而每种信号源都有各自的特点，因此室内分布系统需根据现场情况的不同，选取适当的信号源覆盖。目前常用的信号源主要有宏蜂窝、微蜂窝、BBU+RRU、直放站等。

在设计室内分布系统时，应综合根据覆盖、容量等各方面的情况，并充分考虑投入成本，从而确定室分系统的信号源。在选择信号源时需要注意以下 5 条原则。

① 选取室分系统的信号源时，需结合待覆盖区域的面积、现场路由环境、覆盖区域的预测容量等因素，确定信号源的配置或种类，以满足覆盖和容量的需求。

② 选取信号源时，还需综合考虑信号源的配套设施、电源设备、传输线路的需求，合理选择信号源的配置和种类，以节省工程投资。

③ 在同时满足室内分布系统覆盖和容量的需求后，需考虑室内覆盖对整网的影响，严格控制室分系统泄露到室外的信号强度，令室分系统与整网相互协调，保证良好的网络质量。

④ 在设计室分系统时，信号源的输出功率需根据室分系统中天线口输出功率的要求确定。另外，在设计室分系统时需充分考虑系统后期若有合路或者扩容需求会带来的功率损耗，以便在最初确定信号源功率时就做好功率预留。

⑤ 在设计室分系统时，还要考虑将室内分布系统的电磁辐射水平控制在标准范围内，以达到环境保护的要求；对于在居民区内建设的站点，信号源设备运行的噪声需符合有关要求。

9.10.2 有源分布系统

1. 系统结构介绍

室内分布的天馈系统根据射频信号的传输介质主要可以分为同轴电缆分布系统、泄露电缆分布系统、五类线分布系统、光纤分布系统等。另外，移动通信室内分布系统还可以分为无源室分系统和有源室分系统。

① 无源室分系统：即传统定义中的室内分布系统，一般包括传统射频同轴电缆分布系统、光纤室内分布系统和中频移频分布系统等，目前传统射频同轴电缆分布系统现网应用较广。

② 有源室分系统：也称为毫瓦级分布式小基站，一般由基带单元、扩展单元和远端单元组成，基带单元与扩展单元通过光纤连接，扩展单元与远端单元通过网线连接，远端单元通过 POE 供电。

从国内目前 5G 频段的分配来看，工业和信息化部将 3300MHz～3400MHz 频段分配给室内使用，由于现有无源分布系统的频段支持能力，以及同轴电缆对于高频段的无线信号的传输损耗，因此在未来 5G 室分建设中，有源室分系统是建设的主要方式。

有源室分系统由基带单元、扩展单元和远端单元组成，基带单元与扩展单元通过光纤连接，扩展单元与远端单元通过网线或光电复合缆连接。

2. 覆盖场景

应根据总体原则的要求，从用户数、用户速率、业务时延、单用户吞吐量和系统吞吐量等维度，评估有源室分系统的业务分担和用户感知，细化建设场景，积极推进有源室分系统的部署。

对于有覆盖需求的超高密度流量热点区域，如地铁站厅、高铁车站候车厅、机场候机厅、会展场馆展厅、会议室、写字楼会议室等场景，可采用有源室分系统覆盖。其中，对于新建楼宇，综合考虑流量预测以及启用时间等因素，进行优先级排序。学校、医院、大型场馆、交通枢纽、商场超市、写字楼、工业园、宾馆酒店等高话务区域可采用有源室分系统。

对于其他采用无源室分系统建设方式存在进场难或施工难的场景，也可采用有源室分系统的建设方式，以达到快速实现覆盖及时支撑市场发展的目的。

3. 建设要求

（1）BBU安装要求

有源室分系统的BBU设置应符合BBU集中的要求，宜与附近宏站或无源室分系统的BBU共机房或共设备安装。

对于不具备BBU集中条件的，BBU的安装环境应满足设备工作的环境要求，应具备必要的安全条件。

（2）扩展单元安装要求

扩展单元要求尽量靠近远端单元，可安装在楼宇的弱电井道墙壁之上。

（3）远端单元安装要求

远端单元的安装方式可根据实际需求采用吸顶安装或挂墙安装，安装位置的选择原则建议如下：

① 需要根据实际场景，结合单远端单元的覆盖半径，确定需布放的远端单元数量；

② 优选在用户比较集中的区域部署，另外需要在人员流动频繁的区域部署远端单元，并与邻近远端单元配置为同一个小区，以避免大量切换；

③ 应控制远端单元与扩展单元之间的距离，避免线缆过长影响设备的正常工作。

（4）天线选型要求

① 天线应尽量使用远端单元自带的全向天线。

② 对于特殊场景，如壁挂安装时，全向天线在覆盖控制、覆盖能力、外泄控制等方面可能都会有问题，此种情况建议考虑使用外接定向天线。

（5）线缆布放要求

① 扩展单元与远端单元之间的线缆建议选择六类线。

② 线缆走线要求牢固、美观，不得有交叉、扭曲、裂损等情况。

③ 布放线缆弯曲时，要求弯曲段保持平滑，弯曲曲率半径不超过规定值。

第 10 章 5G 承载网设计

10.1 概述

5G 引入对承载网提出了新的需求，要求承载网具有更高的带宽、更低的时延、更精准的同步及支持网络切片等能力。目前，5G 承载网的可选方案有 IP RAN、OTN 及 SPN 3 种，鉴于 OTN、SPN 技术尚不成熟，暂不具备规模部署的条件，本章将介绍 IP RAN 设计中所需要考虑的关键问题。

10.2 业务需求分析

10.2.1 无线业务需求

1. 2G 业务需求

以 CDMA 网络为例。目前，2G CDMA 基站最大配置可以做到 S444 配置，每个扇区 4 个载扇的带宽需求为：S111 1X 的带宽需求为 2Mbit/s；按电信最大 S444 1X 配置，建议 2G 基站传输带宽需求为 8Mbit/s。

2. 3G 业务需求

以 CDMA 网络为例，当前 CDMA 3G 基站采用 EV-DO Rev.A 技术，单载频空口带宽承载能力为 3.1Mbit/s，因此为保证基站下的用户体验，可以按照 3.1Mbit/s/ 载频核算承载带宽。

3G 业务具备数据业务的大带宽及大量分组数据的突发特性，要求承载网具有统计复用的能力，当每小区采用多个载波时，可以根据统计复用结果适当减少小区的总承载带宽，

S111 DO 的带宽需求为 6Mbit/s，按电信最大 S444 DO 配置，传输带宽需求为 24Mbit/s，因此建议 3G 基站传输带宽需求预留 24Mbit/s。考虑到 DoB 的技术演进，3G 网络承载可增加 25% 的带宽储备以满足需求。

3. 4G业务需求

4G 规模商用要求传输网络 IP 化，4G 基站的小区速率将超过 50Mbit/s。综合考虑 4G 无线环境与用户应用，一般 20MHz 频谱 3 小区总传输带宽需求在 150Mbit/s 左右，为保证更好的业务体验和高流量区域的用户体验，建议 4G S111 带宽在 200Mbit/s 以上，还可以根据业务需求考虑传输备份，以提升网络的安全性。

4. 5G业务需求

5G 技术会催生新应用，5G 业务流量会大幅增加，且不同的区域会产生不同的流量变化：5G 业务所在的区域流量预计会产生跳变，中长期 5G 流量相比现在 4G 流量会普遍增长 10 倍以上，重点城市重点区域甚至增长 50 倍；其他非 5G 的普通区域基站流量预计持续线性增长。

5G 发展初期主要考虑满足 eMBB 增强移动带宽业务需求，传统 4G 业务的升级是 eMBB 初期的主要业务，业务流量及带宽需求仍会保持持续快速增长；VR/AR 业务对带宽的影响远超其他 eMBB 业务。

10.2.2 专线业务需求

随着互联网业务的普及，企业信息化的深入，大客户企业的网络应用越来越多，专网客户的需求和带宽也都快速增长。基于带宽的增长及多种需求的变化，政企专线业务开始逐步从传统的 TDM、ATM 承载方式向 IP/MPLS 承载的方式转变。

在大客户业务中，按照接入类型不同，可以分为大客户互联网业务和大客户专线业务；按照承载方式不同，可以分为二层大客户专线和三层大客户专线业务；按照承载质量的不同要求，又可以分为金、银、铜牌大客户业务。

10.2.3 动环监控业务需求

近年来，随着我国电信行业的飞速发展，各地通信网络不断建设，各种规模的局（站）建设迅速铺开，与之配套的基础运维设备也成倍增长，用通信电源、空调和环境集中监控管理系统替代原来的人工值守体制，进行机房动力环境的集中监控管理，实现少人值守或者无人值守势在必行。

动环监控是指针对各类机房中的动力设备及环境变量进行集中监控。一套完善的综合动力环境监控系统可以对分布的各个独立的动力设备和机房环境、机房安保监控对象进行遥测、遥信等采集，实时监视系统和设备、安保的运行状态，记录和处理相关数据，及时侦测故障，并做必要的遥控、遥调操作，适时通知人员处理；实现机房的少人、无人值守，以及电源、空调的集中监控维护管理，提高供电系统的可靠性和通信设备的安全性，为机房的管理自动化、运行智能化和决策科学化提供有力的技术支持。

10.3 网络设计

10.3.1 组网方案

在现网 4G 阶段，IP RAN 以省为单位统一建设，由核心层、汇聚层及接入层组成。IP RAN 网络统一承载 3G/4G 移动回传业务、政企专线业务等，总体架构如图 10-1 所示。

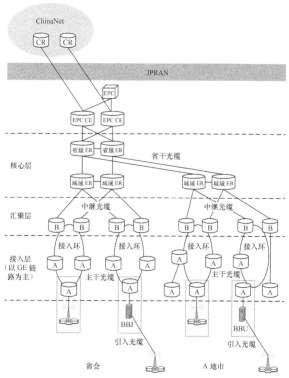

图10-1　4G承载网现状架构

（1）核心层

匹配 4G 核心网 EPC，以省为单位布局，分为省核心和地市核心，部署 100Gbit/s/200Gbit/s 平台 ER，以 10GE 链路为主。

（2）汇聚层

成对部署 B 设备，分区汇聚接入环，以 10GE/GE 链路为主。

（3）接入层

环型组网为主。

5G 承载网总体沿用现有 4G 承载网架构，通过设置网关设备实现对分散的 5G 核心网网元的接入；支持完善的二、三层灵活组网功能，满足 4G/5G 业务及政企专线 / 云专线业务的统一承载；支持 5G 核心网分散部署和多接入 MEC。5G 承载网目标组网架构如图 10-2 所示。5G 承载网继续沿用核心层、汇聚层、接入层三级架构，通过环形或双上联组网增强网络的可靠性。

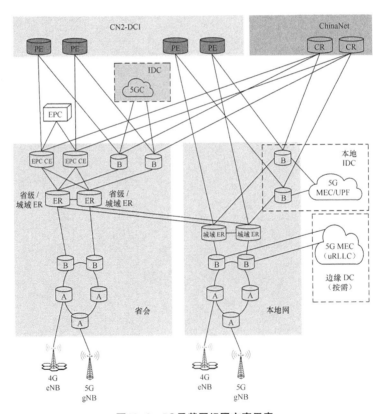

图10-2　5G承载网组网方案示意

10.3.2　IP 地址及 VLAN 设计

（1）IP 地址设计

IP 地址的合理规划是网络设计中的重要一环，大型网络必须对 IP 地址进行统一规划并实施。IP 地址规划的好坏会影响网络路由协议算法的效率，影响网络的性能，影响网络的扩展，影响网络的管理，也必将直接影响网络应用的进一步发展。IP RAN 的地址需求可以分为网络地址需求和业务地址需求两大类，运营商应结合 IP RAN 的实际情况以及业务承载情况，确定相应地址的需求及分配原则。

（2）VLAN 设计

VLAN 的合理规划也是网络设计中的重要一环，规划好 VLAN 对于网络的扩展性、网络的可维护性和可管理性都有着重要的意义。IP RAN 的 VLAN 需求可以分成网络和业务两个层面。运营商应结合 VLAN 需求用途以及业务承载情况，确定相应的 VLAN 规划方案。

10.3.3　IGP 设计

IP RAN 网络本质上是一张全 IP 网络，其路由的设计会直接影响 IP Backhaul 网络的可靠性和安全性。全网路由采用扁平化结构设计，IGP 路由协议仅承载网络设备的 loopback 地址和互联地址，不承载业务路由。

（1）用户侧 IGP 设计

用户侧路由指的是业务层面的路由。对于 3G/4G/5G 业务，每个基站共有两个地址：内部有一个 32 位掩码的逻辑 IP 地址；基站和对接设备互联的 30 位掩码的接口 IP 地址。因此，在汇聚 B 设备上将直连路由重分布到基站业务的三层 VPN 的 BGP 路由中。

（2）网络侧 IGP 设计

网络侧的 IGP 路由规划分为接入环的 IGP 规划和汇聚环的 IGP 规划。本地网 IP RAN 的网络侧 IGP 规划为：汇聚层沿用城域二平面的路由设计，使用 ISIS Level1。接入层配置分域的 OSPF，对于一对 B 设备而言，B 设备互联链路上起一个 OSPF 区域 0，然后接入的每一个接入环都属于不同的区域，不过在汇聚 B 设备之间，每一个接入环的 OSPF 区域要求做到闭环。

B 设备对用于接入环 OSPF 进程的互联子接口 cost 值应大于接入环所有链路 cost 值之和；核心层根据双平面设计原则，B—汇聚 ER—城域 ER 等不同层级节点间的对称电路

cost 值应相等；为保证横穿流量尽量靠近接入层，相同层级节点之间的互联电路，从 5GC CE 对、城域 ER 对、汇聚 ER 对到 B 设备对，cost 值逐级减小。

接入环部署 OSPF totally stub 区域，隔离各接入环，避免接入环设备路由压力过大，在汇聚 B 设备之间起子接口，让 stub 区域闭环。主备 ASG 之间再起子接口部署 OSPF area 0 区域，连通各区域。再通过设置接口 cost 值控制路由选路方向，其中接入环主备 B 设备之间链路的 cost 值大于接入环上其他链路的 cost。网管的接入环 IGP 配置类似，只不过属于不同的进程。

部署汇聚环 Level1 级别的 IS-IS，汇聚 B 设备之间也要起子接口加入 IS-IS 发布区域，当然也需要发布设备的 loopback 地址。

10.3.4 隧道设计

由于接入层和汇聚层的路由完全隔离，故两边的隧道也是完全隔离的。在接入环和汇聚环上分别部署 LDP 的隧道协议。工程中建议采用动态的标签分配方式，所有标签均由设备通过协议协商过程自动分配。

网络部署好 IGP，并且配置好 cost 值以控制路由选路。此时可以以路由表为依据，触发形成 MPLS LDP LSP。

10.3.5 业务设计

IP RAN 目前主要承载的业务为 2G 业务、3G 业务、4G 业务、5G 业务、动环监控业务。业务承载方式如下。

（1）2G 业务、3G 业务、4G 业务和 5G 业务在综合业务接入网接入层采用伪线（Pseudo Wire，PW）承载，在汇聚层采用 L3VPN 承载。

（2）B 设备部署 L3VPN 承载网管流量，在 B 类设备上实现控制层路由和网管路由隔离。

（3）基站动环监控业务比照基站回传业务采用 PW+L3VPN 承载，各种业务承载示意如图 10-3 所示。

L3VPN 统一定义如下。

（1）设置 RAN VPN 承载 2G、3G、4G、5G 基站单播业务的流量。

（2）设置 CTVPN193 VPN 承载综合业务接入网的网管流量，提供 A 和 B 设备的网管通道。

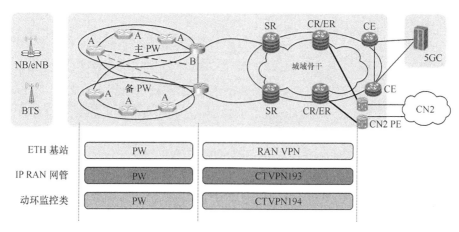

图10-3　各种业务承载示意

（3）设置 CTVPN194 VPN 承载基站动环监控等自营业务或者系统的流量，提供基站动环监控系统互联。

基站单播业务通过 FE/GE 接入 A 类设备，A 类设备分别建立到两台 B 类设备的冗余 PW，B 类设备终结 PW 并进入 RAN VPN。两台 B 类设备分别作为三层网关，提供基站业务的双网关保护。5GC 经过 5GC CE 汇聚后，通过 RAN VPN 实现与基站的互通。分组网的网管采用 CTVPN193 VPN 承载，接入层采用 OSPF 协议管理网管路由，汇聚设备通过 CTVPN193 VPN 将网管流量转发给网管 DCN。

10.3.6　QoS 设计

为保障多业务的传送质量及 QoS 策略的可实施性，综合业务接入网总体上采用简化部署及预防性的 QoS 策略，满足业务 QoS 透传和差异化传送的能力。在 B 类设备的业务侧接口上，根据 L2VPN 和 L3VPN 的要求，逐步引入 H-QoS 模型；在 A 和 B 的网络侧接口上，采用多业务等级调度。

（1）接入层设计

在接入层中，ETH 业务从 A 到 B 的 L2VE 上行时，中间网络由 MPLS LDP 的 Tunnel 承载。在 A 设备业务上行，可以根据 IP DSCP 或 VLAN Pri 来区分业务（全网可以配置 Diffserv 模型，让不同的业务分别做优先级队列（Priority Queuing，PQ）、加权公平队列（Weighted Fair Queuing，WFQ）调度。ETH 业务配置成 pipe 模式，将业务优先级映射到 MPLS EXP 中）。

（2）汇聚层设计

在汇聚层的 L3VPN 中，ETH 业务从 B 设备 L3VE 到 M-ER 上行时，中间网络由 MPLS LDP Tunnel 承载。B 设备上 L3VPN 入口可以对不同业务类型（基于 IP DSCP 或 VLAN Pri）分别做 PQ、WFQ 调度，对于信令、语音在承诺信息速率（Committed Information Rate，CIR）范围做 PQ 调度，对流媒体、数据业务 CIR 范围内严格保证带宽。为了使全网能进行简单的流分类，做了 Diffserv 模型。L3VPN 可以 Trust IP DSCP 或 Vlan 优先级，同时 L3VPN 配置成 pipe 模式，将业务优先级映射到 MPLS EXP 中。

10.4 同步系统

IP RAN 的同步需求可以分成以下两个部分：

（1）基站需要从 IP RAN 获取时钟，即基站所承载的无线业务本身需要和核心网设备保持频率、相位同步；

（2）IP RAN 网络设备本身承载的 TDM 业务，IP RAN 网络通过仿真方式提供 TDM 业务的端到端透传，此时作为仿真伪线终结节点的 A 设备和 5GC CE 设备之间需要保持频率同步。

GPS 和 1588v2 是当前业界可用的实现基站时间同步的两种技术：GPS 方案存在成本高、安全性差、施工难度高、故障率高等问题；1588v2 虽然从机制上规避了 GPS 的上述问题，但 1588v2 依赖于设备硬件实现，且存在光纤不对称引入偏差的问题，现阶段建议仅作为 GPS 方案的备份方案。

作为地面时间同步技术，1588v2 必须逐跳支持，唯一可以穿越的网络为：只处理波长转换，不处理电层信号，任意时刻 1588v2 路径上的收发光纤对称的波分设备。新建的网络如果同时有 CX、ATN、波分等，推荐逐跳 1588v2，这种方式更可靠、稳定。

1588v2 是目前唯一能够提供精确时间同步的地面同步技术，1588 协议由 IEEE 定义，全称为"联网测量和控制系统的精确时间同步协议"（Precision Clock Synchronization Protocol for Networked Measurement and Control Systems），简称"精确时间协议"（Precision Time Protocol，PTP）。1588v2 被定义为时间同步的协议，本来只是用于设备之间的高精度时间同步，但也可以被借用来进行设备之间的时钟同步。

1588v2 时间同步的过程是通过交换 1588v2 报文来完成的。从时钟通过 1588v2 报文中携带的时间戳信息计算与主时钟之间的偏移和延时，据此调整本地时间达到与主时钟的同步。由于在链路层对 1588v2 报文进行时间戳读取和写入操作，因此，与传统的应用层协议网络时间协议（Network Time Protocol，NTP）相比，1588v2 的精度更高。

1588v2 要求逐跳部署，根据现网设备支持情况及改造难度，1588v2 部署方案可以分为以下 3 种。

（1）端到端逐跳 1588v2 方案

如现网所有设备端到端支持 1588v2，建议采用端到端逐跳部署 1588v2 的方案，从核心机房注入时间信息，逐跳部署 1588v2，如中间有 OTN 设备，那么 OTN 也需要支持1588v2。推荐采用边界时钟（Boundary Clock，BC）模型组网。透明时钟（Transparent Clock，TC）模型故障定位困难，如无特殊需要，不推荐使用。该方案如图 10-4 所示。

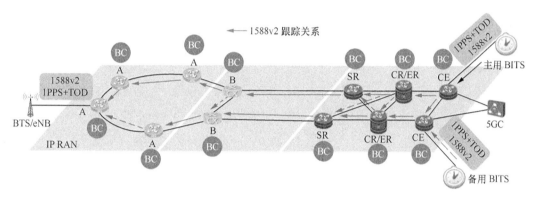

图10-4　端到端逐跳1588v2方案

（2）BITS 设备下移到 SR 或者 B 类设备方案

如果现网存在不支持 1588v2 的节点或者网络，例如现网核心路由器（Core Router，CR）不支持 1588v2，可以通过下移时间注入点的方式规避此问题。

如图 10-5 所示，如果现网 CR 设备不支持 1588v2，则可以考虑将 BITS 设备下沉到SR，从 SR 注入时间信息，SR 以下部署逐跳 1588v2，包括 IP RAN 及波分设备。由于时间注入点位置偏低，BITS 设备数量较多，此方案成本较高。

BITS 设备与 SR 之间建议采用 1PPS+TOD，进一步降低部署成本，当然也可以采用1588v2；接入层 A 类设备与基站之间建议采用 1588v2，在不支持 1588v2 的情况下可考虑采用 1PPS+TOD，但 1PPS+TOD 没有国际标准，只有中国移动标准，并且存在秒脉冲状态（代表时钟质量）和 Clockclass（1588v2 中的时钟质量）转化的问题，可能存在异厂商无法互通的问题。

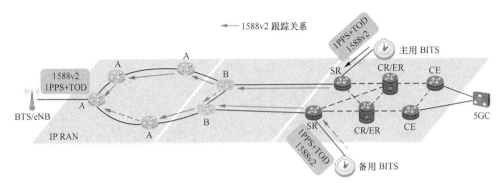

图10-5　BITS下沉方案

该方案需合理规划优先级，实现时间主备保护。

（3）SR 或者 B 类设备通过 OTN 获取时间信息方案

如图 10-6 所示，如果现网 OTN 当前支持 1588v2（或者通过改造支持），可以考虑通过 OTN 传递时间信息。在核心机房部署 BITS 设备，从 OTN 设备注入时间信息，OTN 部署逐跳 1588v2，SR 从同机房的 OTN 设备通过 1588v2 获取时间信息，SR 以下部署逐跳 1588v2，包括 IP RAN 及波分设备。由于时间注入点位置较高，BITS 设备数量较少，该方案部署成本较低，但对 OTN 的要求较高。

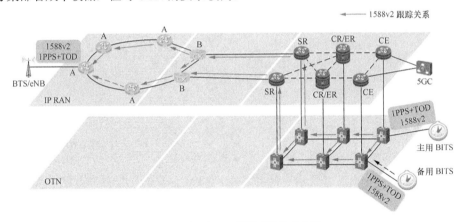

图10-6　通过OTN获取时间信息方案

10.5　网管系统

A/POP/U 设备通过内置的网管通道和 B 设备实现与 IP RAN 网管系统的间接互通，也就是 IP 网管系统通过 B 设备间接管理 A/POP/U 设备，如图 10-7 所示。在 A/POP/U 设备远程可管后，IP RAN 网管系统会下发 A/POP 设备配置及基站等业务配置，并把网管通道地址修改成 CTVPN193 地址，然后 IP RAN 网管系统通过 CTVPN193 直接管理 A/POP/U 设备。

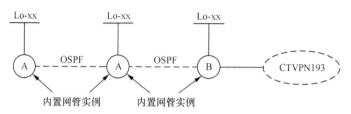

图10-7　网管系统部署示意

A/POP/U 设备内置网管通道，网管通道采用特定 VLAN，并启用内置网管 OSPF 进程，通道上互联接口不需配置互联地址。

10.6　保护策略

10.6.1　隧道保护

IP RAN 设备建议采用端到端 1：1 LSP 保护的模式，配置主备各 1 条 LSP 路径，路由分开，保护除业务转接点和业务落地点之外的其他链路和节点。5G 业务亦可采用端到端 n：1 LSP 保护模式。

10.6.2　业务保护

（1）接入层 A 设备上的配置分别到主/备汇聚 B 设备的主/备PW

接入层 A 设备到主 B 设备的 PW 配置为主 PW，到备 B 设备的 PW 配置为备 PW；A 类设备与 B 类设备间的双 PW 保持单发双收状态，利用主用 PW 发送基站上传数据，通过冗余 PW 同时接收回程数据。

（2）在汇聚 B、连接 RAN CE 的核心路由器上均部署 VPN FRR 保护

主要保护业务转接点和业务落地点。

（3）配置 5GC CE 与 5GC 的保护

使用虚拟路由冗余协议（Virtual Router Redundancy Protocol，VRRP）保护方式，5GC 为主备接口保护时，主备 5GC CE 间建立 VRRP 保护，为 5GC 提供虚拟网关。

10.7 设备选型

针对 5G 承载的新需求，主流设备厂商均开发了新型 IP RAN 设备，主要有华为的 CX600、ATN 系列设备，中兴的 9000-E、6130XGS 系列设备，烽火的 8000-E、850 系列设备等。

新型 IP RAN 设备在容量、带宽能力、新功能（如 SR、EVPN、FlexE）支持能力等方面都有大幅提升。运营商应根据现有 4G 网络现状情况以及 5G 网络总体建设思路，同时结合设备技术的先进性，价格合理、便于统一维护及售后服务，有利于网络长远发展等原则，选择适用于自身 5G 建设的 IP RAN 设备。

10.8 电源及接地系统

10.8.1 电源系统

直流供电系统应满足下列要求：

① IP RAN 设备应采用 –48V 直流供电，其输入电压允许变动范围为 –40V～–57V；

② 承载网机房可采用主干母线供电方式或电源分支柜方式；

③ IP RAN 设备的直流供电系统，应结合机房原有的供电方式，采用树干式或按列辐射方式馈电，在列内通过列头柜分熔丝按架辐射至各机架；

④ 不得用两只小负荷熔丝并联代替大负荷熔丝；

⑤ 电源线截面积的选取应根据供电段落所允许的电压降数值确定；

⑥ IP RAN 设备所需的 –48V 直流电源系统的布线，采用从电力室直流配电屏引接至电源分支柜、再至 IP RAN 设备机架均应采用主备电源线分开引接的方式。

10.8.2 局（站）防雷接地系统

工程中新增的 IP RAN 设备、综合柜、ODF 架等都要接地。

① 通信局（站）的接地系统必须采用联合接地的方式，移动通信局（站）可采用 TT 供电方式。

② 承载网机房的工作接地、保护接地和防雷接地宜采用分开引接方式。

③ 基站地网的接地电阻值不宜大于 10Ω。

④ 在接入网、移动通信基站等小型局（站）内，光缆金属加强芯和金属护层应在分线盒内可靠接地，并应采用截面积不小于 $16mm^2$ 的多股铜线引到局（站）内总接地排上。

⑤ 通信大楼、交换局和数据局内的光缆金属加强芯和金属护层应在分线盒内或 ODF 架的接地排连接，并应采用截面积不小于 $16mm^2$ 的多股铜线就近引到该楼层接地排上；当离接地排较远时，可就近从承载网机房楼柱主钢筋引出接地端子作为光缆的接地点。

⑥ 各层接地汇集线与楼层接地排或设备之间相连接的接地线，距离较近时宜采用截面积不小于 $16mm^2$ 的多股铜线；距离较远时宜采用不小于 $35mm^2$ 的多股铜线，或增加一个楼层接地排，应先将其与设备间用不小于 $16mm^2$ 的多股铜线连接，再用不小于 $35mm^2$ 的多股铜线与各层楼层接地排连接。

⑦ 机架设备或子架的接地线，应采用截面积不小于 $10mm^2$ 的多股铜线。

⑧ 机架应有完善的接地系统，架体框架上应设置不小于 M6 的接地螺钉及接地标识，架体框架与门之间应有可靠地电气连接，连接导线截面积应不小于 $6mm^2$，连接电阻应不大于 0.1Ω；机架内应安装截面积不小于 $35mm^2$ 的接地铜条及接地标识，接地铜条上的接地孔数量应能满足设备接地要求，且接地铜条应与机架绝缘，绝缘电阻不小于 $1000M\Omega/500V$（DC），耐电压不小于 $3000V$（DC）/ 分钟不击穿、无飞弧。

⑨ 出入通信局（站）的传输光（电）缆，各类缆线宜集中在进线室入局，且应在进线室用专用接地卡直接将金属铠装外护层做接地处理，光缆应将缆内的金属构件在终端处接地，各类缆线的金属护层和金属构件应在两端做接地处理，各类信号线电缆的金属外护层应在进线室内就近接地或与地网连接。

⑩ 局（站）机房内配电设备的正常不带电部分均应接地，严禁做接零保护。

⑪ 室内的走线架及各类金属构件必须接地，各段走线架之间必须采用电气连接。

⑫ 网管设备必须采取接地措施，并符合 GB 50689《通信局（站）防雷与接地工程设计规范》的要求。

⑬ 接地线中严禁加装开关或熔断器。

⑭ 接地线与设备及接地排连接时必须加装铜接线端子，并必须压（焊）接牢固。

实践篇

第11章 5G 网络规划设计案例

11.1 核心网规划设计案例

11.1.1 项目背景及建设目标

全球 5G 网络建设方兴未艾。本工程计划建设 5GC 试商用系统，一方面验证 5GC 的新技术，另一方面验证 5G 时代的典型业务，为后期商用网络建设奠定基础。

本工程建设目标主要包括：

① 用户容量 10 万户；

② 验证包括 NFV、SBA、C/U 分离、网络切片以及 MEC 等新技术；

③ 验证包括以自动驾驶为代表的超低时延业务 uRLLC、以智慧城市、智慧家庭为代表的超大连接业务 mMTC 和以 AR/VR 为代表的超高带宽业务 eMBB 等典型业务场景。

11.1.2 建设原则

① 本工程 5GC 网元分控制面和用户面，控制面网元采用虚拟化、大容量、少局所、集中化部署原则，用户面 UPF 视业务需求按需部署。

② 本工程 5G 核心网设备采用 NFV 架构部署，支持 AMF、SMF、AUSF、UDM、PCF、NRF、NSSF、UPF、NEF 等网元。

③ 本工程实现 5G 网络与 4G 网络的互操作，现网 EPC 升级支持 N26 接口，部分 5GC 网元具备 EPC 网元能力。

④ 5G 网络语音方案采用回落 VoLTE 的方式，对现网 VoLTE IMS 及 EPC 升级。

11.1.3 规划设计方案

（1）网络组织方案

结合 4G 网络现状及现有运维机制的因素，本工程按分省方式建设 5G 核心网设备。

采用分省部署方式下，5G 核心网由全国骨干网、省网和地市网组成；骨干层主要包括骨干 NRF 等网元；省 5GC 设备主要包括 AMF、SMF、UDM、AUSF、PCF、UPF、NRF 与 NSSF 等，UPF 视需求可下沉到地市；地市及以下层面只部署 UPF。考虑到与 EPC 网络的互操作，UDM 需与 HSS 合设，SMF 与 PGW-C 合设，UPF 与 PGW-U 合设。

各试点 5GC 之间及其与骨干层核心网之间通过骨干 IP 承载专网互通，下沉的 UPF 网元与 5GC 控制面网元之间通过省内 IP 承载专网互通。

（2）业务模型取定

借鉴 4G 网络现有数据，本工程针对 5G 手机终端用户 eMBB 业务模型各参数的取值见表 11-1。

表11-1 5G手机终端用户eMBB业务模型各参数的取值

序号	参数	取值	备注
1	用户开机率	85%	
2	忙时每用户初始注册次数	1	
3	忙时每用户 PDU 会话建立次数	3	
4	忙时每用户业务请求次数	25	
5	忙时每用户 N2 接口释放次数	25	
6	忙时每用户寻呼次数	8	
7	忙时每用户注册更新次数（Intra AMF）	4	
8	忙时每用户注册更新次数（Inter AMF）	2	
9	忙时每用户 5GC 到 EPC 的 TAU 次数	0.5	
10	忙时每用户切换次数（Intra AMF）	10	
11	忙时每用户切换次数（Inter AMF）	0.8	
12	忙时每用户 5GC 到 EPC 的 N26 接口切换次数	0.3	
13	忙时每用户 PDU 会话数	2	
14	忙时每用户 QF 数	2	
15	忙时每用户数据速率	500kbit/s	
16	每天忙时	10h	

（3）5GC 网元 VNF 建设方案

参考现网运维经验及结合主流 5GC 设备厂商的调研数据，本工程 5GC 网元容量门限取值见表 11-2。

表11-2　5GC网元容量门限取值

网元名称	关键指标名称	单位	网元软件容量门限	备份方式
AMF/MME	注册用户数	万户	350	Pool
	基站连接数	万站	10	
SMF/GW-C	QF 流	万个	500	Pool
UDM/AUSF/HSS-FE	动态用户数	万户	1500	N+1
PCF	动态会话数（100%PCC）	万个	600	N+1
UDR	静态用户数	万户	5000	1+1
UPF/GW-U	QF 流	万个	500	Pool
	吞吐量	Gbit/s	120	
NRF	每秒查询次数	QPS	8000	1+1
NSSF	每秒查询次数	QPS	8000	1+1
BSF	会话绑定数	万个	8000	1+1

结合本期工程建设目标，基于表 11-2 的网元门限及本工程业务模型，计算得到本工程所需 5GC 网元 VNF 配置见表 11-3。

表11-3　5GC网元设置

网元名称	套数	设置地点	指标	单套设备容量
AMF/MME	2	A 市核心机房 1、2	注册用户数（万户）	10
SMF/GW-C	2	A 市核心机房 1、2	QF 流（万个）	50
UDM/AUSF/HSS-FE	2	A 市核心机房 1、2	动态用户数（万户）	10
PCF	2	A 市核心机房 1、2	动态会话数（万个）	50
UDR	2	A 市核心机房 1、2	静态用户数（万户）	15
BSF	2	A 市核心机房 1、2	会话绑定数（万个）	100
NRF	2	A 市核心机房 1、2	每秒查询次数（QPS）	250
NSSF	2	A 市核心机房 1、2	每秒查询次数（QPS）	250
UPF/GW-U	2	A 市核心机房 1、2	吞吐量 Gbit/s	120
UPF/GW-U	1	B 市机房 1	吞吐量 Gbit/s	40

考虑到 MEC 应用需求，UPF 下沉到本地网 B 地市，在 B 地市机房单独部署 1 套 UPF 设备。

（4）NFVI 资源池建设方案

本工程 5GC 设备集中部署在 A 市核心网机房，同时在 B 地市机房部署 1 套 UPF 设备。考虑到 5G 相关业务高带宽、低时延的要求，UPF 设备可采用通用服务器加专用网卡的方式来实现，或者采用专用硬件来实现。本工程在 A 市部署的 UPF 设备采用通用服务器方式，在 B 地市部署的 UPF 设备采用厂商定制的专用硬件。

A 市核心网机房 NFVI 资源池组网拓扑如图 11-1 所示。

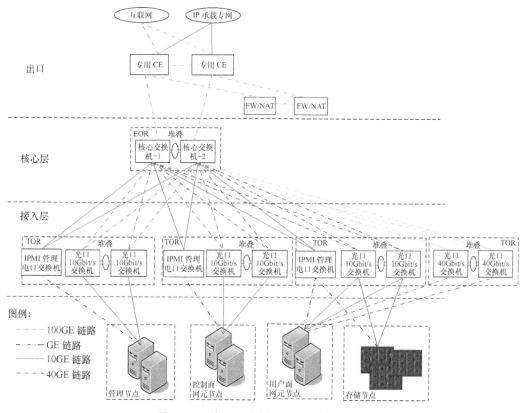

图11-1　A市5GC机房NFVI资源池组网拓扑

NFVI 设备组网分为接入层（TOR）、核心层（EOR）和网络出口层三层。

接入层设置电口交换机 TOR 和光口交换机 TOR 两种交换机：电口交换机 TOR 每个机架 1 台，对接 OAM 平面，用于 PXE 安装，并接入机房内全部 NFVI 设备的底层硬件管理信息；光口交换机 TOR 每个机架配置 2 台，做堆叠，对接业务网络平面、存储网络平面和 VIM 管理平面，各平面相互隔离。

核心层设置 1 对高性能、端口可扩展的三层核心交换机，接入层各类交换机全部直连核心层两台交换机，机房内不同接入交换机的数据流通过核心交换机进行汇聚转发，核心交换机上联 5GC 专用 CE 设备。

网络出口层设置 1 对 5GC 专用 CE 设备，接入互联网、IP 承载专网，并旁挂 1 对防火墙兼做 NAT 网关设备进行公私网地址转换。

B 地市 UPF 设备组网拓扑如图 11-2 所示。

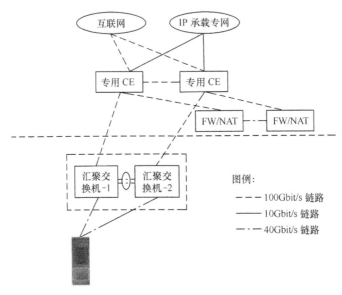

图11-2　B地市UPF设备组网拓扑

基于 5GC 各网元的容量，本工程 NFVI 资源池硬件配置见表 11-4。

表11-4　NFVI资源池配置

序号	设备类型	设备配置	数量	备注
一		A 市核心网机房 1（机房 2 配置相同）		
1	x86 服务器	2×CPU（14 核，2.3GHz），12×32GB 内存，2×600 SSD，3×4×10Gbit/s	30 台	控制面网元、管理、网管及 MANO
2	x86 服务器	2×CPU（14 核，2.3GHz），12×32GB 内存，2×600 SSD，2×4×10Gbit/s+2×40Gbit/s，2×智能网卡（专用）	6 台	用户面网元
3	磁盘阵列	单台 100TB，支持 IP SAN	2 套	—
4	IPMI 交换机	48× 电口 Gbit/s，2×光口 10Gbit/s	4 台	管理交换机

（续表）

序号	设备类型	设备配置	数量	备注
5	TOR 交换机 1	48×10Gbit/s，4×40Gbit/s	8 台	接入交换机
6	TOR 交换机 2	24×40Gbit/s，4×100Gbit/s	2 台	接入交换机
7	EOR 交换机	24×40Gbit/s，4×100Gbit/s	2 台	核心交换机
二		B 地市机房 1		
1	UPF 设备	—	1 台	专用设备
2	汇聚交换机	24×40Gbit/s，4×100Gbit/s	2 台	—

（5）路由原则

本工程 5GC 业务路由原则上应以拜访地路由方式为主。

本工程 5GC 信令路由原则上由 NRF 直接疏通，NRF 通过目标网元的 IP 地址直接通信。

（6）同步方式

本工程 5GC 网元通过与 IP 承载专网与 NTP 服务器进行时间同步。

（7）网管与计费

本工程设置 1 套 5GC 网管 EMS 系统，部署在 NFVI 资源池，与核心网设备同厂商。EMS 网管系统实现对 5GC 网元的管理，同时通过北向接口与上级网管相连。同时，在 5GC 机房各部署 1 套 VIM 及 VNFM，VFNM 与核心网设备同厂商，并集中设置 1 套全国层面的 NFVO，实现对全国 5GC 网络的统一编排和分级运维管理。

本工程设置 1 套由第三方厂商开发的 CCS 融合计费系统，遵循 3GPP R15 标准，对接 5GC 进行测试验证。

（8）现网改造部分

主要涉及以下两个方面：

① 现网 MME 升级支持 N26 接口以支持 4G/5G 互操作；

② 现网 VoLTE IMS 升级以支持 5G 网络语音业务。

（9）局址设置

本工程 5G 核心网设备集中部署在 A 市核心网 DC 机房 1 和 2，下沉的用户面网元部署在 B 地市机房。机架空间及电源功耗需求见表 11-5。

表11-5　机房空间及电源功耗需求

机房	资源池硬件	机架数 （W×D×H：0.6×1.2×2m）	总功耗 （kW）	备注
A 市机房 1	服务器 36 台，磁阵 2 套，交换机 16 台	7	28	——
A 市机房 2	服务器 36 台，磁阵 2 套，交换机 16 台	7	28	——
B 市机房	UPF 设备 1 台，交换机 2 台	1	4	——

11.2　无线网规划设计案例

某运营商计划在该市园区区域，开展 5G 组网建设，实现复杂城区场景下的连续覆盖。为满足建设进度的要求，并尽量节约建设投资，本期工程原则上应充分利用现有的资源，包括机房、天面、电源、传输等。

11.2.1　传播模型及链路预算

本期 5G 工程采用 3.5GHz 频段进行规划建设，根据协议规定，可以采用 3D UMa 传播模型预算链路。在预算链路时，设备参数暂按目前的设备情况设置，边缘速率目标暂按目前业内推荐的下行 10Mbit/s/ 上行 1Mbit/s 边缘速率估算，边缘覆盖率参考目前 4G 的边缘覆盖率要求，基站天线挂高根据场景不同分别取值，穿透损耗、街道宽度和建筑物高度根据不同地域分别取典型参考值，计算后的结果详见表 11-6。

表11-6　5G链路预算

项目		下行 10Mbit/s	上行 1Mbit/s
MAPL（dB）	一般市区	139.90	124.68
街道宽度（m）	一般市区	20.00	20.00
平均建筑物高度（m）	一般市区	24.00	24.00
覆盖半径（m）	一般市区	898.83	365.45
站间距（m）	一般市区	1348.25	548.18

以上仅为理论分析，后期网络覆盖能力计算结果将根据实际工程的设备性能、边缘速率目标、基站天线高度、建筑物损耗等变化。

11.2.2　选择无线网站址的原则

在充分考虑现网站址分布的基础上合理设置基站站址须注意以下原则。

① 站间距要求：5G 室外站原则上与现网基站共址建设，站间距参考链路预算表的要求。

② 基站选址应适应无线电波传播环境，与周边站点形成良好的互补关系。

③ 站址高度要求：为保证覆盖效果，天线挂高 30m 左右，优先楼面站，站点覆盖方向空旷。

④ 充分利用现有的站址资源，节省机房塔桅投资，加快建设进度。

⑤ 基站选址必须满足国家强制性规范，尽量选在交通方便、用电方便、环境安全的地点。尽量避免设置在雷击多发区、洪涝区，如无法避免，需要采取适当的措施，确保网络运行安全。

⑥ 基站选址不宜设在大功率无线电发射台、大功率电视发射台和大功率雷达站等附近；不宜设在易燃易爆场所附近；不宜设在生产过程中散发有毒气体、多烟雾、粉尘、有害物质的工业企业附近。

⑦ 基站选址应充分考虑与其他系统的干扰因素，保证必要的空间隔离。避开大功率无线电台、雷达站、高压电站、有电焊设备、X 光设备或产生强脉冲干扰的热合机、高频炉以及其他移动通信系统的干扰。

⑧ 基站选址不得对同频段或邻频段内依法开展的射电天文业务及其他无线电业务产生有害干扰。

⑨ 基站选址需与市政规划相结合，与城市建设发展相适应。选址过程中要争取政府支持，与环保、市政等相关部门做好协调，避免由于不了解市政规划而造成工程调整。

11.2.3　建设基站方案

1. 无线组网方案

目前阶段，5G 网络建设主要有独立组网和非独立组网两种方案，考虑到非独立组网架构需要 4G 和 5G 基站紧耦合，并且非独立组网场景中 4G 现网频段与 5G 频段的部分组合在终端侧存在较严重的干扰问题，本期工程无线网建设优先采用独立组网，为了避免频繁互操作，独立组网尽量连续覆盖。

2. 设备部署方案

3GPP 提出了面向 5G 的无线接入网功能重构方案，引入 CU/DU 架构。CU/DU 功能切分存在多种可能，目前 3GPP 提出了 8 种候选方案，其中 Option1~4 属于高层切分方案，主要是 CU/DU 之间的功能切分；而 Option5~8 属于底层切分方案，是 DU/AAU 之间的功能切分。

对于高层切分方案，在标准化层面，3GPP NR 阶段已于 2017 年 3 月确定了 Option2 作为高层切分方案，即 PDCP 层及以上的无线协议功能由 CU 实现，PDCP 层以下的无线协议功能由 DU 实现，作为 R15 NR WI 阶段的基线。CU 与 DU 作为无线侧逻辑功能节点，可以映射到不同的物理设备上，也可以映射为同一物理实体。在实际网络部署中引入 CU 与 DU 分离的架构有利于实现软硬件分离、支持灵活的资源协调和配置，有利于灵活适应不同场景的传输条件，同时便于未来网络平台开放；但实际部署也面临通用处理器性能不高、产业链不成熟等问题。从中、近期来看，5G 将主要支持 eMBB，CU/DU 分离并未带来明显优势，CU/DU 合设是更简洁明了的务实方案；从长远来看，视业务应用的需要向 CU/DU/AAU 三层分离新架构演进。

因此，本期 5G 工程原则上采用 CU/DU 合设（以下简称 BBU）部署方式。

3. 天馈选型方案

5G 基站天线数及端口数将有大幅度增长，可支持配置上百根天线和数十天线端口的大规模天线阵列，并通过多用户 MIMO 技术，支持更多用户的空间复用传输，数倍提升 5G 系统的频谱效率，用于在用户密集的高容量场景提升用户性能。大规模多天线系统还可以控制每一个天线通道的发射（或接收）信号的相位和幅度，从而产生具有指向性的波束，以增强波束方向的信号，补偿无线传播损耗，获得赋形增益，赋形增益可用于提升小区覆盖，如广域覆盖、深度覆盖、高楼覆盖等场景。

与传统的无源天线相比，大规模天线在提升性能的同时，也明显增加设备成本、体积和重量。针对大规模天线体积大、重量重、测试和部署维护难度大等问题，业界正在进行模块化大规模天线的研发和测试。大规模天线模块化后易于安装、部署、维护，预计能够降低运营商成本，并且易于组成不同天线形态用于不同的应用场景。目前，3GPP 在 5G NR 标准化中已经完成了针对模块化形态的大规模天线的码本设计，后续将继续推动技术产业化。在未来部署 5G 大规模天线时，将优先部署 Sub-6GHz 的大规模天线基站；结合实际部署场景和需求，在热点高容量地区采用较高端口数的天线设备提升系统容量；

同时，因为 192 个天线阵子较 128 个天线阵子的设备在覆盖上能提升约 1.7dB，因此，本工程优先选择 192 个天线阵子的大规模天线设备。

4. 无线网建设规模

本期工程覆盖区域内以连续覆盖的方式向用户提供不低于 100Mbit/s、毫秒级时延的 5G 宽带接入能力，5G 覆盖区域建设规模为 11 个基站，具体分布如图 11-3 所示。

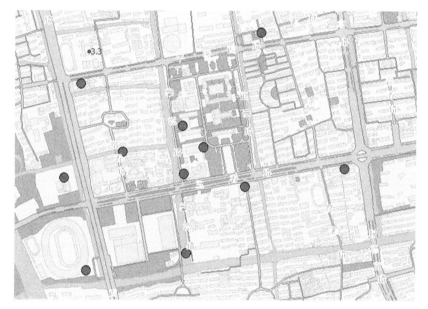

图11-3　5G基站分布

11.2.4　BBU 建设方案

规划 5G 站址采用 CRAN 集中方案，主要考虑以下因素。

① 为后期 5G 规模网络建设，提升 BBU 板卡槽位及基带板端口的利用率，减少不必要的配置浪费做试点与探索。

② BBU 下沉站点需要 1 台 A1 设备，这样增加了 A 设备投资，且 A 设备端口利用率较低；而采用 BBU 集中放置方案，后期规模建设时，可以节省传输设备投资。

5G 规划区域集中机房选址，主要考虑以下因素。

① 集中设置点优选 OLT 及以上的节点机房，次选光缆、管道资源丰富的接入网局点。

② 机房光纤资源丰富且电源、空调等配套条件较好。

11.2.5　基站配套方案

1. 机房选型

本期工程原则上不再自建机房，此部分机房由铁塔公司负责建设，运营商租赁铁塔公司机房建设 5G 站点。

2. 建设铁塔

本期工程原则上租用铁塔公司的铁塔，需要新建设站点的由铁塔公司建设，并租赁铁塔公司的铁塔建设 5G 站点。对于铁塔公司无法满足本期 5G 工程建设的站点，考虑自建一部分站点，满足后续共建共享要求。

本期工程新建的 11 个 5G 站点均为租用铁塔公司的铁塔进行建设。

租赁铁塔的要求如下所述。

① 租赁铁塔应满足无线专业天线挂高及隔离度等相关要求。

·租赁铁塔使用平台高度应与需求订单确认表信息保持一致。当与其他运营商同时提出相同挂高需求且铁塔平台无法满足时，应协商采用轮流分配的方式使用平台。

·租赁铁塔公司及第三方铁塔时，多系统共存需要满足系统间的隔离度要求。

② 租赁铁塔公司及第三方的铁塔时，应由出租方委托具有塔桅设计资质的设计单位进行安全性复核，并提供安全性复核报告。

③ 对于租赁铁塔，应由出租方确保铁塔的风压安全。

自建铁塔的要求如下所述。

① 对于自建铁塔，根据 GB50009《建筑结构荷载规范》，并结合 5G 覆盖区域的具体情况，选择合适的塔型或按照非标塔设计。

② 自建铁塔应满足无线专业天线挂高及隔离度等相关要求。

11.2.6　安装基站设备

1. 一般要求

① 设备可维护方向上不应有障碍物，确保可正常打开设备的门，可安全插拔设备板卡，满足调测、维护和散热的需要。

② 安装设备的位置应符合设计要求，各种选择开关应按设备技术说明书置于指定

位置。

③ 室外基站设备及其辅助设备应从下方进出线，接头连接部位必须经过严密的防水处理，未接线的出线孔必须用防水塞堵住。

④ BBU 与 AAU 设备之间的铠装光缆或尾纤，在与 BBU 连接时必须按各设备厂商要求与扇区的关系正确对应。

⑤ 设备安装完毕后清理施工现场，不应遗留工具或杂物。

⑥ 直流电源线、交流电源线、信号线必须分开布放，应避免在同一线束内。

2. 机架设备

① 机房机架设备安装位置正确，符合安装工程设计要求。

② 机架安装垂直度偏差应不大于机架高度的 1.0‰。

③ 列主走道侧必须对齐成直线，误差不得大于 5mm；相邻机架应紧密靠拢，缝隙不得大于 3mm（有特殊约定的除外），整列机架正面应在同一平面上，无凹凸现象。

④ 各种螺丝、螺钉安装齐全并拧紧，各类螺栓露出螺帽的长度应一致，为 3～5 扣。

⑤ 机架上的各种零件不得脱落或碰坏，漆面若有脱落应予补漆。

⑥ 设备接口必须明确标志便于理解，标识标志清楚；对电源系统应设立醒目警示标志；对设备上有英文警示标志要翻译并贴于醒目处；各种文字和符号标志应正确、清晰、齐全。

⑦ 安装设备必须按工程设计的抗震要求加固，各紧固部分应牢固无松动，各种零件不得脱落或碰坏，机内不应有线头等杂物。

⑧ 告警显示单元安装位置端正合理，告警标识清楚。

⑨ 机架应可靠接地，接地电阻及地线路由应符合工程设计要求。

⑩ 设备在预防意外撞击部位、可接触至布线的部位和危险电压的部位，均应提供覆盖，对高电压等危险部位应有明显标志。

⑪ 机架未用模板插槽应装上假面板。

3. 壁挂安装设备

① 挂墙安装设备时，安装墙体应为水泥墙或砖（非空心砖）墙，且具有足够的强度。

② 安装设备位置应便于线缆布放及维护操作且不影响机房的整体美观，建议 BBU 底部距地 1.2m 或与室内其他壁挂设备底部距地保持一致，上端不超过 1.8m；AAU 设备

下沿距楼面的最小距离应不小于 500mm。安装条件不具备时可适度放宽，但要注意 AAU 进线端线缆的平直和弯曲半径，同时要便于施工维护并防止雪埋或雨水浸泡。

③ 设备安装可以采用水平安装方式或竖直安装方式。无论采用哪种安装方式都应保证水平和竖直方向偏差均小于 ±1°，设备正面面板朝向宜便于接线及维护。

④ BBU 机架前面必须预留空间不小于 700mm 以便维护，两侧预留不小于 200mm 空间便于散热。

⑤ 设备安装时涉及的挂墙安装件应符合相关设备供应商的安装及固定技术要求，安装设备后，所有配件必须紧密固定，无松动现象。

⑥ 抗震和接地等其他安装要求同落地安装方式要求。

⑦ 设备的各种线缆宜通过走线架、线槽、保护管等布放，注意线缆的布放绑扎应整齐、规范、美观。

4. AAU抱杆安装

① 设备安装位置应符合工程设计要求，安装应牢固、稳定，应考虑抗风、防雨、抗震及散热的要求。

② 抱杆的直径选择、加固方式及抱杆的荷载应以土建相关规范和设计为准。

③ 应采用相关设备提供商配置的 AAU 专用卡具与抱杆牢固连接。

④ AAU 远端供电一般采用直流供电方式，当采用交流供电时，宜加绝缘套管进行保护，以防止漏电。直流（交流）电源线缆应带有金属屏蔽层，且金属屏蔽层宜做两点防雷接地保护。

⑤ 设备的防雷接地系统应满足 GB 50689《通信局（站）防雷与接地工程设计规范》要求。

⑥ 应做防水密封处理各种外部接线端子。目前常见的外部接线端子防水密封方案包括：传统胶泥胶带、热缩、冷缩、接头盒 4 种，应根据基站的实际情况选择合适的防水密封方案。

5. AAU塔上安装

① 塔身及平台的强度要求应满足土建结构、铁塔塔身核算的荷载要求。

② 在塔上安装 AAU 设备时，根据塔的具体条件，可直接安装于塔上平台的护栏上；现有平台抱杆或支架不够的情况下，应在现有平台上加装支架抱杆、平台上特制的安装

装置等多种方式安装 AAU 设备。

③ 当现有平台完全无空间时，应在塔上新增平台安装 AAU 设备；只有当塔身位置便于维护操作时，AAU 设备才可直接安装于塔身的支架（利旧或新增）。

④ 塔上用于安装 AAU 而新增的支架、抱杆和安装装置应以土建相关规范和工程设计为准。

11.2.7　走线架布置及安装

① 线缆走道（走线架或槽道，以下同）的位置、高度应符合工程设计要求。

② 线缆走道的安装应符合下列要求。

·线缆走道扁钢平直，无明显扭曲和歪斜。

·安装好的线缆走道应平直，横铁规格一致，两端紧贴走道扁钢和横铁卡子，横铁与走道扁钢相互垂直，横铁卡子螺钉紧固。

·安装横铁的位置应满足电缆下线和弯曲要求，横铁排列均匀，当横铁影响下电缆时，可作适当调整。

③ 线缆走道应符合下列要求。

·线缆走道与墙壁或机列应保持平行或垂直，水平偏差不得大于±2mm。

·线缆走道吊挂应符合工程设计要求，吊挂安装应垂直、整齐、牢固，吊挂构件与线缆走道漆色一致。

·线缆走道的地面支柱安装应垂直稳固，垂直偏差不得大于±5mm，同一方向的立柱应在同一条直线上，当立柱妨碍安装设备时，可适当移动位置。

·线缆走道的侧旁支撑、终端加固角钢的安装应牢固、端正、平直。

·沿墙水平线缆走道应与地面平行，沿墙垂直线缆走道应与地面垂直。

·线缆走道穿过楼板孔洞或墙洞处应加装保护框，放绑电缆完毕应有盖板封住洞口，保护框和盖板均应刷漆，其颜色应与地板或墙壁一致。

④ 爬梯安装应垂直。

⑤ 机房内所有油漆铁件的漆色应一致，刷漆、补漆均匀，不留痕，不起泡。

11.2.8　天线布置及安装

① 安装及加固天线、天线共用器、馈线应符合工程设计要求，安装应稳定、牢固、可靠，天线安装挂高与工程设计一致。

② 天线方位角和俯仰角应符合工程设计要求，方位角偏差不得大于 ±5°，俯仰角偏差不得大于±0.5°。

③ 天线的防雷保护接地系统应良好，接地电阻的阻值应符合工程设计要求。

④ 射频天线和 GNSS 天线应在避雷针保护区域内，避雷针保护区域为避雷针顶点下倾 45° 夹角范围内，避雷针的具体要求如下所述。

· 避雷针要求电气性能良好，接地良好。

· 避雷针要有足够的高度，能保护铁塔上或杆上的所有天线，即所有室外设施都应在避雷针的 45° 保护角之内。

· 避雷针或与避雷针有电气连接的金属抱杆，应采用直径不小于 $95mm^2$ 的多股铜导线或 $40×4mm$ 的镀锌扁钢可靠接地，镀锌扁钢接地时，推荐焊接长度不小于 100mm，以确保搭接电阻小于 0.1Ω。

· 建筑物有避雷带时，直接将避雷针引下线焊接在避雷带上；无避雷带时，将引下线连接到新做的地网上。

⑤ 对于全向天线，要求天线与铁塔塔身之间距离不小于 2m；对于定向天线，要求天线与铁塔塔身之间的距离不小于 0.5m。

⑥ 安装天线与其他通信系统天线的空间隔离距离应符合工程设计要求。

⑦ 天线共用器与收发信机和馈线的匹配应良好。

⑧ 天线的美化应符合工程设计要求，美化方案应与周围环境协调。

⑨ GNSS 系统检查应符合下列要求。

· 安装 GNSS 天线的角度符合工程设计要求，且误差不超过 ±2°。

· GNSS 天线在水平 45° 以上空间无遮挡。

· GNSS 天线与其他移动通信系统发射天线在水平及垂直方向上至少保持 3m 的距离。

· 尽量远离周围尺寸大于 200mm 的金属物 1.5m 以上，在条件许可时尽量大于 2m。

· 安装 GNSS 天线在楼顶时，应在抱杆上安装避雷针，抱杆与接地线焊接使整个抱杆处于接地状态。

· GNSS 天线不得处于区域内最高点，在保证能稳定接收卫星信号的情况下，尽可能降低安装高度。

· GNSS 系统能稳定收到至少 4 颗卫星的定位信号。

· 利旧已有 GNSS 系统进行同步时，要充分考虑分路器带来的插损，确保 GNSS 信号强度能够满足各使用系统的接收灵敏度要求。

11.3 承载网规划设计案例

11.3.1 工程概况

随着智能终端的普及以及互联网应用业务的高速发展，移动互联网流量快速增长。2019 年，随着 5G 牌照的发放，5G 峰值带宽预计达到 4Gbit/s 的 10 倍以上，同时带来点到多点业务需求。5G 承载网规划建设工作需要满足大带宽保障、高品质承载、多点化服务的接入需求。

为满足无线专业业务需求，本期工程建设某地区 IP RAN，在该地区新建中兴公司老A2 设备 103 台；华为公司老 A2 设备 39 台，老 A1 设备 74 台；扩容 54 台 B 设备。

本期工程利旧现有华为和中兴的网管系统，用于业务下发、日常维护和故障处理。

本工程合理使用年限为 10 年。

11.3.2 网络现状

截至 2018 年年底 IP RAN 建设期，该地区共有 A1 设备 4029 台、A2 设备 1322 台、B1 设备 748 台、汇聚 ER 设备 22 台、ASBR 设备 2 台、核心 ER 设备 2 台。该地区 IP RAN 核心层网络架构示意如图 11-4 所示。

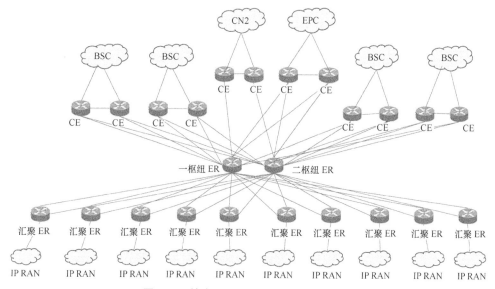

图11-4 某地区IP RAN核心层网络架构示意

该地区设备分布配置现状为：5 个区域为华为区，配置 ATN910I、ATN950B、CX600-3 设备；另外 5 个区域为中兴区，配置 6130XGS、6220、9000-3E 设备。

11.3.3　组网原则

本期工程拟充分利用现网资源，采用老 IP RAN 设备承载。A 设备采用新建老设备方式，B 设备采用原设备加板扩容方式，汇聚 ER 采用原设备加板扩容端口方式；核心 ER 利旧原有设备。各类设备的具体组网原则如下所述。

（1）A 设备组网原则

本期工程采用老 A2 设备建设，老 A2 设备最多可支持 6 个 10GE 端口，两个端口用于 10GE 环组网，同时接入 4 个 5G BBU。老 A2 设备 10GE 接入环内 A2 设备数量不超过 6 个，单个 A2 接入环最多可带 12 个 5G BBU。为了保证网络的安全性，本期工程要求承载基站业务的 A 设备均采用环型组网结构。

（2）B 设备组网原则

本期工程拟对现有设备进行扩容，每对 B 设备可下挂 3～20 个接入环（树形双归接入除外），其中下挂的 10GE 接入环不超过两个；一对 B 设备可下挂 20～60 个 A 设备，为后期裂环预留部分资源。

B 设备选型建议采用 B2 设备，以便满足 5G 业务承载。在同一个 B 设备汇聚区域内，建议使用与 B 设备相同厂商的 A 设备组网。

（3）汇聚 ER 组网原则

综合考虑汇聚 ER、波分、城域 ER 端口投资，对于 B 设备大于 3 对的区域，考虑设置汇聚 ER，通过汇聚 ER 收敛本区域 B 设备的业务，初期采用 10GE 链路"口"字形上联至城域 ER。当采用上联口字形组网的汇聚 ER 上行流量超过总链路带宽的 45% 时，将"口"字形改造为交叉上联城域 ER，后续再考虑采用增加上行链路方式扩容。

（4）ASBR 组网原则

本地网须部署一对 ASBR，要求部署在不同局点机楼，与城域 ER 同机房设置，用于 IP RAN 异网间的对接，ASBR 设备选型可参照 B2 设备配置。

11.3.4　组网方案

本期市区新建中兴 A2 设备 46 台，组 28 个 10Gbit/s 环；县区新建中兴 A2 设备 57 台，组 34 个 10Gbit/s 环。合计新建中兴老 A2 设备 103 台；新建华为老 A2 设备 39 台，老 A1

设备 74 台。

中兴区域需扩容 10 台 B 设备，扩容 8 块 40Gbit/s 母卡和 16 块 2×10GE 子卡、4 块 120Gbit/s 母卡和 8 块 6×10GE 子卡；县区需扩容 18 台 B 设备，扩容 12 块 40G 母卡和 24 块 2×10GE 子卡、6 块 120G 母卡和 12 块 6×10GE 子卡。

华为区域需扩容 12 台 B 设备，扩容 12 块 40Gbit/s 母卡和 12 块 2×10GE 子卡；县区需扩容 14 台 B 设备，扩容 14 块 40Gbit/s 母卡和 14 块 2×10GE 子卡。

本期工程具体组网方案如图 11-5 所示。

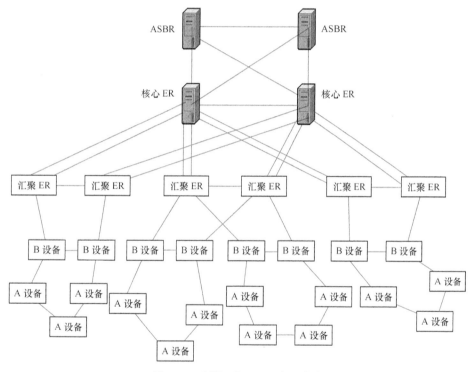

图11-5　本期工程IP RAN组网方案

11.3.5　同步系统

本期工程 IP RAN 的同步需求可以分成两个部分。

① 基站需要从 IP RAN 获取时钟：基站所承载的无线业务本身需要和核心网设备保持频率、相位同步。

② IP RAN 设备本身承载的 TDM 业务：IP RAN 通过仿真方式提供 TDM 业务的端到

端透传，此时作为仿真伪线终结节点的 A 设备和 5GC CE 设备之间需要保持频率同步。

③ 时钟注入方案：从两个 SR 分别注入时钟源，为网络提供主备时钟源。

④ 时钟同步方案：1588v2 实现频率和相位的同步，要求沿途所有设备均启用 1588v2 功能。

11.3.6　施工及其他需要说明的问题

① 机房内通信电缆和电源线采用上走线方式，均在走线架内沿走线路由布放，布放距离应尽量短而整齐；在布放时，通信电缆与电源线应保持一定的距离（大于 100mm）；通信电缆及电源线在机架内布放时，应分别在两边走线；在与直流电源线同一走线架布放时，交流电源线应外套金属套管。

② 布放电缆时，注意布放一条裁剪一条，合理使用电缆。

③ 本工程的所有电源线均应选择防火、阻燃型。

④ 为满足设备对洁净度的要求，在安装设备之前，应清洁水泥地面，避免灰尘进入设备。

⑤ 光纤 / 缆布放：跨楼层应该以尾缆为主，同机房内如果布放光纤，应该加软护套。

展望篇

第 12 章　AI 赋能 5G

12.1　人工智能概述

作为 21 世纪最具冲击力的科技之一，人工智能（Artificial Intelligence，AI）将为整个世界带来巨大变革。

AI 的概念诞生于 1956 年，迎来三次浪潮，也遭遇两次寒冬。近十年来，随着计算能力的不断突破、核心算法的精进创新以及移动互联网发展中的大数据甚至是海量数据的强力支撑，AI 终于迎来质的飞跃，从科幻走入了现实，呈现出深度学习、人机协同、跨界融合、高度自治的新特征，成为全球瞩目的科技焦点。2016 年，AlphaGo，人机大战引发了人工智能的第三次浪潮，2016 年也被称为"人工智能爆发的元年"。可以说，以深度学习、超强的计算能力和海量互联网数据为三大引擎引发了"人工智能的爆发"。

人工智能由于在图像识别、智能语音、机器翻译等领域的日趋成熟，已被广泛应用到无人驾驶、人机大战、机器人酒店、网络 AI 等垂直行业中，正在带来产业生态和商业模式的全新变革。人工智能可以将人从简单、枯燥、重复、危险性的劳动中解放出来，减少人力投入，提高工作效率；人工智能还可以在智慧教育、智慧医疗、智能电网、城市运行、环境保护等领域得到广泛应用，从而提高服务技术水平，提升人民生活品质，保障社会公共安全。

AI 已经成为国际竞争的新焦点。为了提升国家竞争力，在新一轮国际科技竞争中掌握主导权，世界主要发达国家把发展 AI 作为国家重大战略，围绕核心技术、标准规范、顶尖人才等强化部署，加紧出台了一系列 AI 计划和政策，例如美国发布的《国家人工智能研究和发展战略计划》、英国发布的《产业战略：人工智能领域行动》、法国发布的《人工智能战略》、日本出台的《下一代人工智能推进战略》、韩国出台的《人工智能研发战略》

等。中国对 AI 也高度重视，相继发布了《"互联网＋"人工智能三年行动实施方案》《新一代人工智能发展规划》《促进新一代人工智能产业发展三年行动计划（2018—2020 年)》《人工智能标准化白皮书》《人工智能发展白皮书技术架构篇》等一系列指导文件。国务院在 2017 年 7 月发布的《新一代人工智能发展规划》中明确了中国人工智能发展战略目标的"三步曲"：

第一步，到 2020 年人工智能总体技术和应用与世界先进水平同步，人工智能产业成为新的重要经济增长点，人工智能技术应用成为改善民生的新途径，有力支撑进入创新型国家行列和实现全面建成小康社会的奋斗目标；

第二步，到 2025 年人工智能基础理论实现重大突破，部分技术与应用达到世界领先水平，人工智能成为带动我国产业升级和经济转型的主要动力，智能社会建设取得积极进展；

第三步，到 2030 年人工智能理论、技术与应用总体达到世界领先水平，成为世界主要人工智能创新中心，智能经济、智能社会取得明显成效，为跻身创新型国家前列和经济强国奠定重要基础。

12.2　人工智能的概念

12.2.1　人工智能的基本概念

人类大脑的智慧包括意识、认知、分析、纠错、记忆力、判断力、思考力、联想、预测、直觉、想象、幻想、创造、审美、本能、潜意识、幽默感、好奇心、爱……

人工智能是研究、开发用于模拟和扩展人类智慧的理论、方法、技术及应用系统的一门新的技术科学，涉及概率论、信息论、逻辑学、计算机科学、生物学、仿生学、心理学和哲学等自然和社会科学。通过深入研究人类智慧的活动规律，人工智能是模仿和超越人类智慧的边缘学科。

12.2.2　人工智能的基础学科

人工智能涉猎的基础学科包括很多门课，从数学到神经网络，从机器学习到深度学习，再到如何让人工智能"听、说、看、想"，具体见表 12-1。

表12-1　人工智能基础学科目录

基础学科	目录
数学	线性代数：如何将研究对象形式化 概率论：如何描述统计规律 数理统计：如何以小见大 最优化理论：如何找到最优解 信息论：如何定量度量不确定性 形式逻辑：如何实现抽象推理
人工神经网络	神经网络的生理学依据：如何模拟人类认知 神经网络的基本单元：如何构造人工神经网络 多层神经网络：如何解决复杂问题 前馈与反向传播：如何用神经网络实现优化 自组织神经网络：如何用神经网络实现无监督学习 模糊神经网络：如何用神经网络实现逻辑功能
神经网络实例	深度信念网络：如何充分利用隐藏单元 卷积神经网络：如何高效处理网格化数据 递归神经网络：如何高效处理序列数据 生成式对抗网络：如何让神经网络自行优化 长短期记忆神经网络：如何在神经网络中引入记忆
机器学习	机器学习概述：如何让计算机识别特征 线性回归：如何拟合线性模型 朴素贝叶斯分类：如何利用后验概率 逻辑回归：如何利用似然函数 决策树方法：如何利用信息增益 支持向量机：如何在特征空间上分类 集成学习：如何整合优化 聚类：如何实现无监督学习 降维学习：如何抓大放小
深度学习	深度学习概述：如何让人工神经网络物尽其用 深度前馈网络：如何实现最佳近似 深度学习中的正则化：如何抑制过拟合 深度模型优化：如何提升学习效率 自动编码器：如何实现生成式建模 深度强化学习：如何实现从数据到决策
深度学习之外的人工智能	贝叶斯网络：如何利用有向概率图 马尔可夫随机场：如何利用无向概率图 迁移学习：如何基于小数据学习 集群智能：如何让智能涌现
应用场景	图像识别：如何让人工智能会"看" 语音识别：如何让人工智能会"听" 语音合成：如何让人工智能会"说" 机器翻译：如何让人工智能会"想"

12.2.3　人工智能的能力分类

人工智能从能力的维度，可以分为运算智能、感知智能和认知智能 3 类。

① 运算智能：机器"能存会算"的能力，主要涉及计算机和服务器的存储和计算技术。

② 感知智能：机器"能听会说、能看会认"的能力，主要涉及语音合成、语音识别、图像识别等技术。

③ 认知智能：机器"能理解会思考"的能力，主要涉及虚拟助理、智能客服、机器翻译等技术。

12.2.4　人工智能的层级分类

人工智能从层级的维度，可以分为专用人工智能、通用人工智能和超级人工智能 3 类。

① 专用人工智能：目前的人工智能属于专用人工智能，聚焦于一个或多个领域，如图像识别、语音识别、语音合成等，理解特定领域知识，实现特定领域应用。专用人工智能目前正处于高速发展阶段，已取得较为丰富的成果，例如围棋领域的 AlphaGo。

② 通用人工智能：指机器达到人类智慧的水平，可以像人类一样拥有进行所有工作的可能，需要掌握人类的学习能力、使用自然语言沟通能力、思考力、判断力、跨领域推理能力、决策能力等，并理解常识，目前的研究水平远远未达到这样的水平。

③ 超级人工智能：指机器超越人类智慧的水平，具有自我意识、独立自主的价值观和世界观，超级人工智能的基础是全面深入地理解生命科学，目前仅存在于科幻电影和文学作品中。

这 3 个类别代表着人工智能发展的 3 个层次。

12.2.5　AI+

互联网时代有"互联网＋"的概念，"互联网＋"就是"互联网＋各个传统行业"，让 IT 技术和互联网平台与各行各业进行深度融合，重构商业模式，缔造崭新生态。同样，AI 时代也有"AI+"的概念，AI 遇到各行各业的典型场景如下。

① AI+ 安防：得益于人脸识别和视频结构化技术，在构建平安城市中尤其重要。

② AI+ 政务：搭建 AI 政务云打破信息孤岛状态，确保信息安全，具体应用包括智能客服、智慧政务大厅、城市全景监控、产业资源透视、舆情态势分析等。

③ AI+ 医疗：可以应用到电子病历、医学影像分析、医学数据挖掘、健康管理、新

药研发、智能诊疗等领域，成为医生的超级助手。

④ AI+教育：可以覆盖"教、学、考、评、管"整个教育链条，具体应用在智能化因材施教、智能阅卷、教育评测、拍照答题、AI 自适应学习等领域。

⑤ AI+交通：城市大脑优化城市交通网络；无人驾驶共享汽车可以真正解决停车难、大堵车的现象。

⑥ AI+农业：可以有效应对极端天气，降低资源消耗，降低成本，优化资源配置，获得最大产量与效益，具体应用包括精准农业、无人机监测和农业机器人等。

⑦ AI+零售：以深度学习技术驱动市场零售新业态，优化从生产、销售到流通的全产业链的资源配置与效率，具体应用包括智能客服、智能营销推荐、智能支付、智能配送、无人仓库、无人车、无人店等。

⑧ AI+制造：可以改善产品质量，优化制造周期，提升制造效率，降低人工成本。典型应用场景包括智能工厂、智能车间、智能生产线、智能供应链等。

⑨ AI+机器人：使机器人具备了类似于人类的感知、协同、决策与反应能力，使得机器人酒店、机器人养老院成为可能，有助于解决社会老龄化问题。

⑩ AI+网络：网络人工智能指将 AI 技术应用在运营商网络中，完成大量重复低效的手工劳作和人机交互，引入机器学习等 AI 技术，提供网络感知和预测能力，匹配高层次运营的意图和策略，实现运营商的意图驱动网络，从而提高运营效益，释放网络潜能。

12.3 人工智能简史

12.3.1 人类简史

李开复老师在他的著作《人工智能》中打了这样一个比方：如果整个人类大约 6000 年的文明史，按比例地被浓缩到一天 24 小时，我们看到的将是怎样一种场景？

① 凌晨时分：苏美尔人、古埃及人、古代中国人先后发明了文字。

② 20:00 前后：中国北宋的毕昇发明了活字印刷术。

③ 22:30：欧洲人发明了蒸汽机。

④ 23:15：人类学会了使用电力。

⑤ 23:43：人类发明了电子计算机。

⑥ 23:54：人类开始使用互联网。

⑦ 23:57：人类进入移动互联网时代。

⑧ 一天里的最后 10 秒：谷歌 AlphaGo 宣布人工智能时代的来临……

这说明了最后 10 秒创造的智慧远超前面 24 小时减去 10 秒钟里所有的智慧之和，远超之前的智慧总和。从中，我们看到了人工智能发展的迅猛速度。

12.3.2　人工智能简史

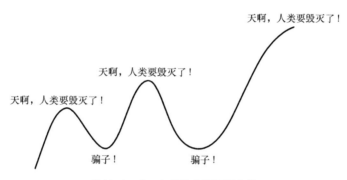

图12-1　人工智能简史漫画版曲线

人工智能简史的漫画版曲线如图 12-1 所示。在 AlphaGo 之前，人们喊过两次"天呐！人类要毁灭了！"前两次人工智能浪潮，每一次都释放过人类关于未来的无穷想象力，每一次都令许多人热血沸腾。但很不幸，两次浪潮在分别经历了数年的喧嚣后，都迅速跌入低谷，并在漫长的寒冬中蛰伏起来。

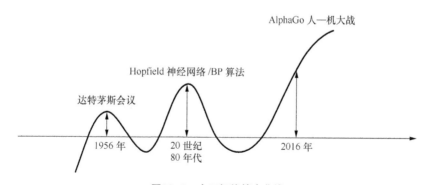

图12-2　人工智能简史曲线

人工智能简史的真正曲线如图 12-2 所示。人工智能走过六十多年，迎来三次浪潮，也遭遇两次寒冬：第一次浪潮是 1956 年的达特茅斯会议；第二次浪潮是 20 世纪 80 年代 Hopfield 神经网络 /BP 算法的提出，使得人工智能再度兴起，出现了语音识别、机器翻译计划；第三次浪潮是 AlphaGo 人机大战，2016 年，被称为"人工智能爆发的元年"。

在人工智能的发展史上，达特茅斯会议是个重要的里程碑。1956 年的夏天，美国的达特茅斯学院迎来了一群踌躇满志的天才。他们尝试弄清如何让机器能够像人类一样思考，如何用自然语言进行交流。他们有一个宏大的格局，非常深刻地理解机器能做哪些事情。他们表示研究基于这样的推测：人类智慧的任何特征，原则上都能被精确地描述，并被机器模仿；尝试让机器能够使用语言，形成抽象概念，解决人类现存的各种问题。这群天才中包括人工智能的先驱和主要奠基者马文·明斯基（Marvin Minsky）、约翰·麦卡锡（John Mccarthy）、艾伦·纽厄尔（Allen Newell）、赫伯特·西蒙（Herbert Simon，诺贝尔经济学奖得主）和克劳德·香农（Claude Shannon），后者也是信息论香农定理的创始人。这次会议被命名为"人工智能夏季研讨会"，这是"人工智能"这个词汇首次被提出。

2018 年 8 月发布的 Gartner 曲线如图 12-3 所示。

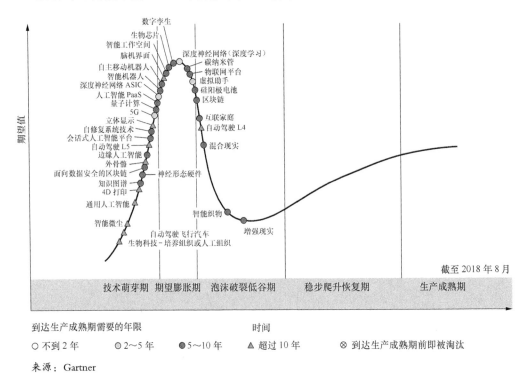

图12-3 Gartner曲线

从图 12-3 所示的这条曲线可以看出：通用人工智能处于技术萌芽期，智能机器人、深度学习、虚拟助手处于期望膨胀期。

12.4 人工智能的关键技术——深度学习

12.4.1 什么是深度学习？

人工智能、机器学习、深度学习三者之间的关系如图 12-4 所示。简单来说，这三者呈现的是同心圆的关系。

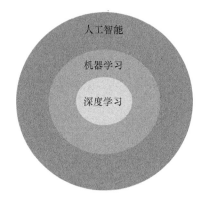

图12-4 同心圆关系

同心圆的最外层是人工智能，从提出概念到现在，先后出现过许多种实现思路和算法；同心圆的中间层是机器学习，属于人工智能的一个子集，互联网的许多推荐算法、相关性排名算法，所依托的基础就是机器学习；同心圆的最内层是深度学习，以机器学习为基础的进一步升华，是当今人工智能大爆炸的核心驱动。

今天最热门的人工智能是深度学习。深度学习在今天终于得以见效的原因有两个：一是我们拥有了超强的计算能力，现在的计算机与五十年前相比，计算速度呈百万倍增长。百万倍增长究竟是一个什么样的概念呢？蜗牛在地上的爬行速度，同人造卫星环绕地球的运动速度相比，两者才相差了五十万倍。而现在计算机的计算速度同五十年前相比，已经呈百万倍地增长。二是大数据、超大数据、海量数据的力量，例如机器图像识别全球最大的数据库 ImageNet。大数据的信息存储、信息处理和信息交换三大支柱，同 NFV 的三大虚拟基础设施虚拟存储、虚拟计算和虚拟网络一一对应。互联网的大数据和日益强大的机器运算能力，则让深度学习有如神助。

现代科学面临着三大难题：第一个是宇宙的起源；第二个是生命的起源；第三个是智力的起源，人类的大脑究竟是如何工作的。这三大难题在当今的科学界依旧无法给予一个完整的答案。

深度学习从神经网络中寻找灵感，从学习的本质出发，带来一种崭新的模型和思考方式，意味着被训练，被海量训练，被魔鬼训练，而不是被编程，"深度"是由于自身由许多层组成的。

深度学习的核心计算模型是人工神经网络，而卷积神经网络是人工神经网络的一种升华。"卷积神经网络之父"这样定义"深度学习"：深度是因为有很多层结构，传统电脑神经网络层数少，采用完全的链接，有大量参数需要计算；而深度学习利用多层链接，每一层完成的任务是有限的，从像素到物体的边缘再到核心，直到辨认出清晰的图像，这样就减少了每一层的计算量。

深度学习就像是造火箭，火箭需要巨大的引擎，也需要燃料。引擎就是超强的计算能力，燃料就是大数据。二者结合，火箭才能越飞越远。

12.4.2　深度学习的三大步骤

要设计出比天才还厉害的计算机，一定需要比天才还聪明的人吗？答案是：不，需要构建一套深度学习的网络。

深度学习只要构建网络、设置目标、开始学习 3 个步骤，就是这么简单。

简单地说，深度表示很多隐藏层，深度学习就是一个函数集，类神经网络就是一堆函数的集合，输入一堆数值后，整个网络就输出一堆数值，从中选择一个最好的结果，也就是机器运算出来的最佳解。这个过程，就是所谓的"学习"，经过大量的训练，机器最终可以找到最佳函数，得出最佳解。打个比方，就像规划中的曲线拟合，给了多组 (x, y) 数据之后，那条计算机拟合的曲线就是最佳函数 $f(x)$。然后，人类要做的事情就是给它"规则"和海量的学习数据，告诉机器什么答案是对的，中间的过程完全不用操心。深度学习原理示意如图 12-5 所示。

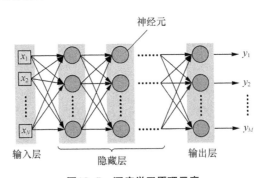

图12-5　深度学习原理示意

以 AlphaGo 为例，团队设定好神经网络架构后，就开始"喂"棋谱，输入大量的棋谱数据，让 AlphaGo 学习下围棋的方法，最后它就能够自己判断棋盘上的各种状况，并根据对手的落子做出回应。

12.5 网络 AI 助力 5G 智能化

作为一种通用赋能技术，AI 可以服务于各垂直行业。对于网络运营商而言，AI 对内在规划、设计、建设、维护、优化等多个场景中可以全程全网大力提升工作效率，对外在电力、交通、教育、医疗、农业等多个垂直行业中可以积极拓展服务能力，助力运营商转型。

1. 网络重构需要AI助力

① 全球运营商相继发布网络重构和转型战略，SDN/NFV/ 云化转型增加了网络多维度管控的复杂度与难度；

② 如何有效降低运营成本，提升网络运维效率的便捷性，提升业务和资源编排的精准性，运营商面临巨大挑战；

③ 随着网络服务的多元化，网络运营对自动化和智能化要求更高；

④ 随着网络规模的扩大，网络流量和连接数的增长，网络管理成本不断加大；

⑤ 5G 网络的高性能与灵活性提升了网络规划、设计、维护和优化的复杂度。

2. 网络应用AI有自身优势

① 算力：运营商拥有丰富的 DC 中心、边缘计算和网络等 AI 所需的算力资源；

② 数据：云管端产生大量数据，业务数据、网络数据、用户数据等多维数据感知，为 AI 挖掘分析提供了数据基础；

③ 算法：通过深度学习建立模型，得出通信行业的具体算法。

3. 网络向AI演进

网络向 AI 演进是个长期的过程，可以分为 4 个阶段。

① 2020 年之前：初级辅助阶段，实现网络资源的统一部署、控制和管理，实现软件定义的业务敏捷部署，完成大量重复低效的手工劳作和人机交互，可以看作是智能助理。

② 2020—2030 年：中级辅助阶段，引入机器学习等 AI 技术，提供网络感知和预测

能力，确保网络可靠、平稳运行并提供优化建议，人机协作以人为主。

③ 2030—2050 年：高级辅助阶段，匹配高层次运营意图和策略，网络在自动管控、深度感知的基础上，通过对这些意图的持续验证、综合优化和智能闭环自治，实现运营商的意图驱动网络，从而提高运营效益，释放网络潜能，人机协作以机器为主。

④ 2050 年之后：替代阶段，人工智能和机器人为主。

4. 网络AI成为国际标准化组织的研究热点

（1）ETSI

2017 年 2 月首先成立新的行业规范工作组 ISG 经验网络智能（Experiential Networked Intelligence，ENI），定义智能策略驱动的网络人工智能框架，利用人工智能技术改善运营商网络运营体验，启动"经验式网络智能"研究，构建零接触流程和任务自动化。

（2）3GPP

2017 年 5 月通过了"5G 网络自动化使能研究"立项，研究如何从网络采集数据并用于网络自动化部署和业务提供及优化，将机器学习应用于 5G 切片选择和策略控制。

（3）ITU

2017 年 11 月成立了 FG ML5G（机器学习组），研究机器学习在以 5G 为代表的未来网络中的应用，针对面向未来网络的机器学习起草技术报告和规范。

（4）Linux 基金会

2018 年 3 月成立了"深度学习基金会"，涵盖机器学习和深度学习开源代码开发，努力构建开放的 AI 应用和服务生态圈。第一个项目是 AT&T 主导的 Acumos 项目，是一个从 AI 应用开发到部署上线的开放式 AI 平台。

5. 运营商纷纷致力于网络AI研究

中国电信：提出"共筑智能生态，繁荣数字经济，开启智能化转型 3.0"。

中国移动：提出"'大连接'走向深入，'网络转型 + 人工智能'助力 5G 发展"。

中国联通：提出"筑基智慧网络，打造万象智能的神经中枢，云化、自动化、智能化三步走"。

沃达丰：表示"在 4G、5G 网络的运维运营领域考虑多方位引入 AI"。

软银：表示"投资布局人工智能产业，期望智能化提升运维效率"。

2018 年 4 月，SDN/NFV 产业联盟发布了《网络人工智能应用白皮书》，定义的网络人工智能应用架构如图 12-6 所示。

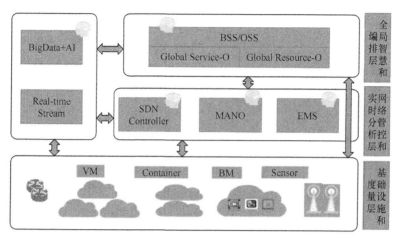

来源：SDN/NFV产业联盟

图12-6　网络AI应用架构

　　网络的复杂化、异构化和动态化带来了一系列需求，例如网络的集中管控与调度、网络资源的实时分配与调整、网络的分层解耦、网络架构的动态变化等。在 SDN、NFV、云计算、IoT、5G 等多种新技术的基础上，运营商的网络重构和战略转型还需要人工智能助力。

　　网络 AI 的关键技术包括深度学习、自然语言处理、基于意图的 API 和策略、大数据和人工智能芯片等。

　　AI 在运营商的应用可以分为内部应用和外部应用，内部应用包括网络类应用、信息化应用、管理类应用和安全应用等，外部应用包括业务应用、客服应用和市场应用等。

　　AI 在运营商网络中可以应用到多个领域：

　　① 在垂直行业应用中，可以实现智能电网、智能交通、智能家居、智能物流等；

　　② 在业务运营编排中，可以实现业务预测、用户画像、智能编排、智能切片等；

　　③ 在网络管理控制中，可以实现故障定位、资源调度、流量优化、质量评估等；

　　④ 在网络建设维护中，可以通过智能规划、智能查勘、智能设计、智能优化平台实现"生产作业自动化""设计信息共享化""专业智慧集成化"。

　　SDN/NFV 产业联盟发布的《网络人工智能应用白皮书》中，将网络 AI 应用梳理为图 12-7 中的 11 种场景。

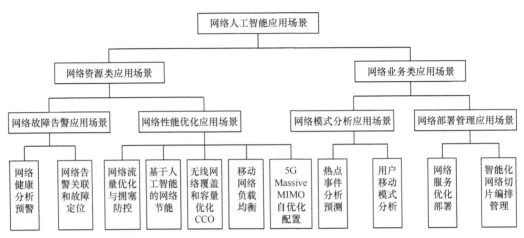

来源：SDN/NFV产业联盟

图12-7　网络人工智能应用场景分类

在网络 AI 中，意图网络是网络智能化的高级阶段，最早由华为提出。华为提出意图驱动的智简网络（Intent-Driven Network，IDN），提出"IDN 拥抱全联接的智能世界"。现在的网络是软件定义网络，未来的终极网络是自治自愈网络，位于二者之间的就是IDN。IDN 可以为用户提供随时随地的极致体验，为企业构建智慧、极简、超宽、开放和安全的数字网络平台，为运营商把原来基于投诉的被动运维模式改变为基于预测的主动运维模式，可以说是对现有网络的颠覆。

以网络故障告警场景为例，原来运营商主要通过基于人工经验的半自动化网络进行故障告警分析，效率和准确性较低，而 IDN 可以采用神经网络等 AI 技术，基于网络历史运行数据对大规模网络告警进行分类和关联，帮助运维人员前瞻地、准确地处理故障信息，提供针对性预防，具体包括以下工作。

① 数据采集：采集设备的配置、性能和告警数据，进行统一建模，形成整体应用数据。

② 数据处理：将采集到的数据进行关联关系整合、数据清洗、数据核对，形成可进一步分析的体系化维度数据。

③ 健康分析：将处理后的数据与预先指定的表征网络健康的主要指标进行比较，分析偏离情况。

④ 健康预测：学习历史健康数据，利用人工智能算法预测未来情况。

⑤ 告警关联：利用人工智能算法对告警信息进行相关性分析。

⑥ 故障定位：通过关联和建模去除冗余信息，识别出关键告警信息并判定故障的位置。

意图网络旨在将面向业务的策略自动转换为必要的网络配置并验证其正确性，从而实现网络自适应于用户的意图，自适应于用户需求的变化，提升网络的自学习、自驱动、自感知、自分析、自配置、自诊断、自恢复、自优化的一系列自组织能力。

意图网络需要研究的内容主要包括范畴与定义、应用场景、策略模型、架构与功能、相关接口、演进技术等，其中，在架构与功能中需要重点研究关注意图的转换与验证、意图的编排与自动处理、网络的状态感知、网络的保障与动态调优、主动预测等。

5G 时代恰逢 AI 兴起，AI 可以加速 5G 智能化，提升 5G 网络的运维效率和整体性能，例如体现为以下 8 个功能。

① AI 网络切片：根据网络状态变化的预测，实现切片智能化弹性扩缩容、切片配置自动化、切片故障自动恢复、切片性能自动优化，提升网络资源利用率。

② AI 边缘计算：在 5G 网络边缘部署 AI 型 MEC 平台，提供面向 5G 的本地业务应用，挖掘数据潜力，释放数据价值。

③ AI 波束管理：通过 AI 技术，让波速指向精度高，提升覆盖；让同频干扰最小化，提升性能；提升定位精度。

④ AI 无线网优：通过 AI 技术，预测用户行为轨迹和业务，优化参数调整策略，提高网络资源利用率，提升网络容量；优化内存策略，提升用户感受。

⑤ AI 绿色节能：对 5G 基站和承载 5G 网络功能的服务器进行适时的休眠和唤醒操作，实现绿色节能。

⑥ AI 资源调度：通过预测业务量和用户分布等，给出网络及无线参数配置的最优建议。

⑦ AI 网络安全：通过机器学习实现快速跟踪过滤、规则提取，识别并拦截恶意行为、预防攻击等。

⑧ AI 运营编排：在全局业务编排和全局资源编排的层面部署 AI 引擎，实现业务层面、网络层面、用户终端层面、运营层面及异厂商跨制式的全方位数据感知和分析，打造高度自治的智慧运营网络。

AI 可以为 5G 网络从不同层面赋能，如图 12-8 所示。

事实证明，AI 在越来越多的复杂场景下可以做出比人类更优的决策，无疑为 5G 网络的发展带来了前所未有的新机遇，为 5G 网络智能化建设开拓了新的视野。基于完备的大数据、计算力和算法，AI 可以助力运营商打造高度自治、随需而动、预见未来、智慧运营的智能网络。AI 可以为 5G 网络赋能，可以实现以下 4 个功能。

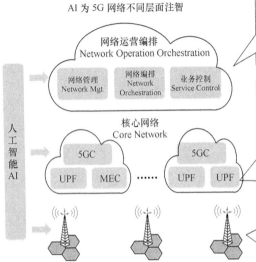

AI 为 5G 网络不同层面注智

网络运营编排
Network Operation Orchestration

网络管理
Network Mgt.

网络编排
Network
Orchestration

业务控制
Service Control

核心网络
Core Network

5GC

UPF MEC

5GC

UPF UPF

人工智能 AI

•**智能编排：** 基于 SLA 实现自动化网络切片编排
Intelligent orchestration: automated network slicing arrangement based on SLA
•**个性策略：** 基于用户行为实现个性化服务
Personalization strategy: customized service based on user behavior

•**网络自愈：** 网络自动预警、智能监控和网络自愈
Network self-healing: network automatic warning, intelligent monitoring and network self-healing
•**资源调度：** 动态扩缩容、无线资源自适应调度
Resource scheduling: dynamic storage increment and reduction, wireless resource adaptive scheduling
•**AI 加速器：** 基础设施引入 AI 加速器，提升效率
AI Accelerator: Infrastructure introduces AI accelerators to increase efficiency

•**无线网优：** 切换优化、无线参数优化
Wireless network optimization: switching optimization, wireless parameter optimization
•**智能天线：** 自适应大规模天线，Massive-MIMO
Smart Antenna: Adaptive Large Scale Antenna, Massive-MIMO

网络大数据是 5G 网络智能化的基石，发挥网络大数据优势，与 AI 结合，促进网络智能化发展。
Network big data is the cornerstone of 5G network intelligence.

图12-8　网络AI助力5G智能化

① 高度自治：自动修复、自动优化、智能运维。

② 随需而动：自我学习、自主决策、实时智能。

③ 预见未来：预测故障、提前预防、预测趋势。

④ 智慧运营：精准营销、智慧客服、价值运营。

　　AI 使能的 5G 运营商可以通过"构建智能网络、实现智能运营、提供智能服务、打造智能生态"的方式，迈向"5G 智能时代"。

缩略语

缩写	英文全称	中文名称
1G	The 1st Generation	第一代移动通信技术
2G	The 2nd Generation	第二代移动通信技术
3G	The 3rd Generation	第三代移动通信技术
3GPP	3rd Generation Partnership Project	第三代合作伙伴计划
4G	The 4th Generation	第四代移动通信技术
5G	The 5th Generation	第五代移动通信技术
5GC	5G Core Network	5G 核心网
5G-GUTI	5G Globally Unique Temporary Identifier	5G 全球唯一临时标识
5QI	5G QoS Identifier	5G QoS 标识符
AAA	Authentication、Authorization and Accounting	鉴权、授权和计费
AAU	Active Antenna Unit	有源天线单元
AF	Application Function	应用功能
AI	Artificial Intelligence	人工智能
AKA	Authentication and Key Agreement	鉴权和密钥协商
AM	Acknowledged Mode	确认模式
AMBR	Aggregate Maximum Bit Rate	聚合最大比特率
AMF	Access and Mobility Management Function	接入和移动性管理功能
AMPS	Advanced Mobile Phone System	先进移动电话系统
AN	Access Network	接入网
AN-NSSMF	Access Network-Network Slice Subnet Management Function	无线网子切片管理功能
API	Application Programming Interface	应用程序编程接口
APN	Access Point Name	接入点名称
AR	Augmented Reality	增强现实
ARP	Allocation and Retention Priority	分配和保留优先级
ARPF	Authentication Credential Repository and Processing Function	认证证书存储和处理功能
ARQ	Automatic Repeat reQuest	自动重传请求
AUSF	Authentication Server Function	鉴权服务功能
AUTN	AUthentication TokeN	鉴权令牌

（续表）

缩写	英文全称	中文名称
BBU	Base Band Unit	基带处理单元
BC	Boundary Clock	边界时钟
BC plus MAC	Broadcast Channel plus Multiple Access Channel	广播信道特性加上多址信道特性
BCCH	Broadcast Control Channel	广播控制信道
BCH	Broadcast Channel	广播信道
BFD	Bidirectional Forwarding Detection	双向转发检测
BITS	Building Integrated Timing Supply	大楼综合定时供给设备
BoD	Bandwidth on Demand	带宽按需分配
BSF	Binding Support Function	绑定支持功能
BSS	Base Sub-System	基站子系统
BSS	Business Support System	业务支撑系统
BWP	Bandwidth Part	部分带宽
CA	Carrier Aggregation	载波聚合
CaaS	Communication as a Service	通信即服务
CCCH	Common Control Channel	通用控制信道
CCS	Converged Charging System	融合计费系统
CCSA	China Communications Standards Association	中国通信标准化协会
CDC-ROADM	Colorless, Directionless & Contentionless ROADM	波长无关、方向无关、无阻塞 RODAM
CDMA	Code Division Multiple Access	码分多址
CDN	Content Delivery Network	内容分发网络
CFP	Centum Form-factor Pluggable	封装可插拔
CGF	Charging Gateway Function	计费网关功能
CIR	Committed Information Rate	承诺信息速率
CK'	Cipher Key'	加密密钥
CMOS	Complementary Metal Oxide Semiconductor	互补金属氧化物半导体
CN-NSSMF	Core Network-Network Slice Subnet Management Function	核心网子切片管理功能
CoMP	Coordinated Multi-Point transmission/reception	多点协作发送 / 接收
CPRI	Common Public Radio Interface	通用公共无线电接口
CR	Core Router	核心路由器
CRAN	Cloud Radio Access Network	云无线接入网
CRB	Common Resource Block	公共资源块

（续表）

缩写	英文全称	中文名称
CSI-RS	Channel State Information-Reference Signal	信道状态信息参考信号
CSMF	Communication Service Management Function	通信服务管理功能
CUPS	Control and User Plane Separation	控制面与用户面分离
CW	Continuous Wave	连续波
CWDM	Coarse Wavelength Division Multiplexing	粗波分复用
D2D	Device-to-Device	终端直通
DaaS	Data as a Service	数据即服务
DAGC	Digital Automatic Gain Control	数字自动增益控制
D-AMPS	Digital Advanced Mobile Phone System	先进的数字移动电话系统
DAS	Distributed Antenna System	分布式天线系统
DC	Data Center	数据中心
DCCH	Dedicated Control Channel	专用控制信道
DL-SCH	Downlink Shared Channel	下行共享信道
DM-RS	Demodulation Reference Signals	解调参考信号
DMT	Discrete Multi-Tone	离散多音频调制
DN	Data Network	数据网络
DNN	Data Network Name	数据网络名称
DPDK	Data Plane Development Kit	数据平面开发套件
DPI	Deep Packet Inspection	深度报文检测
DRA	Diameter Routing Agent	Diameter 路由代理
DRAN	Distributed Radio Access Network	分布式无线接入网
DRB	Data Radio Bearer	数据无线承载
DSCP	Differentiated Services Code Point	差分服务代码点
DSP	Digital Signal Processing	数字信号处理
DTCH	Dedicated Traffic Channel	专用业务信道
DWDM	Dense Wavelength Division Multiplexing	密集波分复用
EAP	Extensible Authentication Protocol	可扩展鉴权协议
eMBB	enhanced Mobile BroadBand	增强型移动宽带
EMS	Element Management System	网元管理系统
eNB	evolved Node B	演进的 Node B
ENI	Experiential Networked Intelligence	经验网络智能
EPC	Evolved Packet Core	演进分组核心网
EPS	Evolved Packet System	演进分组系统

（续表）

缩写	英文全称	中文名称
ETSI	European Telecommunications Standards Institute	欧洲电信标准化协会
E-UTRAN	Evolved UTRAN	演进的 UTRAN
FBMC	Filter Bank Multi-Carrier	滤波器组多载波
FDD	Frequency Division Duplexing	频分双工
FDD-LTE	Frequency Division Duplexing-Long Term Evolution	频分双工长期演进
FD-MIMO	Full-Dimension Multi-Input-Multi-Output	全维度多输入多输出
FE/BE	Front End/Back End	前台 / 后台
FEC	Forward Error Correction	前向纠错码
FFT	Fast Fourier Transform	快速傅里叶变换
FlexE	Flex Ethernet	灵活以太网
FlexO	Flex OTN	灵活 OTN
FO	Full Outdoor	全室外
F-OFDM	Filtered-Orthogonal Frequency Division Multiplexing	滤波正交频分复用
FPLMTS	Future Public Land Mobile Telecommunication System	未来公众陆地移动通信系统
FRR	Fast ReRoute	快速重路由
GBR	Guaranteed Bit Rate	保证比特率
GFBR	Guaranteed Flow Bit Rate	保证流比特率
GFP	Generic Framing Procedure	通用成帧规程
GGSN	Gateway GPRS Support Node	网关 GPRS 支持节点
GNSS	Global Navigation Satellite System	全球导航卫星系统
GPRS	General Packet Radio Service	通用分组无线服务
GPS	Global Positioning System	全球定位系统
GPSI	Generic Public Subscription Identifier	通用公共用户标识
GSM	Global System for Mobile Communication	全球移动通信系统
GTP-C	GTP for Control Plane	GTP 协议控制面
GTP-U	GTP for User Plane	GTP 协议用户面
GUAMI	Globally Unique AMF Identifier	全球唯一 AMF 标识
HARQ	Hybrid Automatic Repeat reQuest	混合自动重传请求
HE	Home Environment	归属环境
HEW	High Efficiency WLAN	高效 WLAN

缩写	英文全称	中文名称
HSS	Home Subscriber Server	归属签约用户服务器
IaaS	Infrastructure as a Service	基础设施即服务
ICT	Information and Communication Technology	信息和通信技术
IDN	Intent-Driven Network	意图驱动的智简网络
IEEE	Institute of Electrical and Electronics Engineers	电气和电子工程师协会
IFFT	Inverse Fast Fourier Transform	逆快速傅里叶变换
IGP	Interior Gateway Protocol	内部网关协议
IK'	Integrity Key'	完整性密钥
IMEI	International Mobile Equipment Identity	国际移动设备识别码
IMS	IP Multimedia Subsystem	IP 多媒体子系统
IMSI	International Mobile Subscriber Identity	国际移动用户识别码
IMT-2000	International Mobile Telecommunication-2000	国际移动通信—2000 推进组
IMT-2020	International Mobile Telecommunication-2020	国际移动通信—2020 推进组
IoT	Internet of Things	物联网
ISDN	Integrated Services Digital Network	综合业务数字网
ITU	International Telecommunications Union	国际电信联盟
Ki	Key identifier	根密钥
LAA	Licensed-Assisted Access	授权频谱辅助接入
LBT	Listen Before Talk	先侦听后传输
LDP	Label Distribution Protocol	标签分发协议
LSP	Label Switching Path	标签交换路径
LWA	LTE-WLAN Aggregation	LTE 和 WLAN 聚合
MaaS	Monitoring as a Service	监测即服务
MAC	Media Access Control	媒体访问控制
MAC	Message Authentication Code	消息鉴权码
MANO	Management & Orchestration	管理和编排
MCC	Mobile Country Code	国家码
MCS	Multi-Cast Switching	多路广播开关
MCS	Modulation and Coding Scheme	调制编码方式
ME	Mobile Equipment	移动设备
MEAO	MEC Application Orchestrator	MEC 应用编排器
MEC	Multi-access Edge Computing	多接入边缘计算
METIS	Mobile and wireless communications Enablers for the Twenty-twenty Information Society	移动和无线通信推动未来 2020 信息社会

（续表）

缩写	英文全称	中文名称
MFBR	Maximum Flow Bit Rate	最大流比特率
MIMO	Multiple-Input Multiple-Output	多输入多输出
MME	Mobility Management Entity	移动性管理实体
mMIMO	Massive MIMO	大规模天线
mMTC	massive Machine Type Communication	大规模机器类型通信
MNC	Mobile Network Code	网络码
MPLS	Multi Protocol Label Switching	多协议标签交换
MPLS-TP	MPLS-Transport Profile	多协议标签交换传送应用
MSIN	Mobile Subscriber Identification Number	移动用户标识码
MSISDN	Mobile Subscriber International ISDN/PSTN number	移动用户国际 ISDN/PSTN 号码
MSK	Master Session Key	主会话密钥
MSS	Management Support System	管理支撑系统
MU-MIMO	Multi-User Multiple-Input Multiple-Output	多用户多输入多输出
MUSA	Multi-User Shared Access	多用户共享接入
N3IWF	Non-3GPP InterWorking Function	非 3GPP 互通功能
NaaS	Network as a Service	网络即服务
NAS	Non-Access-Stratum	非接入层
NCGI	NR Cell Global Identifier	NR 小区全球标识
NCI	NR Cell Identifier	NR 小区标识
NEF	Network Exposure Function	网络开放功能
NF	Network Function	网络功能
NF FQDN	NF Fully Qualified Domain Name	NF 域名
NFV	Network Functions Virtualization	网络功能虚拟化
NFVI	Network Functions Virtualization Infrastructure	网络功能虚拟化基础设施
NFVO	NFV Orchestrator	NFV 编排器
NGAP	NG Application Protocol	NG 接口应用协议
NGC	Next Generation Core	5G 核心网
NGMN	Next Generation Mobile Network	下一代移动网络
NG-RAN	Next Generation Radio Access Network	下一代无线接入网
NMT	Nordic Mobile Telephony	北欧移动电话
Non-GBR	Non-Guaranteed Bit Rate	非保证比特率
NR	New Radio	新无线技术
NRF	Network Repository Function	网络存储功能

（续表）

缩写	英文全称	中文名称
NRPPa	New Radio Positioning Protocol A	新空口定位协议 A
NSA	Non-Standalone	非独立组网
NSI	Network Slice Instance	网络切片实例
NSMF	Network Slice Management Function	网络切片管理功能
NSSAI	Network Slice Selection Assistance Information	网络切片选择辅助信息
NSSF	Network Slice Selection Function	网络切片选择功能
NSSI	Network Slice Subnet Instance	网络子切片实例
NSSMF	Network Slice Subnet Management Function	网络子切片管理功能
NTP	Network Time Protocol	网络时间协议
NTT	Nippon Telegraph and Telephone	日本电报电话
NUMA	Non-uniform Memory Access	非统一内存访问
NWDAF	Network Data Analytics Function	网络数据分析功能
OAM	Operation, Administration and Maintenance	运行管理和维护
OCS	Online Charging System	在线计费系统
ODU	Optical Data Unit	光数据单元
ODUflex	Optical Data Unit flex	灵活速率光数据单元
OFDM	Orthogonal Frequency Division Multiplexing	正交频分复用
OFDMA	Orthogonal Frequency Division Multiple Access	正交频分多址
OLP	Optical Line Protection	光线路保护
OLT	Optical Line Terminal	光线路终端
OMC	Operation and Maintenance Center	操作维护中心
OSPF	Open Shortest Path First	开放式最短路径优先
OSS	Operation Support System	运营支撑系统
OTN	Optical Transport Network	光传送网
OTU	Optical Transport Unit	光传送单元
OVS	Open vSwitch	开放虚拟交换机
OVTDM	Overlapped Time Division Multiplexing	重叠时分复用
PaaS	Platform as a Service	平台即服务
PAM4	4 Pulse Amplitude Modulation	四电平脉冲幅度调制
PBCH	Physical Broadcast Channel	物理广播信道
PCC	Policy and Charging Control	策略与计费控制
PCCH	Paging Control Channel	寻呼控制信道
PCEF	Policy and Charging Enforcement Function	策略与计费执行功能
PCF	Policy Control Function	策略控制功能

缩写	英文全称	中文名称
PCH	Paging Channel	寻呼信道
PCM	Pulse Code Modulation	脉冲编码调制
PCRF	Policy and Charging Rules Function	策略与计费规则功能
PDC	Personal Digital Cellular	个人数字蜂窝电话
PDCCH	Physical Downlink Control Channel	物理下行链路控制信道
PDCP	Packet Data Convergence Protocol	分组数据汇聚协议
PDMA	Pattern Division Multiple Access	图样分割多址
PDN	Packet Data Network	分组数据网
PDSCH	Physical Downlink Shared Channel	物理下行链路共享信道
PDSN	Packet Data Serving Node	分组数据服务节点
PDU	Packet Data Unit	分组数据单元
PEI	Permanent Equipment Identifier	永久设备标识
PeOTN	Packet enhance OTN	分组增强型 OTN
PFCP	Packet Forwarding Control Protocol	报文转发控制协议
PGW	PDN Gateway	PDN 网关
PGW-C	PGW for Control Plane	PGW 控制面
PGW-U	PGW for User Plane	PGW 用户面
PLMN	Public Land Mobile Network	公共陆地移动网
PNF	Physical Network Function	物理网络功能
P-OVTDM	Pure-OVTDM	纯粹 OVTDM
PPP	Public Private Partnership	公私伙伴关系
PQ	Priority Queuing	优先级队列
PRACH	Physical Random Access Channel	物理随机接入信道
PSS	Primary Synchronization Signal	主同步信号
PTN	Packet Transport Network	分组传送网
PTP	Precision Time Protocol	精确时间协议
PT-RS	Phase Tracking-Reference Signals	相位跟踪参考信号
PUCCH	Physical Uplink Control Channel	物理上行控制信道
PUSCH	Physical Uplink Shared Channel	物理上行共享信道
PW	Pseudo Wire	伪线
PXE	Preboot eXecute Environment	预启动执行环境
QCI	QoS Class Identifier	QoS 等级标识符
QCL	Quasi Co-Located	准共址
QFI	QoS Flow ID	QoS 流标识

（续表）

缩写	英文全称	中文名称
QoE	Quality of Experience	体验质量
QoS	Quality of Service	服务质量
QSFP	Quad Small Form-factor Pluggable	四通道小型化封装可插拔
RACH	Random Access Channel	随机接入信道
（R）AN	（Radio）Access Network	（无线）接入网
RAND	RANDom number	随机数
RAT	Radio Access Technology	无线接入技术
RB	Resource Block	资源块
RE	Resource Element	资源粒子
RFID	Radio Frequency Identification	射频识别
RLC	Radio Link Control	无线链路控制
ROADM	Reconfigurable Optical Add-Drop Multiplexer	可重构光分插复用器
ROHC	Robust Header Compression	鲁棒头压缩
RQA	Reflective QoS Attribute	反射 QoS 属性
RQI	Reflective QoS Indication	反射 QoS 指示符
RR	Router Reflector	路由反射器
RRC	Radio Resource Control	无线资源控制
RRU	Radio Remote Unit	射频拉远单元
RSVP	Resource reSerVation Protocol	资源预留协议
SA	Standalone	独立组网
SaaS	Software as a Service	软件即服务
SBA	Service-Based Architecture	基于服务的架构
SBI	Service-Based Interface	服务化接口
SCL	Slicing Channel Layer	切片通道层
SCMA	Sparse Code Multiple Access	稀疏码多址
SCS	Subcarrier Spacing	子载波间隔
SD	Slice Differentiator	切片区分符
SDAP	Service Data Adaptation Protocol	业务数据适配协议
SDF	Service Data Flow	业务数据流
SDMA	Space Division Multiple Access	空分多址
SDN	Software Defined Networking	软件定义网络
SDNC	SDN Controller	SDN 控制器
SDNO	SDN Orchestrator	SDN 编排器
SDU	Service Data Unit	服务数据单元

（续表）

缩写	英文全称	中文名称
SE	Slicing Ethernet	切片以太网
SEAF	Security Anchor Function	安全锚点功能
SEPP	Security Edge Protection Proxy	安全边缘保护代理
SGSN	Serving GPRS Support Node	服务 GPRS 支持节点
SGW	Serving Gateway	服务网关
SGW-C	SGW for Control Plane	SGW 控制面
SGW-U	SGW for User Plane	SGW 用户面
SIC	Serial Interference Cancellation	串行干扰消除
SID	Segment Identifier	段标识符
SINR	Signal to Interference plus Noise Ratio	信号与干扰和噪声比
SLA	Service Level Agreement	服务等级协议
SMF	Session Management Function	会话管理功能
SMSF	Short Message Service Function	短信业务功能
SN	Serving Network	服务网络
SNCP	Subnetwork Connection Protection	子网连接保护
S-NSSAI	Single Network Slice Selection Assistance Information	单网络切片选择辅助信息
S-OVTDM	Shift-OVTDM	移位 OVTDM
SPD	Surge Protective Device	浪涌保护器
SPL	Slicing Packet Layer	切片分组层
SPM	Standard Propagation Model	标准传播模型
SPN	Slicing Packet Network	切片分组网络
SPR	Subscription Profile Repository	用户签约数据库
SR	Segment Routing	段路由
SRB	Signal Radio Bear	信令无线承载
SR-IOV	Single Root I/O Virtualization	单根 I/O 虚拟化
SRS	Sounding Reference Signal	探测参考信号
SRTP	Secure Realtime Transport Protocol	安全实时传输协议
SRTP-BE	Secure Realtime Transport Protocol-Best Effort	安全实时传输协议—尽力而为
SRTP-TE	Secure Realtime Transport Protocol-Traffic Engineering	安全实时传输协议—流量工程
SSS	Secondary Synchronization Signal	辅同步信号
SST	Slice/Service Type	切片/业务类型
STaaS	Storage as a Service	存储即服务

缩写	英文全称	中文名称
STL	Slicing Transport Layer	切片传送层
SUCI	Subscription Concealed Identifier	用户加密标识
SUPI	Subscription Permanent Identifier	用户永久标识
TAC	Tracking Area Code	跟踪区号码
TACS	Total Access Communications System	全接入通信系统
TAI	Tracking Area Identity	跟踪区标识
TAU	Tracking Area Update	跟踪区更新
TC	Transparent Clock	透明时钟
TD–LTE	Time Division–Long Term Evolution	时分长期演进
TDMA	Time Division Multiple Access	时分多址
TDOA	Time Difference of Arrival	到达时间差
TD–SCDMA	Time Division–Synchronous Code Division Multiple Access	时分—同步码分多址
TFT	Traffic Flow Template	业务流模板
TM	Transparent Mode	透传模式
TNL	Transport Network Layer	传输网络层
TN–NSSMF	Transport Network–Network Slice Subnet Management Function	承载网子切片管理功能
TSDN	Transport SDN	传送 SDN
TSN	Time Sensitive Networking	时间敏感网络
UDM	Unified Data Management	统一数据管理
UDN	Ultra–Dense Network	超密集组网
UDP	User Datagram Protocol	用户数据报协议
UDR	Unified Data Repository	统一数据库
UDSF	Unstructured Data Storage Function	非结构化数据存储功能
UE	User Equipment	用户设备
UFMC	Universal Filtered Multi–Carrier	通用滤波多载波
UL CL	Uplink Classifier	上行分类器
UL–SCH	Uplink Shared Channel	上行共享信道
UM	Unacknowledged Mode	非确认模式
UMa	Urban Macro cell	城区宏蜂窝
UNI	User Network Interface	用户网络侧接口
UPF	User Plane Function	用户面功能
uRLLC	ultra–Reliable and Low Latency Communication	超可靠和低延迟通信

（续表）

缩写	英文全称	中文名称
USIM	Universal Subscriber Identity Module	通用用户识别模块
UTD	Uniform Theory of Diffraction	标准衍射理论
V2X	Vehicle to everything	车联网
vCPU	virtual CPU	虚拟 CPU
VIM	Virtualized Infrastructure Manager	虚拟化基础设施管理器
VLAN	Virtual Local Area Network	虚拟局域网
VM	Virtual Machine	虚机
VNF	Virtual Network Function	虚拟网络功能
VNFC	VNF Component	VNF 组件
VNFD	VNF Descriptor	VNF 描述符
VNFM	VNF Manager	VNF 管理器
VoLTE	Voice over LTE	基于 LTE 的语音业务
VoNR	Voice over NR	基于 NR 的语音业务
VPDN	Virtual Private Dial-up Network	虚拟专用拨号网
VPLS	Virtual Private LAN Service	虚拟专用局域网服务
VPWS	Virtual Private Wire Service	虚拟专线服务
VR	Virtual Reality	虚拟现实
VRRP	Virtual Router Redundancy Protocol	虚拟路由冗余协议
VTNS	Virtual Transport Network Service	虚拟传输网络服务
WANET	Wireless Ad Hoc Networks	无线自组织网络
WCDMA	Wideband Code Division Multiple Access	宽带码分多址
WDM	Wavelength Division Multiplexing	波分复用
WFQ	Weighted Fair Queuing	加权公平队列
WMN	Wireless Mesh Networks	无线网状网
WSN	Wireless Sensor Networks	无线传感器网络
WSS	Wavelength Selective Switching	波长选择开关
XaaS	Everything as a Service	一切皆服务
XRES	Expected Response	期望响应
ZFBF	Zero-Forcing Beamforming	迫零波束成形

参考文献

[1] 国际电信联盟 . IMT 愿景—2020 年及之后 IMT 未来发展的框架和总体目标 [S]，2015.

[2] 3GPP TS 23.501 V16.1.0. 3rd Generation Partnership Project；Technical Specification Group Services and System Aspects；System Architecture for the 5G System；Stage 2 (Release 16) [S].

[3] 3GPP TR 28.801 V15.1.0. 3rd Generation Partnership Project；Technical Specification Group Services and System Aspects；Telecommunication management；Study on management and orchestration of network slicing for next generation network (Release 15) [S].

[4] 3GPP TR 23.799 V14.0.0. 3rd Generation Partnership Project；Technical Specification Group Services and System Aspects；Study on Architecture for Next Generation System (Release 14) [S].

[5] 3GPP TS 23.401 V16.3.0. 3rd Generation Partnership Project；Technical Specification Group Services and System Aspects；General Packet Radio Service (GPRS) enhancements for Evolved Universal Terrestrial Radio Access Network (E-UTRAN) access (Release 16) [S].

[6] 3GPP TS 33.501 V15.4.0. 3rd Generation Partnership Project；Technical Specification Group Services and System Aspects；Security architecture and procedures for 5G system (Release 15) [S].

[7] 3GPP TS 23.003 V15.6.0. 3rd Generation Partnership Project；Technical Specification Group Core Network and Terminals；Numbering, addressing and identification (Release 15) [S].

[8] 3GPP TS 38.201 V15.0.0. 3rd Generation Partnership Project；Technical Specification Group Radio Access Network；NR；Physical layer；General description (Release 15) [S].

[9] 3GPP TS 38.211 V15.5.0. 3rd Generation Partnership Project；Technical Specification

Group Radio Access Network; NR; Physical channels and modulation (Release 15) [S].

[10] 3GPP TS 38.212 V15.5.0. 3rd Generation Partnership Project; Technical Specification Group Radio Access Network; NR; Multiplexing and channel coding (Release 15) [S].

[11] 3GPP TS 38.300 V15.5.0. 3rd Generation Partnership Project; Technical Specification Group Radio Access Network; NR; NR and NG-RAN Overall Description; Stage 2 (Release 15) [S].

[12] 3GPP TS 38.321 V15.5.0. 3rd Generation Partnership Project; Technical Specification Group Radio Access Network; NR; Medium Access Control (MAC) protocol specification (Release 15) [S].

[13] 3GPP TS 38.331 V15.5.1. 3rd Generation Partnership Project; Technical Specification Group Radio Access Network; NR; Radio Resource Control (RRC) protocol specification (Release 15) [S].

[14] 3GPP TS 38.401 V15.5.0. 3rd Generation Partnership Project; Technical Specification Group Radio Access Network; NG-RAN; Architecture description (Release 15) [S].

[15] 3GPP TS 38.410 V15.2.0. 3rd Generation Partnership Project; Technical Specification Group Radio Access Network; NG-RAN; NG general aspects and principles (Release 15) [S].

[16] 3GPP TS 38.420 V15.2.0. 3rd Generation Partnership Project; Technical Specification Group Radio Access Network; NG-RAN; Xn general aspects and principles (Release 15) [S].

[17] 3GPP TS 38.470 V15.5.0. 3rd Generation Partnership Project; Technical Specification Group Radio Access Network; NG-RAN; F1 general aspects and principles (Release 15) [S].

[18] 3GPP TR 36.873 V12.1.0. 3rd Generation Partnership Project; Technical Specification Group Radio Access Network; Study on 3D channel model for LTE (Release 12) [S].

[19] 3GPP TR 38.901 V15.0.0. 3rd Generation Partnership Project; Technical Specification Group Radio Access Network; Study on channel model for frequencies from 0.5 to 100 GHz (Release 15) [S].

[20] ETSI GS NFV-IFA 009 V1.1.1. Network Functions Virtualization (NFV); Management and Orchestration; Report on Architectural Options [S].

[21] ETSI GS NFV-INF 001 V1.1.1. Network Functions Virtualization (NFV); Infrastructure Overview [S].

[22] ETSI NFV ISG. NFV Whitepaper #3. [S].

[23] ETSI GS MEC 001 V2.1.1. Multi-access Edge Computing (MEC)；Terminology [S].

[24] ETSI GS MEC 003 V2.1.1. Multi-access Edge Computing (MEC)；Framework and Reference Architecture [S].

[25] GSA：5G Spectrum for Terrestrial Networks：Licensing Developments Worldwide [R].

[26] 国务院. 新一代人工智能发展规划 [S]. 2017.

[27] 工业和信息化部. 促进新一代人工智能产业发展三年行动计划 [S]. 2017.

[28] 工业和信息化部. 关于第五代移动通信系统使用 3300 － 3600MHz 和 4800 － 5000MHz 频段相关事宜的通知（工信部无（ 2017 ） 276 号）[S]. 2017.

[29] IMT-2020（5G）推进组 . 5G 愿景与需求白皮书 [R]. 2014.

[30] IMT-2020（5G）推进组 . 5G 概念白皮书 [R]. 2015.

[31] IMT-2020（5G）推进组 . 5G 网络技术架构白皮书 [R]. 2015.

[32] IMT-2020（5G）推进组 . 5G 无线技术架构白皮书 [R]. 2015.

[33] IMT-2020（5G）推进组 . 5G 网络架构设计白皮书 [R]. 2016.

[34] IMT-2020（5G）推进组 . 5G 承载需求白皮书 [R]. 2018.

[35] IMT-2020（5G）推进组 . 5G 承载光模块白皮书 [R]. 2019.

[36] IMT-2020（5G）推进组 . 5G 承载网络架构和技术方案白皮书 [R]. 2018.

[37] IMT-2020（5G）推进组 . 5G 同步组网架构及关键技术白皮书 [R]. 2019.

[38] SDN/NFV 产业联盟 . 网络人工智能应用白皮书 [R]. 2018.

[39] 中国电信. 中国电信 5G 技术白皮书 [R]. 2018.

[40] 中国电信、国家电网、华为公司. 5G 网络切片使能智能电网 [R]. 2018.

[41] 中通服咨询设计研究院有限公司. 5G 技术发展及网络规划设计白皮书 [R]. 2019.

[42] 中通服咨询设计研究院有限公司. 人工智能白皮书 [R]. 2019.

[43] GB 50057-2010. 建筑物防雷设计规范 [S]. 2011.

[44] GB 50689-2011. 通信局（站）防雷与接地工程设计规范 [S]. 2012.

[45] GB 50016-2014. 建筑设计防火规范 [S]. 2018.

[46] GB 51194-2016. 通信电源设备安装工程设计规范 [S]. 2017.

[47] GB 50174-2017. 数据中心设计规范 [S]. 2017.

[48] YD 5059-2005. 电信设备安装抗震设计规范 [S]. 2006.

[49] YD 5125-2014. 通信设备安装工程施工监理规范 [S]. 2014.

[50] YD 5201-2014. 通信建设工程安全生产操作规范 [S]. 2014.

[51] YD 5204-2014. 通信建设工程施工安全监理暂行规定 [S]. 2014.

[52] YD 5205-2014. 通信建设工程节能与环境保护监理暂行规定 [S]. 2014.

[53] YD 5219-2015. 通信局（站）防雷与接地工程施工监理暂行规定 [S]. 2015.

[54] YD/T 5211-2014. 通信工程设计文件编制规定 [S]. 2014.

[55] YD/T 5222-2015. 数字蜂窝移动通信网 LTE 核心网工程设计规范 [S]. 2015.

[56] YD/T 5223-2015. 数字蜂窝移动通信网 LTE 核心网工程验收规范 [S]. 2015.

[57] YD/T 5224-2015. 数字蜂窝移动通信网 LTE FDD 无线网工程设计规范 [S]. 2015.

[58] YD/T 5225-2015. 数字蜂窝移动通信网 LTE FDD 无线网工程验收规范 [S]. 2015.

[59] YD/T 5213-2015. 数字蜂窝移动通信网 TD-LTE 无线网工程设计暂行规定 [S]. 2015.

[60] YD/T 5217-2015. 数字蜂窝移动通信网 TD-LTE 无线网工程验收暂行规定 [S]. 2015.

[61] YD/T 5160-2015. 无线通信室内覆盖系统工程验收规范 [S]. 2015.

[62] YD/T 5226-2015. 支持多业务承载的本地 IP/MPLS 网络工程设计规范 [S]. 2015.

[63] YD/T 5230-2016. 移动通信基站工程技术规范 [S]. 2016.

[64] YD/T 5184-2018. 通信局（站）节能设计规范 [S]. 2019.

[65] 程鸿雁，朱晨鸣，王太峰，孔繁俊，方晓农，许华东等. LTE FDD 网络规划与设计 [M]. 人民邮电出版社，2013.

[66] 朱晨鸣，王强，李新，何浩，陈旭奇，房树森等. 5G：2020 后的移动通信 [M]. 人民邮电出版社，2016.

[67] 王强，刘海林等. TD-LTE 无线网络规划与优化实务 [M]. 人民邮电出版社，2018.

[68] 鞠卫国，张云帆，乔爱锋，梁雪梅，卢林林，储轶钢等. SDN/NFV 重构网络架构 建设未来网络 [M]. 人民邮电出版社，2017.

[69] 周晴，钱蕾，张燕，方晶晶，陈曦，刘果等. SAE 原理与网络规划 [M]. 人民邮电出版社，2013.

[70] 李开复，王咏刚. 人工智能 [M]. 文化发展出版社，2017.

[71] 李开复. AI · 未来 [M]. 浙江人民出版社，2018.

[72] 杨澜. 人工智能真的来了 [M]. 江苏凤凰文艺出版社，2017.

[73] 杨澜. 探寻人工智能 [Z]. 阳光媒体集团，2017.

[74] 杨澜. 扬 · 乐昆：揭秘机器的深度学习有多"深" [J]. 法律与生活，2018.

[75] 赵慧玲, 史凡. SDN/NFV 的发展与挑战 [J]. 电信科学, 2014.

[76] 赵慧玲. 网络 AI 的发展及挑战 [R]. 2018.

[77] 赵慧玲. AI 将在 5G 智能化中起到重要作用 [Z].

[78] 唐雄燕. AI 与智能网络 [R]. 2018.

[79] 唐雄燕. 引入 AI 推动 5G 运营智能化 [Z].

[80] 孔力. 从人工智能热看网络演进 [R]. 2018.

[81] 杨峰义, 张建敏, 谢伟良, 王敏, 王海宁. 5G 蜂窝网络架构分析 [J]. 电信科学, 2015.

[82] 肖子玉. 面向 5G 网络运营转型思路 [J]. 电信工程技术与标准化, 2016.

[83] 肖子玉. 5G 核心网标准进展综述 [J]. 电信工程技术与标准化, 2017.

[84] 肖子玉. 5G 网络应用场景及规划设计要素 [J]. 电信工程技术与标准化, 2018.

[85] 杨旭, 肖子玉, 邵永平, 宋小明. 面向 5G 的核心网演进规划 [J]. 电信科学, 2018.

[86] 饶少阳. "解耦与一体化" 博弈背后运营商追求快速部署还是利益最大化? [J]. 通信世界, 2017.

[87] 胡克文. 以智简网络拥抱智能社会时代 [J]. 通信世界, 2018.

[88] 杨晓华. 基于 5G 网络切片的智能电网应用 [C]. 2018 年 IMT-2020（5G）峰会, 2018.

[89] 许阳, 高功应, 王磊. 5G 移动网络切片技术浅析 [J]. 邮电设计技术, 2016.

[90] 陈兴海, 王润洪, 何健. 弹性网络的网络切片技术研究 [J]. 通信技术, 2016.

[91] 侯建星, 李少盈, 祝宁. 网络切片在 5G 中应用分析 [J]. 中国通信学会信息通信网络技术委员会 2015 年年会论文集.

[92] 毛斌宏. 5G 网络切片管理架构设计探讨 [J]. 移动通信, 2018.

[93] 梁雪梅. 5G 时代的切片技术浅析 [J]. 电信工程技术与标准化, 2018.

[94] 梁雪梅, 方晓农, 朱林. 3GPP R15 冻结后的 5G 核心网关键技术研究 [J]. 通信与信息技术, 2018.

[95] 梁雪梅. 5G 网络切片技术在国家电网中的应用探讨 [J]. 移动通信, 2019.

[96] 许航天, 梁雪梅, 方晓农. 基于 NFV 的核心网重构研究与探讨 [J]. 电信工程技术与标准化, 2016.

[97] 李新, 彭雄根. 小基站将成 5G 网络中重要设备形态 [J]. 通信世界, 2018.

[98] 李新，陈旭奇. 5G 网络规划流程及工程建设研究 [J]. 电信快报，2018.

[99] 贝斐峰，李新. 5G 前夜室内数字化覆盖将成网络发展主角 [J]. 通信世界，2018.

[100] 王楚锋，丁远. 5G 试验规模组网策略及网络建设方案 [J]. 电信科学，2019.

[101] 查昊，朱巧玉. 5G 地铁覆盖解决方案探讨 [J]. 电信快报，2019.

[102] 张晓江. BBU 集中放置研究 [J]. 中国新通信，2015.

[103] 丁远，龚戈勇. "1+1" 天馈方案实现 5G 天面系统整合 [J]. 电信技术，2019.

[104] 龚戈勇，丁远. 5G BBU 利旧现网机房的配套改造方案探讨 [J]. 电信技术，2019.

[105] 龚戈勇，丁远. 5G 基站电源改造的解决方案 [J]. 通信电源技术，2019.

[106] 丁涛. 5G 时代传输网络建设策略探讨 [J]. 移动通信，2016.

[107] 方汝仪. 5G 移动通信网络关键技术及分析 [J]. 信息技术，2017.

[108] 周楠. 面向 5G 回传的 IP RAN 网络演进方案 [J]. 邮电设计技术，2018.

[109] 庞冉，王海军，彭绍勇. 基于 IP RAN 网络演进的 5G 回传承载方案探讨 [J]. 邮电设计技术，2018.

[110] 潘永球. 面向 5G 中传和回传网络承载解决方案 [J]. 移动通信，2018.

[111] 孙嘉琪，李玉娟，杨广铭. 5G 承载网演进方案探讨 [J]. 移动通信，2018.

[112] 项弘禹，肖扬文，张贤，朴竹颖，彭木根. 5G 边缘计算和网络切片技术 [J]. 电信科学，2017.

[113] 钱昭. 浅谈 5G 移动网络切片技术及关键问题研究 [J]. 网络安全技术与应用，2017.

[114] 黄旭. 5G 网络切片技术的应用与分析 [J]. 通信技术，2018.

[115] 翟振辉，邱巍，吴丽华，吴倩. NFV 基本架构及部署方式 [J]. 电信科学，2017.

[116] 韩青. NFV 时代来临未来电信网络操作系统谁主沉浮？ [J]. 通信世界网，2017.

[117] 李立奇，叶卫明，章淑敏. 核心网 NFV 云化试点方案研究 [J]. 电信工程技术与标准化，2016.

[118] 无线通信原理之 F-OFDM 技术 [Z].

[119] 国家电网公司全面部署泛在电力物联网建设 [Z].

[120] 中国电信、华为和国家电网联合演示业界首个基于 5G 网络切片的智能电网业务 [J]. 通信世界，2018.

[121] 以 SDN 和云为依托 "网络切片" 实现 5G 网络切片 "网络即服务" [Z].

[122] 为什么网络切片是 5G 核心所在？[Z].

[123] 5G 这把瑞士军刀，如何网络切片？[Z].

[124] 3 分钟搞懂深度学习到底在深什么？[Z].

[125] 程序员小灰. 如何学习人工智能？[Z].